线性代数学习指导

西南交通大学数学学院　编

科 学 出 版 社
北 京

内 容 简 介

本书是为帮助学生巩固线性代数的基本知识，使学生做到举一反三、融会贯通而编写的. 全书共 4 章，内容包括行列式与矩阵、向量空间与线性方程组解的结构、线性空间与线性变换、相似矩阵及二次型. 每章都配有基础知识导学、典型例题解析、练习题分析、单元测验题. 书后附有单元测验题参考答案、综合测试题及参考答案.

本书可作为高等院校大学生学习线性代数的辅导教材或硕士研究生入学考试的复习指导书，也可供相关老师作为教学参考资料.

图书在版编目（CIP）数据

线性代数学习指导/西南交通大学数学学院编. —北京：科学出版社，2021.8

ISBN 978-7-03-069601-4

Ⅰ. ①线… Ⅱ. ①西… Ⅲ. ①线性代数-高等学校-教学参考资料 Ⅳ. ①O151.2

中国版本图书馆 CIP 数据核字（2021）第 165787 号

责任编辑：王胡权 李 萍 / 责任校对：杨聪敏

责任印制：师艳茹 / 封面设计：蓝正设计

科 学 出 版 社 出版

北京东黄城根北街 16 号

邮政编码：100717

http://www.sciencep.com

石家庄继文印刷有限公司 印刷

科学出版社发行 各地新华书店经销

*

2021 年 8 月第 一 版 开本：720 × 1000 B5

2023 年 7 月第三次印刷 印张：10

字数：202 000

定价：25.00 元

（如有印装质量问题，我社负责调换）

前　言

本书为线性代数课程的学习辅导书，主要满足高校大学生学习线性代数课程的需要，同时也可供有关教师作为教学参考书，还可作为硕士研究生入学考试的复习指导书.

本书先以建立矩阵的初等理论为基础，而后将矩阵提升到抽象的线性空间和线性映射理论，将线性代数课程中涉及的许多问题(标准形、特征值、特征向量、相似等)在线性空间中加以直观简明地处理. 章节顺序按配套教材《线性代数》(西南交通大学数学学院编)同步编排，以便与教学需求同步. 每章包含如下几部分内容.

一、基础知识导学. 归纳梳理本章的主要概念、结论，以及主要问题与方法.

二、典型例题解析. 对教材中部分典型例题加以剖析，分析其解题思路、所用原理和方法，并补充若干例题，对学生学习中常遇到的一些共同性问题予以分析和解答.

三、练习题分析. 选择配套教材及练习题集中具有典型性或难度较高的习题做出分析提示，引导读者应用前面相关知识、结论、方法对具体题目加以思考和解答.

四、单元测验题. 为满足读者练习需要，本书选配了少量测验题，便于读者对前期学习效果及时检测.

另外，本书最后所附综合测试题，是对本书涉及知识点的综合应用检测，以便于读者检测本课程的学习情况.

本书由西南交通大学数学学院秦应兵、刘品、阳锐顺、蒲伟、梁涛合编，限于水平，书中难免存在不足之处，恳请同行和读者批评指正.

编　者

2020 年 9 月

目　录

前言
第 1 章　矩阵 …… 1
　一、基础知识导学 …… 1
　二、典型例题解析 …… 6
　三、练习题分析 …… 39
　四、第 1 章单元测验题 …… 46
第 2 章　线性空间 …… 49
　一、基础知识导学 …… 49
　二、典型例题解析 …… 54
　三、练习题分析 …… 69
　四、第 2 章单元测验题 …… 72
第 3 章　线性映射 …… 75
　一、基础知识导学 …… 75
　二、典型例题解析 …… 78
　三、练习题分析 …… 101
　四、第 3 章单元测验题 …… 104
第 4 章　欧几里得空间与二次型 …… 107
　一、基础知识导学 …… 107
　二、典型例题解析 …… 109
　三、练习题分析 …… 120
　四、第 4 章单元测验题 …… 122
单元测验题参考答案 …… 124
　第 1 章单元测验题参考答案 …… 124
　第 2 章单元测验题参考答案 …… 125
　第 3 章单元测验题参考答案 …… 127
　第 4 章单元测验题参考答案 …… 130
综合测试题及参考答案 …… 132
　综合测试题 1 …… 132
　综合测试题 2 …… 134

综合测试题 3 …… 136
综合测试题 1 参考答案 …… 138
综合测试题 2 参考答案 …… 143
综合测试题 3 参考答案 …… 146

第 1 章　矩　　阵

一、基础知识导学

1. 基本概念

(1) 矩阵乘法：设 $\boldsymbol{A}=(a_{ik})_{m\times s}, \boldsymbol{B}=(b_{kj})_{s\times n}$，记 $\boldsymbol{C}=(c_{ij})_{m\times n}$，其中 $c_{ij}=a_{i1}b_{1j}+a_{i2}b_{2j}+\cdots+a_{is}b_{sj}=\sum_{k=1}^{s}a_{ik}b_{kj}(i=1,2,\cdots,m;j=1,2,\cdots,n)$，称矩阵 $\boldsymbol{C}$ 是 $\boldsymbol{A}$ 与 $\boldsymbol{B}$ 的乘积，记为 $\boldsymbol{C}=\boldsymbol{AB}$.

(2) 线性方程组：称

$$\begin{cases} a_{11}x_1+a_{12}x_2+\cdots+a_{1n}x_n=b_1, \\ a_{21}x_1+a_{22}x_2+\cdots+a_{2n}x_n=b_2, \\ \qquad\cdots\cdots \\ a_{m1}x_1+a_{m2}x_2+\cdots+a_{mn}x_n=b_m \end{cases}$$

为 n 个未知数 m 个方程的线性方程组或简称为 n 元线性方程组.

记

$$\boldsymbol{A}=\begin{pmatrix} a_{11} & a_{12} & \cdots & a_{1n} \\ a_{21} & a_{22} & \cdots & a_{2n} \\ \vdots & \vdots & & \vdots \\ a_{m1} & a_{m2} & \cdots & a_{mn} \end{pmatrix},\quad \boldsymbol{x}=\begin{pmatrix} x_1 \\ x_2 \\ \vdots \\ x_n \end{pmatrix},\quad \boldsymbol{b}=\begin{pmatrix} b_1 \\ b_2 \\ \vdots \\ b_m \end{pmatrix},$$

则线性方程组可由矩阵形式表示为

$$\boldsymbol{Ax}=\boldsymbol{b},$$

称 $\boldsymbol{A}$ 为方程组的系数矩阵，$(\boldsymbol{A},\boldsymbol{b})$ 为方程组的增广矩阵.

若 $\boldsymbol{b}=\boldsymbol{0}$，称 $\boldsymbol{Ax}=\boldsymbol{0}$ 为齐次线性方程组；若 $\boldsymbol{b}\neq\boldsymbol{0}$，称 $\boldsymbol{Ax}=\boldsymbol{b}$ 为非齐次线性方程组.

(3) 方阵 $\boldsymbol{A}$ 的行列式的定义：

$$|\boldsymbol{A}|=D=\det\boldsymbol{A}=\begin{vmatrix} a_{11} & a_{12} & \cdots & a_{1n} \\ a_{21} & a_{22} & \cdots & a_{2n} \\ \vdots & \vdots & & \vdots \\ a_{n1} & a_{n2} & \cdots & a_{nn} \end{vmatrix}=\sum_{j_1j_2\cdots j_n}(-1)^{\tau(j_1j_2\cdots j_n)}a_{1j_1}a_{2j_2}\cdots a_{nj_n},$$

其中 $\tau(j_1j_2\cdots j_n)$ 为排列 $(j_1j_2\cdots j_n)$ 的逆序数.

(4) 余子式: 去掉方阵 $\boldsymbol{A}$ 的行列式的元素 a_{ij} 所在的行与列, 剩下的元素所构成的行列式称为 a_{ij} 的余子式, 记为 M_{ij}. 称 $A_{ij}=(-1)^{i+j}M_{ij}$ 为 a_{ij} 的代数余子式.

(5) 可逆矩阵: 设 $\boldsymbol{A}$ 是 n 阶方阵, 如果存在 n 阶方阵 $\boldsymbol{B}$, 使得 $\boldsymbol{AB}=\boldsymbol{BA}=\boldsymbol{E}$, 则称矩阵 $\boldsymbol{A}$ 是可逆的, 并称矩阵 $\boldsymbol{B}$ 是 $\boldsymbol{A}$ 的逆矩阵.

可逆矩阵又称为非奇异矩阵.

(6) 伴随矩阵: 设 $\boldsymbol{A}$ 是 n 阶方阵, A_{ij} 是行列式 $|\boldsymbol{A}|$ 中元素 a_{ij} 的代数余子式, 称方阵

$$\boldsymbol{A}^*=\begin{pmatrix} A_{11} & A_{21} & \cdots & A_{n1} \\ A_{12} & A_{22} & \cdots & A_{n2} \\ \vdots & \vdots & & \vdots \\ A_{1n} & A_{2n} & \cdots & A_{nn} \end{pmatrix}$$

为 $\boldsymbol{A}$ 的伴随矩阵.

(7) 矩阵的初等行变换:

① 对换: 交换矩阵的 i, j 两行, 记作 $r_i \leftrightarrow r_j$;

② 倍乘: 用数 $k(\neq 0)$ 乘矩阵的第 i 行, 记作 kr_i;

③ 倍加: 把矩阵的第 i 行的 k 倍加到第 j 行上去, 记作 r_j+kr_i.

类似地, 将定义中的“行”换成“列”, 就得到矩阵的初等列变换

$$c_i \leftrightarrow c_j;\quad kc_j;\quad c_j+kc_i.$$

初等行变换和初等列变换统称为矩阵的初等变换.

(8) 矩阵等价: 若矩阵 $\boldsymbol{A}$ 经过有限次初等变换变成矩阵 $\boldsymbol{B}$, 则称矩阵 $\boldsymbol{A}$ 与 $\boldsymbol{B}$ 等价, 记作 $\boldsymbol{A}\sim\boldsymbol{B}$.

(9) 初等矩阵: 由单位矩阵 $\boldsymbol{E}$ 经过一次初等变换得到的矩阵.

(10) 行阶梯形矩阵: 矩阵的零行在非零行的下方, 每个非零行的第一个非零元素(即主元)均在上一行第一个非零元素的右边.

(11) 行最简形矩阵: 一个行阶梯形矩阵, 满足每一个非零行的第一个非零元(即主元)均是 1, 每个非零行的第一个非零元所在列的其他元素都是零.

(12) 标准形矩阵: 如果矩阵 $\boldsymbol{A}$ 的左上角为 r 阶单位矩阵, 其余元素为零, 则称 $\boldsymbol{A}$ 为标准形矩阵.

(13) 矩阵的秩: 矩阵 $\boldsymbol{A}$ 的不等于零的子式的最高阶数称为矩阵 $\boldsymbol{A}$ 的秩, 记作 $\mathrm{rank}(\boldsymbol{A})$(或 $R(\boldsymbol{A})$). 并规定零矩阵的秩是零.

2. 主要定理与结论

(1) 矩阵乘法满足结合律, 一般不满足交换律.

(2) 分块矩阵相乘, 前一矩阵的列分块法与后一矩阵的行分块法必须一致.

(3) 行列式与其转置行列式的值相等, 即 $D^{\mathrm{T}}=D$.

(4) 对换行列式的 i, j 两行(或两列), 行列式的值变号, 即 $D(r_i \leftrightarrow r_j)=-D$ $(D(c_i \leftrightarrow c_j)=-D)$. 特别地, 如果行列式有两行(列)相同, 则行列式等于零.

(5) 行列式的某一行(列)如果有公因数 k, 则 k 可以提到行列式符号外, 即 $D(kr_i)=kD(D(kc_i)=kD)$, 若行列式的某一行(列)元素全为零, 则行列式等于零; 若行列式有两行(列)成比例, 则行列式等于零.

(6) 把行列式第 i 行(列)各元素的 k 倍加到第 j 行(列)的对应元素上(记作 r_j+kr_i), 其值不变.

(7) 若行列式某一行(列)的元素均可表示为两项之和, 则

$$\begin{vmatrix} a_{11} & a_{12} & \cdots & a_{1n} \\ \vdots & \vdots & & \vdots \\ b_{i1}+c_{i1} & b_{i2}+c_{i2} & \cdots & b_{in}+c_{in} \\ \vdots & \vdots & & \vdots \\ a_{n1} & a_{n2} & \cdots & a_{nn} \end{vmatrix} = \begin{vmatrix} a_{11} & a_{12} & \cdots & a_{1n} \\ \vdots & \vdots & & \vdots \\ b_{i1} & b_{i2} & \cdots & b_{in} \\ \vdots & \vdots & & \vdots \\ a_{n1} & a_{n2} & \cdots & a_{nn} \end{vmatrix} + \begin{vmatrix} a_{11} & a_{12} & \cdots & a_{1n} \\ \vdots & \vdots & & \vdots \\ c_{i1} & c_{i2} & \cdots & c_{in} \\ \vdots & \vdots & & \vdots \\ a_{n1} & a_{n2} & \cdots & a_{nn} \end{vmatrix}.$$

(8) 设 D 为 n 阶行列式, A_{ij} 为元素 a_{ij} 的代数余子式, 那么

$$a_{i1}A_{j1}+a_{i2}A_{j2}+\cdots+a_{in}A_{jn}=\delta_{ij}D,\ \text{其中}\ \delta_{ij}=\begin{cases}1, & i=j,\\ 0, & i\neq j,\end{cases}$$

$$a_{1i}A_{1j}+a_{2i}A_{2j}+\cdots+a_{ni}A_{nj}=\delta_{ij}D,\ \text{其中}\ \delta_{ij}=\begin{cases}1, & i=j,\\ 0, & i\neq j.\end{cases}$$

(9) 上(下)三角行列式 D 的值等于其对角线上元素的乘积, 即

$$D_n=\begin{vmatrix} a_{11} & a_{12} & \cdots & a_{1n} \\ 0 & a_{22} & \cdots & a_{2n} \\ \vdots & \vdots & & \vdots \\ 0 & 0 & \cdots & a_{nn} \end{vmatrix}=a_{11}a_{22}\cdots a_{nn}.$$

(10) 设 $\boldsymbol{A},\boldsymbol{B}$ 为 n 阶方阵, 若 $\boldsymbol{AB}=\boldsymbol{E}$, 则 $\boldsymbol{A},\boldsymbol{B}$ 都是可逆的, 且

$$\boldsymbol{A}^{-1}=\boldsymbol{B},\quad \boldsymbol{B}^{-1}=\boldsymbol{A}.$$

(11) 若 $\boldsymbol{A},\boldsymbol{B}$ 可逆, 则 $k\boldsymbol{A}$ ($k\neq 0$), $\boldsymbol{A}^{\mathrm{T}},\boldsymbol{AB}$ 也可逆, 且

$$(\boldsymbol{A}^{\mathrm{T}})^{-1}=(\boldsymbol{A}^{-1})^{\mathrm{T}},\quad (k\boldsymbol{A})^{-1}=\frac{1}{k}\boldsymbol{A}^{-1},\quad (\boldsymbol{AB})^{-1}=\boldsymbol{B}^{-1}\boldsymbol{A}^{-1}.$$

(12) 设 $\boldsymbol{A}$ 为 n 阶方阵，则 $\boldsymbol{A}\boldsymbol{A}^*=\boldsymbol{A}^*\boldsymbol{A}=|\boldsymbol{A}|\boldsymbol{E}$, $|\boldsymbol{A}^*|=|\boldsymbol{A}|^{n-1}$, $(\boldsymbol{A}^*)^*=|\boldsymbol{A}|^{n-2}\boldsymbol{A}$.

(13) n 阶方阵 $\boldsymbol{A}$ 可逆的充分必要条件是 $|\boldsymbol{A}|\neq 0$, 且若 $\boldsymbol{A}$ 可逆，则 $\boldsymbol{A}^{-1}=\dfrac{1}{|\boldsymbol{A}|}\boldsymbol{A}^*$.

(14) 分块对角阵的幂(或逆矩阵)等于各子块的幂(逆)构成的分块对角阵.

(15) 设 $\boldsymbol{A},\boldsymbol{B}$ 均为可逆方阵，令 $\boldsymbol{P}=\begin{pmatrix}\boldsymbol{A} & \\ & \boldsymbol{B}\end{pmatrix}$, $\boldsymbol{Q}=\begin{pmatrix} & \boldsymbol{A}\\ \boldsymbol{B} & \end{pmatrix}$, 则 $\boldsymbol{P},\boldsymbol{Q}$ 可逆，且

$$\boldsymbol{P}^{-1}=\begin{pmatrix}\boldsymbol{A}^{-1} & \\ & \boldsymbol{B}^{-1}\end{pmatrix},\quad \boldsymbol{Q}^{-1}=\begin{pmatrix} & \boldsymbol{B}^{-1}\\ \boldsymbol{A}^{-1} & \end{pmatrix}.$$

(16) 对一个 $m\times n$ 矩阵 $\boldsymbol{A}$ 施行一次初等行(列)变换，相当于在 $\boldsymbol{A}$ 左(右)边乘上相应的 m 阶(n 阶)初等矩阵.

(17) 对于 $m\times n$ 矩阵 $\boldsymbol{A}$, 可经过初等变换(行变换和列变换)把它化为标准形 $\boldsymbol{F}=\begin{pmatrix}\boldsymbol{E}_r & \boldsymbol{O}\\ \boldsymbol{O} & \boldsymbol{O}\end{pmatrix}_{m\times n}$, 此标准形由 m,n,r 三个数完全确定，其中 r 是行阶梯形矩阵中非零行的行数. 等价矩阵的标准形相同.

(18) 方阵 $\boldsymbol{A}$ 可逆当且仅当 $\boldsymbol{A}$ 的行最简形为单位矩阵.

(19) 方阵 $\boldsymbol{A}$ 可逆当且仅当 $\boldsymbol{A}$ 等价于单位矩阵.

(20) 方阵 $\boldsymbol{A}$ 可逆当且仅当 $\boldsymbol{A}$ 能表示为有限个初等矩阵的乘积.

(21) n 阶方阵 $\boldsymbol{A}$ 可逆当且仅当 $R(\boldsymbol{A})=n$.

(22) 设 $\boldsymbol{A}$ 为 $m\times n$ 的矩阵，则

① $0\leqslant R(\boldsymbol{A})\leqslant \min\{m,n\}$;

② $R(\boldsymbol{A})\leqslant r$ 的充要条件为 $\boldsymbol{A}$ 的所有 $r+1$ 阶子式全为 0;

③ $R(\boldsymbol{A})\geqslant r$ 的充要条件为存在 $\boldsymbol{A}$ 的 r 阶子式不等于 0;

④ 矩阵经初等变换后其秩不变;

⑤ 若 $\boldsymbol{P},\boldsymbol{Q}$ 为可逆矩阵，则 $R(\boldsymbol{PAQ})=R(\boldsymbol{A})$;

⑥ 设 $\boldsymbol{A}$ 为 $m\times n$ 矩阵，$\boldsymbol{B}$ 为 $n\times l$ 矩阵，则 $R(\boldsymbol{AB})\leqslant \min\{R(\boldsymbol{A}),R(\boldsymbol{B})\}$;

⑦ 设 $\boldsymbol{A}$ 为 $m\times n$ 矩阵，$\boldsymbol{B}$ 为 $m\times l$ 矩阵，则

$$\max\{R(\boldsymbol{A}),R(\boldsymbol{B})\}\leqslant R(\boldsymbol{A},\boldsymbol{B})\leqslant R(\boldsymbol{A})+R(\boldsymbol{B});$$

⑧ 若 $\boldsymbol{A},\boldsymbol{B}$ 均为 $m\times n$ 矩阵，则 $R(\boldsymbol{A}+\boldsymbol{B})\leqslant R(\boldsymbol{A})+R(\boldsymbol{B})$;

⑨ 若 $\boldsymbol{A}_{m\times n}\boldsymbol{B}_{n\times l}=\boldsymbol{O}$, 则 $R(\boldsymbol{A})+R(\boldsymbol{B})\leqslant n$;

⑩ 若 $R(\boldsymbol{A})=1$, 则 $\boldsymbol{A}$ 可表示为一个列矩阵与一个行矩阵之积.

(23) 线性方程组的基本定理.

① 齐次线性方程组.

n 元线性方程组 $\boldsymbol{Ax}=\boldsymbol{0}$ 只有零解的充分必要条件是 $R(\boldsymbol{A})=n$;

n 元线性方程组 $\boldsymbol{Ax}=\boldsymbol{0}$ 有非零解的充分必要条件是 $R(\boldsymbol{A})<n$.

② 非齐次线性方程组.

n 元线性方程组 $\boldsymbol{Ax}=\boldsymbol{b}$ 无解的充分必要条件是 $R(\boldsymbol{A})<R(\boldsymbol{A},\boldsymbol{b})$;

n 元线性方程组 $\boldsymbol{Ax}=\boldsymbol{b}$ 有解的充分必要条件是 $R(\boldsymbol{A})=R(\boldsymbol{A},\boldsymbol{b})$, 其中 $\boldsymbol{Ax}=\boldsymbol{b}$ 有唯一解 $\Leftrightarrow R(\boldsymbol{A})=R(\boldsymbol{A},\boldsymbol{b})=n$, $\boldsymbol{Ax}=\boldsymbol{b}$ 有无穷多解 $\Leftrightarrow R(\boldsymbol{A})=R(\boldsymbol{A},\boldsymbol{b})<n$.

③ 克拉默法则.

n 个未知量 n 个方程的线性方程组

$$\sum_{i=1}^{n}a_{ij}x_j=b_j,\quad j=1,2,\cdots,n \tag{*}$$

当(且仅当)它的系数行列式 $D=|a_{ij}|\neq 0$ 时, 有唯一解 $x_j=\dfrac{D_j}{D}, j=1,2,\cdots,n$, 其中 D_j 是把行列式 D 的第 j 列的元素换成方程组的常数项而得到的 n 阶行列式.

对于齐次线性方程组 $\sum\limits_{i=1}^{n}a_{ij}x_j=0\ (j=1,2,\cdots,n)$, 根据克拉默法则, 如果它的系数行列式 $D=|a_{ij}|\neq 0$, 那么它只有零解. 因此, 如果该方程组有非零解, 则必有系数行列式 $D=0$.

3. 主要问题与方法

(1) 行列式的计算.

计算行列式, 要根据行列式的特点采用相应的方法. 常用方法有: 利用定义; 利用行列式的性质化行列式为上(下)三角行列式; 按某行(列)展开等.

(2) 与代数余子式相关的问题.

我们往往利用下述表达式简化与代数余子式相关的问题. 设 n 阶行列式 $D=|a_{ij}|$, 那么

$$\sum_{k=1}^{n}a_{ik}A_{jk}=\delta_{ij}D,\quad 其中\delta_{ij}=\begin{cases}1, & i=j,\\ 0, & i\neq j,\end{cases}$$

$$\sum_{k=1}^{n}a_{ki}A_{kj}=\delta_{ij}D,\quad 其中\delta_{ij}=\begin{cases}1, & i=j,\\ 0, & i\neq j.\end{cases}$$

(3) 求矩阵 $\boldsymbol{A}$ 的逆矩阵的常用方法.

① 利用定义;

② 利用伴随矩阵;

③ 利用初等行(列)变换.

(4) 求矩阵秩的常用方法.

① 利用定义, 求矩阵不为零的子式的最高阶数;

② 利用初等行变换化矩阵为行阶梯形;

③ 利用矩阵秩的相关性质.

(5) 线性方程组问题.

求齐次线性方程组 $\boldsymbol{Ax}=\boldsymbol{0}$ 解的步骤:

① 用初等行变换化方程组的系数矩阵 $\boldsymbol{A}$ 为行最简形矩阵 $\boldsymbol{B}$;

② 写出 $\boldsymbol{Ax}=\boldsymbol{0}$ 的同解线性方程组 $\boldsymbol{Bx}=\boldsymbol{0}$;

③ 确定自由未知量, 并把非自由未知量用自由未知量表示;

④ 令自由未知量为任意常数, 将方程组 $\boldsymbol{Ax}=\boldsymbol{0}$ 的解写成向量(矩阵)的形式 $\boldsymbol{x}=k_1\boldsymbol{\xi}_1+k_2\boldsymbol{\xi}_2+\cdots+k_{n-r}\boldsymbol{\xi}_{n-r}$, 其中 $k_1,k_2,\cdots,k_{n-r}$ 为任意常数.

求非齐次线性方程组 $\boldsymbol{Ax}=\boldsymbol{b}$ 的解的步骤:

① 写出增广矩阵 $(\boldsymbol{A},\boldsymbol{b})$, 用初等行变换化 $(\boldsymbol{A},\boldsymbol{b})$ 为阶梯形矩阵 $(\boldsymbol{B}',\boldsymbol{b}')$;

② 利用线性方程组的基本定理判断方程组是否有解, 若方程组有解, 继续下一步;

③ 把阶梯形矩阵 $(\boldsymbol{B}',\boldsymbol{b}')$ 化为行最简形矩阵 $(\boldsymbol{B},\boldsymbol{\gamma})$;

④ 写出同解线性方程组 $\boldsymbol{Bx}=\boldsymbol{\gamma}$, 确定自由未知量, 并把非自由未知量用自由未知量表示;

⑤ 令自由未知量为任意常数, 将方程组 $\boldsymbol{Ax}=\boldsymbol{b}$ 的解写成向量(矩阵)的形式 $\boldsymbol{x}=k_1\boldsymbol{\xi}_1+k_2\boldsymbol{\xi}_2+\cdots+k_{n-r}\boldsymbol{\xi}_{n-r}+\boldsymbol{\eta}_0$, 其中 $k_1,k_2,\cdots,k_{n-r}$ 为任意常数.

当方程组中方程的个数与未知量的个数相等时, 此类问题也可直接利用克拉默法则.

二、典型例题解析

例 1.1～例 1.13 主要是有关行列式的例题.

例 1.1 计算 n 阶行列式

$$D_n=\begin{vmatrix}0 & b_1 & 0 & \cdots & 0\\ 0 & 0 & b_2 & \cdots & 0\\ \vdots & \vdots & \vdots & & \vdots\\ 0 & 0 & 0 & \cdots & b_{n-1}\\ b_n & 0 & 0 & \cdots & 0\end{vmatrix}.$$

分析 此行列式中每行(列)仅有一个非零元素, 故可以利用行列式的定义计算行列式, 或者利用行列式的性质化行列式为上(下)三角行列式, 或者直接按某行(列)展开进行计算.

解 方法一 该行列式的 $n!$ 项的和中只有一项不为零, 所以

$$D_n=\sum_{j_1j_2\cdots j_n}(-1)^{\tau(j_1j_2\cdots j_n)}a_{1j_1}a_{2j_2}\cdots a_{nj_n}=(-1)^{\tau(23\cdots n1)}a_{12}a_{23}\cdots a_{n-1,n}a_{n1},$$

其中 $\tau(23\cdots n1)=n-1$, 所以 $D_n=(-1)^{n-1}b_1b_2b_3\cdots b_n$.

方法二 按第 1 列展开, 有

$$D_n=(-1)^{1+n}b_n\begin{vmatrix}b_1&0&\cdots&0\\0&b_2&\cdots&0\\\vdots&\vdots&&0\\0&0&\cdots&b_{n-1}\end{vmatrix}=(-1)^{n+1}b_1b_2b_3\cdots b_n.$$

方法三 直接化为三角行列式. 将第 n 行依次与第 $n-1, n-2, n-3,\cdots, 2, 1$ 行相交换, 得

$$D_n=(-1)^{n-1}\begin{vmatrix}b_n&0&\cdots&0&0\\0&b_1&\cdots&0&0\\\vdots&\vdots&&\vdots&\vdots\\0&0&\cdots&b_{n-2}&0\\0&0&\cdots&0&b_{n-1}\end{vmatrix}=(-1)^{n-1}b_1\,b_2b_3\cdots b_n.$$

例 1.2 计算 5 阶行列式

$$D=\begin{vmatrix}x&1&2&3&4\\1&x&2&3&4\\1&2&x&3&4\\1&2&3&x&4\\1&2&3&4&x\end{vmatrix}.$$

分析 此行列式的特点是其各行元素之和相同. 计算这种类型的行列式的基本方法是先将其余各列加到第 1 列, 提出公因子, 然后根据行列式的特点进行计算.

解 将第 2,3,4,5 列加到第 1 列, 然后从第 1 列提出 $(x+10)$, 得

$$D=(x+10)\begin{vmatrix}1&1&2&3&4\\1&x&2&3&4\\1&2&x&3&4\\1&2&3&x&4\\1&2&3&4&x\end{vmatrix}.$$

依次将第 i 行的 (-1) 倍加到第 $i+1$ 行 $(i=4,3,2,1)$, 得

$$D=(x+10)\begin{vmatrix}1&1&2&3&4\\0&x-1&0&0&0\\0&2-x&x-2&0&0\\0&0&3-x&x-3&0\\0&0&0&4-x&x-4\end{vmatrix}.$$

按第 1 列展开，有 $D=(x+10)(x-1)(x-2)(x-3)(x-4)$.

注 如果行列式具有各行(或列)元素之和相同的特点，均可以采用本例方法计算.

例 1.3 计算 n 阶行列式

$$D=\begin{vmatrix}1&1&1&\cdots&1\\a&2&0&\cdots&0\\a&0&3&\cdots&0\\\vdots&\vdots&\vdots&&\vdots\\a&0&0&\cdots&n\end{vmatrix}.$$

分析 称形如本例中的行列式为箭形行列式. 通常箭形行列式可利用行列式的性质化为三角行列式计算.

解 将第 k 列的 $\left(-\dfrac{a}{k}\right)$ 倍加到第 1 列 $(k=2,3,\cdots,n)$，得

$$D=\begin{vmatrix}1-\sum\limits_{k=2}^{n}\dfrac{a}{k}&1&\cdots&1\\0&2&\cdots&0\\\vdots&\vdots&&\vdots\\0&0&\cdots&n\end{vmatrix}.$$

所以

$$D=n!\left(1-\sum_{k=2}^{n}\frac{a}{k}\right).$$

注 许多类型的行列式均可转化为箭形行列式，最终化为三角行列式进行计算.

例 1.4 计算 n 阶行列式

$$D=\begin{vmatrix}1+a_1&1&1&\cdots&1\\2&2+a_2&2&\cdots&2\\3&3&3+a_3&\cdots&3\\\vdots&\vdots&\vdots&&\vdots\\n&n&n&\cdots&n+a_n\end{vmatrix}\quad(a_i\neq 0,i=1,\cdots,n).$$

分析 此行列式具有各列元素含有共同元素的特点, 通常利用行列式的性质将其化为箭形行列式.

解 方法一 将第 1 列的 (−1) 倍加到其余各列, 得

$$D=\begin{vmatrix}1+a_1 & -a_1 & -a_1 & \cdots & -a_1\\ 2 & a_2 & 0 & \cdots & 0\\ 3 & 0 & a_3 & \cdots & 0\\ \vdots & \vdots & \vdots & & \vdots\\ n & 0 & 0 & \cdots & a_n\end{vmatrix}.$$

这样, 行列式就化为箭形行列式了. 将第 k 列的 $\left(-\dfrac{k}{a_k}\right)$ 倍加到第 1 列 $(k=2,3,\cdots,n)$, 得

$$D=\begin{vmatrix}a_1\left(1+\sum_{k=1}^{n}\dfrac{k}{a_k}\right) & -a_1 & -a_1 & \cdots & -a_1\\ 0 & a_2 & 0 & \cdots & 0\\ 0 & 0 & a_3 & \cdots & 0\\ \vdots & \vdots & \vdots & & \vdots\\ 0 & 0 & 0 & \cdots & a_n\end{vmatrix}=\left(1+\sum_{k=1}^{n}\frac{k}{a_k}\right)a_1a_2a_3\cdots a_n.$$

方法二 将原行列式增加一行以及一列, 但保持行列式的值不变, 得

$$D\overset{\text{加边}}{=\!=\!=}\begin{vmatrix}1 & 0 & 0 & \cdots & 0\\ 1 & 1+a_1 & 1 & \cdots & 1\\ 2 & 2 & 2+a_2 & \cdots & 2\\ \vdots & \vdots & \vdots & & \vdots\\ n & n & n & \cdots & n+a_n\end{vmatrix}.$$

将第 1 列的 (−1) 倍加到其余各列, 得箭形行列式

$$D=\begin{vmatrix}1 & -1 & -1 & \cdots & -1\\ 1 & a_1 & 0 & \cdots & 0\\ 2 & 0 & a_2 & \cdots & 0\\ \vdots & \vdots & \vdots & & \vdots\\ n & 0 & 0 & \cdots & a_n\end{vmatrix}.$$

利用例 1.3 的方法, 可得行列式的值

$$D_n=\left(1+\sum_{k=1}^{n}\frac{k}{a_k}\right)a_1a_2a_3\cdots a_n.$$

注 (1) 本例也可利用行变换(第 1 行分别乘$(-k)$倍加到第 k 行)将其化为箭形行列式.

(2) 方法二称为加边法, 加边(行或列)的元素要根据具体情况适当地选择与已知行列式有关的某些元素, 以便进一步地计算. 请见下例.

例 1.5 计算 n 阶行列式

$$D=\begin{vmatrix} 1+a_1^2 & a_1a_2 & a_1a_3 & \cdots & a_1a_n \\ a_2a_1 & 2+a_2^2 & a_2a_3 & \cdots & a_2a_n \\ a_3a_1 & a_3a_2 & 3+a_3^2 & \cdots & a_3a_n \\ \vdots & \vdots & \vdots & & \vdots \\ a_na_1 & a_na_2 & a_na_3 & \cdots & n+a_n^2 \end{vmatrix}.$$

分析 此行列式的特点是其各行(列)除对角线上的元素外, 其余元素成比例.

解

$$D\xlongequal{\text{加边}}\begin{vmatrix} 1 & a_1 & a_2 & \cdots & a_n \\ 0 & 1+a_1^2 & a_1a_2 & \cdots & a_1a_n \\ 0 & a_2a_1 & 2+a_2^2 & \cdots & a_2a_n \\ \vdots & \vdots & \vdots & & \vdots \\ 0 & a_na_1 & a_na_2 & \cdots & n+a_n^2 \end{vmatrix}.$$

$$\xlongequal[i=1,2,3,\cdots,n]{r_{i+1}-a_ir_1}\begin{vmatrix} 1 & a_1 & a_2 & \cdots & a_n \\ -a_1 & 1 & 0 & \cdots & 0 \\ -a_2 & 0 & 2 & \cdots & 0 \\ \vdots & \vdots & \vdots & & \vdots \\ -a_n & 0 & 0 & \cdots & n \end{vmatrix}\text{ (箭形行列式).}$$

将第 k 列的 $\dfrac{a_{k-1}}{k-1}$ 倍加到第 1 列($k=2,\cdots,n+1$), 有

$$D=\begin{vmatrix} 1+\sum\limits_{k=1}^{n}\dfrac{a_k^2}{k} & a_1 & a_2 & \cdots & a_n \\ 0 & 1 & 0 & \cdots & 0 \\ 0 & 0 & 2 & \cdots & 0 \\ \vdots & \vdots & \vdots & & \vdots \\ 0 & 0 & 0 & \cdots & n \end{vmatrix}=n!\left(1+\sum_{k=1}^{n}\frac{a_k^2}{k}\right).$$

例 1.6　计算 n 阶行列式 $D_n=\begin{vmatrix}1&3&3&\cdots&3\\3&2&3&\cdots&3\\3&3&3&\cdots&3\\\vdots&\vdots&\vdots&&\vdots\\3&3&3&\cdots&n\end{vmatrix}$.

分析　此行列式的特点是除了主对角线上的元素以外，其余的元素全部为 3.

解　将第 3 行的 (-1) 倍加到其余各行，得

$$D_n=\begin{vmatrix}-2&0&0&\cdots&0\\0&-1&0&\cdots&0\\3&3&3&\cdots&3\\\vdots&\vdots&\vdots&&\vdots\\0&0&0&\cdots&n-3\end{vmatrix}.$$

由于第 3 列只有一个非零元素，按第 3 列展开，得

$$D_n=3(-1)^{3+3}\begin{vmatrix}-2&0&0&\cdots&0\\0&-1&0&\cdots&0\\0&0&1&\cdots&0\\\vdots&\vdots&\vdots&&\vdots\\0&0&0&\cdots&n-3\end{vmatrix}=6(n-3)!.$$

例 1.7　计算 n 阶行列式

$$D_n=\begin{vmatrix}2&1&0&\cdots&0&0\\1&2&1&\cdots&0&0\\0&1&2&\cdots&0&0\\\vdots&\vdots&\vdots&&\vdots&\vdots\\0&0&0&\cdots&2&1\\0&0&0&\cdots&1&2\end{vmatrix}.$$

分析　此行列式的特点是主对角线及相邻元素不为零，其余元素全为零. 通常称这种类型的行列式为三对角行列式，它的计算可以采用递推法进行.

解　将第 1 列表示为两项的和，然后将此行列式表示为两个行列式的和，得

$$D_n=\begin{vmatrix}1+1&1&0&\cdots&0&0\\1+0&2&1&\cdots&0&0\\0+0&1&2&\cdots&0&0\\\vdots&\vdots&\vdots&&\vdots&\vdots\\0+0&0&0&\cdots&2&1\\0+0&0&0&\cdots&1&2\end{vmatrix}=\begin{vmatrix}1&1&0&\cdots&0&0\\1&2&1&\cdots&0&0\\0&1&2&\cdots&0&0\\\vdots&\vdots&\vdots&&\vdots&\vdots\\0&0&0&\cdots&2&1\\0&0&0&\cdots&1&2\end{vmatrix}_n+\begin{vmatrix}1&1&0&\cdots&0&0\\0&2&1&\cdots&0&0\\0&1&2&\cdots&0&0\\\vdots&\vdots&\vdots&&\vdots&\vdots\\0&0&0&\cdots&2&1\\0&0&0&\cdots&1&2\end{vmatrix}_n.$$

对上式第一个行列式, 依次将第 i 行 (-1) 倍加到第 $i+1$ 行 $(i=1,\cdots,n-1)$, 得

$$\begin{vmatrix}1&1&0&\cdots&0&0\\1&2&1&\cdots&0&0\\0&1&2&\cdots&0&0\\\vdots&\vdots&\vdots&&\vdots&\vdots\\0&0&0&\cdots&2&1\\0&0&0&\cdots&1&2\end{vmatrix}=\begin{vmatrix}1&1&0&\cdots&0&0\\0&1&1&\cdots&0&0\\0&0&1&\cdots&0&0\\\vdots&\vdots&\vdots&&\vdots&\vdots\\0&0&0&\cdots&1&1\\0&0&0&\cdots&0&1\end{vmatrix}=1.$$

而另一个行列式按第 1 列展开, 得

$$\begin{vmatrix}1&1&0&\cdots&0&0\\0&2&1&\cdots&0&0\\0&1&2&\cdots&0&0\\\vdots&\vdots&\vdots&&\vdots&\vdots\\0&0&0&\cdots&2&1\\0&0&0&\cdots&1&2\end{vmatrix}_n=\begin{vmatrix}2&1&0&\cdots&0&0\\1&2&1&\cdots&0&0\\0&1&2&\cdots&0&0\\\vdots&\vdots&\vdots&&\vdots&\vdots\\0&0&0&\cdots&2&1\\0&0&0&\cdots&1&2\end{vmatrix}_{n-1}=D_{n-1}.$$

所以 $D_n=1+D_{n-1}$. 于是 $D_n=1+D_{n-1}=1+1+D_{n-2}=\cdots=n-2+D_2=n+1$.

注　也可以直接将此行列式按第 1 列(行)展开, 得 $D_n=2D_{n-1}-D_{n-2}$, 将递推公式变形得 $D_n-D_{n-1}=D_{n-1}-D_{n-2}$, 从而 $D_n-D_{n-1}=D_{n-1}-D_{n-2}=\cdots=D_2-D_1=1$, 即 $D_n=1+D_{n-1}$. 于是 $D_n=n+1$.

例 1.8　计算 n 阶行列式

$$D_n=\begin{vmatrix}1&2&3&\cdots&n-1&n\\x&1&2&\cdots&n-2&n-1\\x&x&1&\cdots&n-3&n-2\\\vdots&\vdots&\vdots&&\vdots&\vdots\\x&x&x&\cdots&1&2\\x&x&x&\cdots&x&1\end{vmatrix}.$$

分析　此行列式的特点是主对角线上的元素为 1, 且其下方的元素相同.

解　依次将第 i 行的 (-1) 倍加到第 $i-1$ 行 $(i=n,n-1,\cdots,2)$, 有

$$D_n=\begin{vmatrix}1-x&1&1&\cdots&1&1\\0&1-x&1&\cdots&1&1\\0&0&1-x&\cdots&1&1\\\vdots&\vdots&\vdots&&\vdots&\vdots\\0&0&0&\cdots&1-x&1\\x&x&x&\cdots&x&1\end{vmatrix}.$$

将元素 $a_{nn}=1$ 表示为 $x+1-x$，拆分第 n 列，有

$$D_n=\begin{vmatrix}1-x & 1 & 1 & \cdots & 1 & 1+0\\ 0 & 1-x & 1 & \cdots & 1 & 1+0\\ 0 & 0 & 1-x & \cdots & 1 & 1+0\\ \vdots & \vdots & \vdots & & \vdots & \vdots\\ 0 & 0 & 0 & \cdots & 1-x & 1+0\\ x & x & x & \cdots & x & x+1-x\end{vmatrix}$$

$$=\begin{vmatrix}1-x & 1 & 1 & \cdots & 1 & 1\\ 0 & 1-x & 1 & \cdots & 1 & 1\\ 0 & 0 & 1-x & \cdots & 1 & 1\\ \vdots & \vdots & \vdots & & \vdots & \vdots\\ 0 & 0 & 0 & \cdots & 1-x & 1\\ x & x & x & \cdots & x & x\end{vmatrix}+\begin{vmatrix}1-x & 1 & 1 & \cdots & 1 & 0\\ 0 & 1-x & 1 & \cdots & 1 & 0\\ 0 & 0 & 1-x & \cdots & 1 & 0\\ \vdots & \vdots & \vdots & & \vdots & \vdots\\ 0 & 0 & 0 & \cdots & 1-x & 0\\ x & x & x & \cdots & x & 1-x\end{vmatrix}.$$

而上式中第一个行列式

$$\begin{vmatrix}1-x & 1 & 1 & \cdots & 1 & 1\\ 0 & 1-x & 1 & \cdots & 1 & 1\\ 0 & 0 & 1-x & \cdots & 1 & 1\\ \vdots & \vdots & \vdots & & \vdots & \vdots\\ 0 & 0 & 0 & \cdots & 1-x & 1\\ x & x & x & \cdots & x & x\end{vmatrix}=x\begin{vmatrix}1-x & 1 & 1 & \cdots & 1 & 1\\ 0 & 1-x & 1 & \cdots & 1 & 1\\ 0 & 0 & 1-x & \cdots & 1 & 1\\ \vdots & \vdots & \vdots & & \vdots & \vdots\\ 0 & 0 & 0 & \cdots & 1-x & 1\\ 1 & 1 & 1 & \cdots & 1 & 1\end{vmatrix}$$

$$\xlongequal[i=1,2,\cdots,n-1]{r_i+(-1)r_n}x\begin{vmatrix}-x & 0 & 0 & \cdots & 0 & 0\\ -1 & -x & 0 & \cdots & 0 & 0\\ -1 & -1 & -x & \cdots & 0 & 0\\ \vdots & \vdots & \vdots & & \vdots & \vdots\\ -1 & -1 & -1 & \cdots & -x & 0\\ 1 & 1 & 1 & \cdots & 1 & 1\end{vmatrix}=(-1)^{n-1}x^n.$$

另一个行列式按最后一列展开，有

$$\begin{vmatrix}1-x & 1 & 1 & \cdots & 1 & 0\\ 0 & 1-x & 1 & \cdots & 1 & 0\\ 0 & 0 & 1-x & \cdots & 1 & 0\\ \vdots & \vdots & \vdots & & \vdots & \vdots\\ 0 & 0 & 0 & \cdots & 1-x & 0\\ x & x & x & \cdots & x & 1-x\end{vmatrix}=(1-x)\begin{vmatrix}1-x & 1 & \cdots & 1\\ 0 & 1-x & \cdots & 1\\ \vdots & \vdots & & \vdots\\ 0 & 0 & \cdots & 1-x\end{vmatrix}_{n-1}=(1-x)^n.$$

于是

$$D_n=(-1)^{n-1}x^n+(1-x)^n.$$

例 1.9　计算 n 阶行列式

$$D_n=\begin{vmatrix} a+b & b & 0 & \cdots & 0 & 0 \\ a & a+b & b & \cdots & 0 & 0 \\ 0 & a & a+b & \cdots & 0 & 0 \\ \vdots & \vdots & \vdots & & \vdots & \vdots \\ 0 & 0 & 0 & \cdots & a+b & b \\ 0 & 0 & 0 & \cdots & a & a+b \end{vmatrix}.$$

分析　此行列式为三对角行列式, 通常按行(列)展开得到递推公式进行计算.

解　方法一　将 D_n 按第 1 行展开, 得

$$D_n=(-1)^{1+1}(a+b)\begin{vmatrix} a+b & b & 0 & \cdots & 0 & 0 \\ a & a+b & b & \cdots & 0 & 0 \\ 0 & a & a+b & \cdots & 0 & 0 \\ \vdots & \vdots & \vdots & & \vdots & \vdots \\ 0 & 0 & 0 & \cdots & a+b & b \\ 0 & 0 & 0 & \cdots & a & a+b \end{vmatrix}_{n-1}$$

$$+(-1)^{1+2}b\begin{vmatrix} a & b & 0 & \cdots & 0 & 0 \\ 0 & a+b & b & \cdots & 0 & 0 \\ 0 & a & a+b & \cdots & 0 & 0 \\ \vdots & \vdots & \vdots & & \vdots & \vdots \\ 0 & 0 & 0 & \cdots & a+b & b \\ 0 & 0 & 0 & \cdots & a & a+b \end{vmatrix}$$

$$=(a+b)D_{n-1}+(-1)^{1+2}ab\begin{vmatrix} a+b & b & 0 & \cdots & 0 & 0 \\ a & a+b & b & \cdots & 0 & 0 \\ 0 & a & a+b & \cdots & 0 & 0 \\ \vdots & \vdots & \vdots & & \vdots & \vdots \\ 0 & 0 & 0 & \cdots & a+b & b \\ 0 & 0 & 0 & \cdots & a & a+b \end{vmatrix}_{n-2}$$

$$=(a+b)D_{n-1}-abD_{n-2},$$

于是

$$D_n-aD_{n-1}=b(D_{n-1}-aD_{n-2})=\cdots=b^{n-2}(D_2-aD_1)=b^n.$$

因此,

$$\begin{aligned}D_n &= aD_{n-1}+b^n = a^2D_{n-2}+ab^{n-1}+b^n \\ &= \cdots = a^{n-1}D_1 + a^{n-2}b^2+\cdots+ab^{n-1}+b^n \\ &= a^n+a^{n-1}b+a^{n-2}b^2+\cdots+ab^{n-1}+b^n.\end{aligned}$$

方法二　如上法展开，$D_n=(a+b)D_{n-1}-abD_{n-2}$，则

$$\begin{cases}D_n-aD_{n-1}=b^n, \\ D_n-bD_{n-1}=a^n.\end{cases}$$

当 $a\neq b$ 时，解该方程组得

$$D_n=\frac{a^{n+1}-b^{n+1}}{a-b}=a^n+a^{n-1}b+a^{n-2}b^2+\cdots+ab^{n-1}+b^n.$$

当 $a=b$ 时，利用方法一的结果，可得 $D_n=(n+1)a^n$. 也可用下述方法求解，此时 $D_n-aD_{n-1}=a(D_{n-1}-aD_{n-2})=a^2(D_{n-2}-aD_{n-3})=\cdots=a^{n-2}(D_2-aD_1)$.

因此，当 $a=b$ 时，

$$D_n=a^n+aD_{n-1}=a^n+a(a^{n-1}+aD_{n-2})=2a^n+a^2D_{n-2}=\cdots=(n+1)a^n.$$

例 1.10　计算 n 阶行列式

$$D_n=\begin{vmatrix}x & a & a & \cdots & a \\ b & x & a & \cdots & a \\ b & b & x & \cdots & a \\ \vdots & \vdots & \vdots & & \vdots \\ b & b & b & \cdots & x\end{vmatrix}\quad(a\neq b).$$

分析　此行列式的特点是主对角线上(下)方的元素相同.

解　将第 2 列的(-1)倍加到第 1 列，然后按第 1 列展开，有

$$D_n=\begin{vmatrix}x-a & a & a & \cdots & a & a \\ b-x & x & a & \cdots & a & a \\ 0 & b & x & \cdots & a & a \\ \vdots & \vdots & \vdots & & \vdots & \vdots \\ 0 & b & b & \cdots & x & a \\ 0 & b & b & \cdots & b & x\end{vmatrix}$$

$$=(-1)^{1+1}(x-a)\begin{vmatrix}x & a & a & \cdots & a \\ b & x & a & \cdots & a \\ b & b & x & \cdots & a \\ \vdots & \vdots & \vdots & & \vdots \\ b & b & b & \cdots & x\end{vmatrix}_{n-1}+(-1)^{1+2}(b-x)\begin{vmatrix}a & a & \cdots & a \\ b & x & \cdots & a \\ \vdots & \vdots & & \vdots \\ b & b & \cdots & x\end{vmatrix}_{n-1}$$

$$=(x-a)D_{n-1}+(-1)^{1+2}(b-x)a\begin{vmatrix}1 & 1 & \cdots & 1\\ b & x & \cdots & a\\ \vdots & \vdots & & \vdots\\ b & b & \cdots & x\end{vmatrix}_{n-1}$$

$$=(x-a)D_{n-1}+(-1)^{1+2}(b-x)a\begin{vmatrix}1 & 1 & \cdots & 1\\ 0 & x-b & \cdots & a-b\\ \vdots & \vdots & & \vdots\\ 0 & 0 & \cdots & x-b\end{vmatrix}_{n-1}$$

$$=(x-a)D_{n-1}+a(x-b)^{n-1}.$$

同理可得

$$D_n=D_n^{\mathrm{T}}=(x-b)D_{n-1}+b(x-a)^{n-1}.$$

解方程组 $\begin{cases}D_n=(x-a)D_{n-1}+a(x-b)^{n-1},\\ D_n=(x-b)D_{n-1}+b(x-a)^{n-1},\end{cases}$ 得 $D_n=\dfrac{a(x-b)^n-b(x-a)^n}{a-b}$.

注 本例也可对第 1 列拆分，然后利用上述方法进行计算.

例 1.11 计算

$$D=\begin{vmatrix}1 & 1 & \cdots & 1\\ x_1(x_1-1) & x_2(x_2-1) & \cdots & x_n(x_n-1)\\ x_1^2(x_1-1) & x_2^2(x_2-1) & \cdots & x_n^2(x_n-1)\\ \vdots & \vdots & & \vdots\\ x_1^{n-1}(x_1-1) & x_2^{n-1}(x_2-1) & \cdots & x_n^{n-1}(x_n-1)\end{vmatrix}.$$

分析 将该行列式的第 1 行的第 i 个元素表示为 $x_i-(x_i-1)$，然后将行列式拆分成两个行列式的和，再利用范德蒙德行列式的结果即可计算.

解

$$D=\begin{vmatrix}x_1-(x_1-1) & x_2-(x_2-1) & \cdots & x_n-(x_n-1)\\ x_1(x_1-1) & x_2(x_2-1) & \cdots & x_n(x_n-1)\\ x_1^2(x_1-1) & x_2^2(x_2-1) & \cdots & x_n^2(x_n-1)\\ \vdots & \vdots & & \vdots\\ x_1^{n-1}(x_1-1) & x_2^{n-1}(x_2-1) & \cdots & x_n^{n-1}(x_n-1)\end{vmatrix}$$

$$
\xlongequal{\text{拆分}}\begin{vmatrix} x_1 & x_2 & \cdots & x_n \\ x_1(x_1-1) & x_2(x_2-1) & \cdots & x_n(x_n-1) \\ x_1^2(x_1-1) & x_2^2(x_2-1) & \cdots & x_n^2(x_n-1) \\ \vdots & \vdots & & \vdots \\ x_1^{n-1}(x_1-1) & x_2^{n-1}(x_2-1) & \cdots & x_n^{n-1}(x_n-1) \end{vmatrix}
$$

$$
+\begin{vmatrix} -(x_1-1) & -(x_2-1) & \cdots & -(x_n-1) \\ x_1(x_1-1) & x_2(x_2-1) & \cdots & x_n(x_n-1) \\ x_1^2(x_1-1) & x_2^2(x_2-1) & \cdots & x_n^2(x_n-1) \\ \vdots & \vdots & & \vdots \\ x_1^{n-1}(x_1-1) & x_2^{n-1}(x_2-1) & \cdots & x_n^{n-1}(x_n-1) \end{vmatrix}
$$

$$
= x_1x_2\cdots x_n\begin{vmatrix} 1 & 1 & \cdots & 1 \\ x_1-1 & x_2-1 & \cdots & x_n-1 \\ x_1(x_1-1) & x_2(x_2-1) & \cdots & x_n(x_n-1) \\ \vdots & \vdots & & \vdots \\ x_1^{n-2}(x_1-1) & x_2^{n-2}(x_2-1) & \cdots & x_n^{n-2}(x_n-1) \end{vmatrix}
$$

$$
+(-1)(x_1-1)(x_2-1)\cdots(x_n-1)\begin{vmatrix} 1 & 1 & \cdots & 1 \\ x_1 & x_2 & \cdots & x_n \\ x_1^2 & x_2^2 & \cdots & x_n^2 \\ \vdots & \vdots & & \vdots \\ x_1^{n-1} & x_2^{n-1} & \cdots & x_n^{n-1} \end{vmatrix}.
$$

而

$$
\begin{vmatrix} 1 & 1 & \cdots & 1 \\ x_1-1 & x_2-1 & \cdots & x_n-1 \\ x_1(x_1-1) & x_2(x_2-1) & \cdots & x_n(x_n-1) \\ \vdots & \vdots & & \vdots \\ x_1^{n-2}(x_1-1) & x_2^{n-2}(x_2-1) & \cdots & x_n^{n-2}(x_n-1) \end{vmatrix} \xlongequal{\text{拆分}} \begin{vmatrix} 1 & 1 & \cdots & 1 \\ x_1 & x_2 & \cdots & x_n \\ x_1^2 & x_2^2 & \cdots & x_n^2 \\ \vdots & \vdots & & \vdots \\ x_1^{n-1} & x_2^{n-1} & \cdots & x_n^{n-1} \end{vmatrix},
$$

于是 $D=[x_1x_2\cdots x_n-(x_1-1)(x_2-1)\cdots(x_n-1)]\prod\limits_{n\geqslant j>i\geqslant 1}(x_j-x_i)$.

注 利用范德蒙德行列式的结论计算行列式也是常见的一种方法. 再如下例.

例 1.12 计算 n 阶行列式

$$D=\begin{vmatrix} 1 & 1 & \cdots & 1 \\ x_1 & x_2 & \cdots & x_n \\ x_1^2 & x_2^2 & \cdots & x_n^2 \\ \vdots & \vdots & & \vdots \\ x_1^{n-2} & x_2^{n-2} & \cdots & x_n^{n-2} \\ x_1^n & x_2^n & \cdots & x_n^n \end{vmatrix}.$$

分析　此行列式形式上与范德蒙德行列式类似, 故利用范德蒙德行列式的结果进行计算.

解　考虑 $n+1$ 阶范德蒙德行列式

$$g(x)=\begin{vmatrix} 1 & 1 & \cdots & 1 & 1 \\ x_1 & x_2 & \cdots & x_n & x \\ x_1^2 & x_2^2 & \cdots & x_n^2 & x^2 \\ \vdots & \vdots & & \vdots & \vdots \\ x_1^{n-2} & x_2^{n-2} & \cdots & x_n^{n-2} & x^{n-2} \\ x_1^{n-1} & x_2^{n-1} & \cdots & x_n^{n-1} & x^{n-1} \\ x_1^n & x_2^n & \cdots & x_n^n & x^n \end{vmatrix}$$

$$\begin{aligned} &=(x_2-x_1)(x_3-x_1)\cdots(x_n-x_1)(x-x_1) \\ &\quad(x_3-x_2)\cdots(x_n-x_2)(x-x_2) \\ &\quad\cdots\cdots \\ &\quad(x-x_n). \end{aligned}$$

从上式左边看, 多项式 $g(x)$ 的 x^{n-1} 的系数为 $(-1)^{2n+1}D=-D$; 但从右端看, x^{n-1} 的系数为

$$-(x_1+x_2+\cdots+x_n)\prod_{1\leqslant i<j\leqslant n}(x_j-x_i).$$

二者应该相等, 故 $D=(x_1+x_2+\cdots+x_n)\prod\limits_{1\leqslant i<j\leqslant n}(x_j-x_i)$.

例 1.13　已知 $\begin{vmatrix} 1 & 1 & 1 & 1 \\ b & a & d & c \\ c & d & a & b \\ d & c & b & a \end{vmatrix}=k\neq 0$, 记 $D_4=\begin{vmatrix} a & b & c & d \\ b & a & d & c \\ c & d & a & b \\ d & c & b & a \end{vmatrix}$.

(1) 求 D_4;

(2) 求 D_4 的第 1 行的代数余子式之和 $A_{11}+A_{12}+A_{13}+A_{14}$;

(3) 求 D_4 所有代数余子式之和 $\sum\limits_{i,j=1}^{4}A_{ij}$;

(4) 求 D_4 的第 1 行的余子式的和 $M_{11}+M_{12}+M_{13}+M_{14}$.

分析　若逐个计算余子式或代数余子式的值再求和, 计算比较繁琐. 此种类型的题目通常利用代数余子式的性质 $a_{i1}A_{j1}+a_{i2}A_{j2}+\cdots+a_{in}A_{jn}=\delta_{ij}D$ 来处理.

解　(1) 把 D_4 的第 2, 3, 4 行加到第 1 行, 然后提出公因数得

$$D_4=\begin{vmatrix}1&1&1&1\\b&a&d&c\\c&d&a&b\\d&c&b&a\end{vmatrix}(a+b+c+d)=k(a+b+c+d).$$

(2) D_4 的第 1 行的代数余子式之和 $A_{11}+A_{12}+A_{13}+A_{14}$ 等于将 D_4 第 1 行的元素全改为 1. 而得到的新的行列式 $\begin{vmatrix}1&1&1&1\\b&a&d&c\\c&d&a&b\\d&c&b&a\end{vmatrix}$ 的值, 即

$$A_{11}+A_{12}+A_{13}+A_{14}=\begin{vmatrix}1&1&1&1\\b&a&d&c\\c&d&a&b\\d&c&b&a\end{vmatrix}=k.$$

(3) 把 D_4 的第 1, 3, 4 行加到第 2 行, 然后提出公因数得

$$D_4=\begin{vmatrix}a&b&c&d\\1&1&1&1\\c&d&a&b\\d&c&b&a\end{vmatrix}(a+b+c+d)=(A_{21}+A_{22}+A_{23}+A_{24})(a+b+c+d).$$

于是 $A_{21}+A_{22}+A_{23}+A_{24}=k$. 同理, $A_{i1}+A_{i2}+A_{i3}+A_{i4}=k$, $i=3,4$. 因此

$$\begin{aligned}\sum_{i,j=1}^{4}A_{ij}&=(A_{11}+A_{12}+A_{13}+A_{14})+(A_{21}+A_{22}+A_{23}+A_{24})\\&\quad+(A_{31}+A_{32}+A_{33}+A_{34})+(A_{41}+A_{42}+A_{43}+A_{44})\\&=4k.\end{aligned}$$

(4) 与(2)类似, $M_{11}+M_{12}+M_{13}+M_{14}=A_{11}-A_{12}+A_{13}-A_{14}$, 从而,

$$\begin{aligned}M_{11}+M_{12}+M_{13}+M_{14}&=\begin{vmatrix}1&-1&1&-1\\b&a&d&c\\c&d&a&b\\d&c&b&a\end{vmatrix}=\begin{vmatrix}1&-1&1&-1\\0&a+b&d-b&c+b\\0&d+c&a-c&b+c\\0&c+d&b-d&a+d\end{vmatrix}\\&=(a+b+c+d)(a+b-c-d)(a-b-c+d).\end{aligned}$$

下面的例 1.14～例 1.30 主要是与矩阵的基本运算、矩阵行列式、矩阵的初等

变换以及矩阵的秩等相关的典型例题.

例 1.14 单项选择题.

(1) 设 $\boldsymbol{A},\boldsymbol{B},\boldsymbol{C}$ 均为 n 阶方阵，且 $\boldsymbol{AB}=\boldsymbol{BC}=\boldsymbol{CA}=\boldsymbol{E}$，则 $\boldsymbol{A}^2+\boldsymbol{B}^2+\boldsymbol{C}^2=($　　$)$.

(A) $3\boldsymbol{E}$;　　(B) $2\boldsymbol{E}$;　　(C) $\boldsymbol{E}$;　　(D) $\boldsymbol{O}$.

分析 此例中 $\boldsymbol{A},\boldsymbol{B},\boldsymbol{C}$ 地位同等，那么 $\boldsymbol{A}^2=\boldsymbol{AA}=\boldsymbol{A}(\boldsymbol{BC})\ \boldsymbol{A}=(\boldsymbol{AB})(\boldsymbol{CA})=\boldsymbol{E}$. 同理可得 $\boldsymbol{B}^2=\boldsymbol{C}^2=\boldsymbol{E}$，于是 $\boldsymbol{A}^2+\boldsymbol{B}^2+\boldsymbol{C}^2=3\boldsymbol{E}$.

答案 (A).

注 另也可由条件 $\boldsymbol{AB}=\boldsymbol{BC}=\boldsymbol{CA}=\boldsymbol{E}$ 得 $\boldsymbol{B}=\boldsymbol{A}^{-1},\boldsymbol{C}=\boldsymbol{B}^{-1}=(\boldsymbol{A}^{-1})^{-1}=\boldsymbol{A}$，所以 $\boldsymbol{A}^2=\boldsymbol{AC}=\boldsymbol{E}$.

(2) 已知 $\boldsymbol{A},\boldsymbol{B}$ 为 n 阶方阵，则下述结论中正确的是(　　).

(A) $\boldsymbol{AB}\neq\boldsymbol{O}\Longleftrightarrow\boldsymbol{A}\neq\boldsymbol{O}$ 且 $\boldsymbol{B}\neq\boldsymbol{O}$;　　(B) $|\boldsymbol{A}|=0\Longleftrightarrow\boldsymbol{A}=\boldsymbol{O}$;

(C) $|\boldsymbol{AB}|=0\Longleftrightarrow|\boldsymbol{A}|=0$ 或 $|\boldsymbol{B}|=0$;　　(D) $\boldsymbol{A}=\boldsymbol{E}\Longleftrightarrow|\boldsymbol{A}|=1$.

分析 (A) 存在非零矩阵之积为零，例如：$\boldsymbol{A}=\begin{pmatrix}1&0\\0&0\end{pmatrix},\boldsymbol{B}=\begin{pmatrix}0&0\\0&1\end{pmatrix}$，但 $\boldsymbol{AB}$ 不可逆; (B) 存在非零的不可逆矩阵 $\boldsymbol{A}$，例如，$\boldsymbol{A}=\begin{pmatrix}1&0\\0&0\end{pmatrix}$; (C) $|\boldsymbol{AB}|=|\boldsymbol{A}||\boldsymbol{B}|$，两数之积为零，必有其一等于零，反之亦然; (D) 行列式等于 1 的矩阵可以不是单位阵，例如，$\boldsymbol{A}=\begin{pmatrix}-1&0\\0&-1\end{pmatrix}$.

答案 (C).

(3) 设 $\boldsymbol{A},\boldsymbol{B}$ 均为 n 阶方阵，则必有(　　).

(A) $\boldsymbol{A}$ 或 $\boldsymbol{B}$ 可逆，则 $\boldsymbol{AB}$ 可逆;　　(B) $\boldsymbol{A}$ 或 $\boldsymbol{B}$ 不可逆，则 $\boldsymbol{AB}$ 不可逆;

(C) $\boldsymbol{A}$ 与 $\boldsymbol{B}$ 可逆，则 $\boldsymbol{A}+\boldsymbol{B}$ 可逆;　　(D) $\boldsymbol{A}$ 与 $\boldsymbol{B}$ 不可逆，则 $\boldsymbol{A}+\boldsymbol{B}$ 不可逆.

分析 (A) $\boldsymbol{A}$ 和 $\boldsymbol{B}$ 中有一个矩阵不可逆，则 $\boldsymbol{AB}$ 不可逆; (B) $|\boldsymbol{A}|=0$ 或 $|\boldsymbol{B}|=0$，那么 $|\boldsymbol{AB}|=0$，即 $\boldsymbol{AB}$ 不可逆成立; (C) 两可逆矩阵之和可能不可逆，例如，

$$\boldsymbol{A}=\begin{pmatrix}-1&0\\0&-1\end{pmatrix},\quad \boldsymbol{B}=\begin{pmatrix}1&0\\0&1\end{pmatrix},$$

但是 $\boldsymbol{A}+\boldsymbol{B}=\boldsymbol{O}$ 不可逆; (D) 两不可逆矩阵之和可能是可逆矩阵，例如

$$\boldsymbol{A}=\begin{pmatrix}1&0\\0&0\end{pmatrix},\quad \boldsymbol{B}=\begin{pmatrix}0&0\\0&1\end{pmatrix},$$

但是 $\boldsymbol{A}+\boldsymbol{B}=\boldsymbol{E}$ 可逆.

答案 (B).

(4) 设矩阵 $\boldsymbol{A}=(a_{ij})_{3\times3}$ 满足 $\boldsymbol{A}^*=\boldsymbol{A}^{\mathrm{T}}$，其中 $\boldsymbol{A}^*$ 为 $\boldsymbol{A}$ 的伴随矩阵，$\boldsymbol{A}^{\mathrm{T}}$ 为 $\boldsymbol{A}$ 的转

置矩阵. 若 a_{11},a_{12},a_{13} 为三个相等的正数, 则 a_{11} 为(　　).

(A) $\dfrac{\sqrt{3}}{3}$;　　(B) 3;　　(C) 13;　　(D) $\sqrt{3}$.

分析　因为 $\boldsymbol{A}\boldsymbol{A}^*=|\boldsymbol{A}|\boldsymbol{E}, \boldsymbol{A}^{\mathrm{T}}=\boldsymbol{A}^*$, 所以 $\boldsymbol{A}\boldsymbol{A}^{\mathrm{T}}=|\boldsymbol{A}|\boldsymbol{E}$, 于是 $\sum\limits_{k=1}^{3}a_{1k}^2=|\boldsymbol{A}|, |\boldsymbol{A}|=3a_{11}^2>0$, 再由 $\boldsymbol{A}\boldsymbol{A}^{\mathrm{T}}=|\boldsymbol{A}|\boldsymbol{E}$, 两边取行列式, 得 $|\boldsymbol{A}|^2=|\boldsymbol{A}|^3, |\boldsymbol{A}|=1$. 则 $3a_{11}^2=1, a_{11}=\dfrac{\sqrt{3}}{3}$.

答案　(A).

(5) 设 $\boldsymbol{A},\boldsymbol{B}$ 均为二阶矩阵, $\boldsymbol{A}^*, \boldsymbol{B}^*$ 分别为 $\boldsymbol{A},\boldsymbol{B}$ 的伴随矩阵, 若 $|\boldsymbol{A}|=2, |\boldsymbol{B}|=3$, 则分块矩阵 $\begin{pmatrix}\boldsymbol{O}&\boldsymbol{A}\\\boldsymbol{B}&\boldsymbol{O}\end{pmatrix}$ 的伴随矩阵为(　　).

(A) $\begin{pmatrix}\boldsymbol{O}&3\boldsymbol{B}^*\\2\boldsymbol{A}^*&\boldsymbol{O}\end{pmatrix}$;　　(B) $\begin{pmatrix}\boldsymbol{O}&2\boldsymbol{B}^*\\3\boldsymbol{A}^*&\boldsymbol{O}\end{pmatrix}$;

(C) $\begin{pmatrix}\boldsymbol{O}&3\boldsymbol{A}^*\\2\boldsymbol{B}^*&\boldsymbol{O}\end{pmatrix}$;　　(D) $\begin{pmatrix}\boldsymbol{O}&2\boldsymbol{A}^*\\3\boldsymbol{B}^*&\boldsymbol{O}\end{pmatrix}$.

分析　由 $\boldsymbol{A},\boldsymbol{B}$ 均为二阶矩阵, 利用拉普拉斯展开定理, 得

$$\left|\begin{pmatrix}\boldsymbol{O}&\boldsymbol{A}\\\boldsymbol{B}&\boldsymbol{O}\end{pmatrix}\right|=(-1)^{1+2+1+2}|\boldsymbol{A}||\boldsymbol{B}|=6\neq 0,$$

所以 $\boldsymbol{C}=\begin{pmatrix}\boldsymbol{O}&\boldsymbol{A}\\\boldsymbol{B}&\boldsymbol{O}\end{pmatrix}$ 可逆, 其逆矩阵为

$$\boldsymbol{C}^{-1}=\begin{pmatrix}\boldsymbol{O}&\boldsymbol{B}^{-1}\\\boldsymbol{A}^{-1}&\boldsymbol{O}\end{pmatrix}.$$

由 $\boldsymbol{C}^{-1}=\dfrac{1}{|\boldsymbol{C}|}\boldsymbol{C}^*$, 得

$$\boldsymbol{C}^*=|\boldsymbol{C}|\boldsymbol{C}^{-1}=6\begin{pmatrix}\boldsymbol{O}&\boldsymbol{B}^{-1}\\\boldsymbol{A}^{-1}&\boldsymbol{O}\end{pmatrix}=6\begin{pmatrix}\boldsymbol{O}&\dfrac{1}{|\boldsymbol{B}|}\boldsymbol{B}^*\\\dfrac{1}{|\boldsymbol{A}|}\boldsymbol{A}^*&\boldsymbol{O}\end{pmatrix}=\begin{pmatrix}\boldsymbol{O}&2\boldsymbol{B}^*\\3\boldsymbol{A}^*&\boldsymbol{O}\end{pmatrix}.$$

答案　(B).

(6) 设

$$\boldsymbol{A}=\begin{pmatrix}a_{11}&a_{12}&a_{13}\\a_{21}&a_{22}&a_{23}\\a_{31}&a_{32}&a_{33}\end{pmatrix},\quad \boldsymbol{B}=\begin{pmatrix}a_{12}&a_{11}+a_{13}&a_{13}\\a_{22}&a_{21}+a_{23}&a_{23}\\a_{32}&a_{31}+a_{33}&a_{33}\end{pmatrix},\quad \boldsymbol{P}_1=\begin{pmatrix}0&1&0\\1&0&0\\0&0&1\end{pmatrix},\quad \boldsymbol{P}_2=\begin{pmatrix}1&0&0\\0&1&0\\0&1&1\end{pmatrix},$$

则必有(　　).

(A) $\boldsymbol{B}=\boldsymbol{P}_1\boldsymbol{P}_2\boldsymbol{A}$;　(B) $\boldsymbol{B}=\boldsymbol{P}_2\boldsymbol{P}_1\boldsymbol{A}$;　(C) $\boldsymbol{B}=\boldsymbol{A}\boldsymbol{P}_1\boldsymbol{P}_2$;　(D) $\boldsymbol{B}=\boldsymbol{A}\boldsymbol{P}_2\boldsymbol{P}_1$.

分析　$\boldsymbol{P}_1,\boldsymbol{P}_2$ 均为初等矩阵, 则 $\boldsymbol{P}_1=\boldsymbol{E}(r_1\leftrightarrow r_2)=\boldsymbol{E}(c_1\leftrightarrow c_2)$, $\boldsymbol{P}_2=\boldsymbol{E}(r_3+r_2)=\boldsymbol{E}(c_2+c_3)$, 利用对矩阵作初等行(列)变换可用相应的初等矩阵左(右)乘矩阵. (A)为对 $\boldsymbol{A}$ 作两次初等行变换:

$$\boldsymbol{P}_1\boldsymbol{P}_2\boldsymbol{A}=\begin{pmatrix}a_{21} & a_{22} & a_{23}\\ a_{11} & a_{12} & a_{13}\\ a_{31}+a_{21} & a_{32}+a_{22} & a_{33}+a_{23}\end{pmatrix}.$$

(B) 同样对 $\boldsymbol{A}$ 作两次初等行变换:

$$\boldsymbol{P}_2\boldsymbol{P}_1\boldsymbol{A}=\begin{pmatrix}a_{21} & a_{22} & a_{23}\\ a_{11} & a_{12} & a_{13}\\ a_{31}+a_{11} & a_{32}+a_{12} & a_{33}+a_{13}\end{pmatrix}.$$

(C) 对 $\boldsymbol{A}$ 作两次初等列变换

$$\boldsymbol{A}\boldsymbol{P}_1\boldsymbol{P}_2=\begin{pmatrix}a_{12} & a_{11}+a_{13} & a_{13}\\ a_{22} & a_{21}+a_{23} & a_{23}\\ a_{32} & a_{31}+a_{33} & a_{33}\end{pmatrix}.$$

(D) 同样对 $\boldsymbol{A}$ 作两次初等列变换

$$\boldsymbol{A}\boldsymbol{P}_2\boldsymbol{P}_1=\begin{pmatrix}a_{12}+a_{13} & a_{11} & a_{13}\\ a_{22}+a_{23} & a_{21} & a_{23}\\ a_{32}+a_{33} & a_{31} & a_{33}\end{pmatrix}.$$

答案　(C).

(7) 设 $\boldsymbol{A}$ 为 $m\times n$ 型矩阵, $\boldsymbol{B}$ 为 $n\times m$ 型矩阵, $\boldsymbol{E}$ 为 m 阶单位矩阵, 若 $\boldsymbol{AB}=\boldsymbol{E}$, 则(　　).

(A) $R(\boldsymbol{A})=m$, $R(\boldsymbol{B})=m$;　　(B) $R(\boldsymbol{A})=m$, $R(\boldsymbol{B})=n$;

(C) $R(\boldsymbol{A})=n$, $R(\boldsymbol{B})=m$;　　(D) $R(\boldsymbol{A})=n$, $R(\boldsymbol{B})=n$.

分析　$m=R(\boldsymbol{E})=R(\boldsymbol{AB})\leqslant\min\{R(\boldsymbol{A}),R(\boldsymbol{B})\}$, 所以 $R(\boldsymbol{A}),R(\boldsymbol{B})\geqslant m$. 又矩阵 $\boldsymbol{A},\boldsymbol{B}$ 的秩不超过它们各自的行列数, 即 $R(\boldsymbol{A})\leqslant m,R(\boldsymbol{B})\leqslant m$. 于是 $R(\boldsymbol{A})=m$, $R(\boldsymbol{B})=m$.

答案　(A).

例 1.15　填空题

(1) 若 $\boldsymbol{A}$ 为 n 阶反对称矩阵, 则对于 $\forall\boldsymbol{\alpha}\in\mathbb{R}^n$, 有 $\boldsymbol{\alpha}^{\mathrm{T}}\boldsymbol{A}\boldsymbol{\alpha}=$__________.

分析　由于 $\boldsymbol{\alpha}^{\mathrm{T}}\boldsymbol{A}\boldsymbol{\alpha}$ 是一个数, 所以 $\boldsymbol{\alpha}^{\mathrm{T}}\boldsymbol{A}\boldsymbol{\alpha}=(\boldsymbol{\alpha}^{\mathrm{T}}\boldsymbol{A}\boldsymbol{\alpha})^{\mathrm{T}}$. 因而

$$\boldsymbol{\alpha}^{\mathrm{T}}\boldsymbol{A}\boldsymbol{\alpha}=(\boldsymbol{\alpha}^{\mathrm{T}}\boldsymbol{A}\boldsymbol{\alpha})^{\mathrm{T}}=\boldsymbol{\alpha}^{\mathrm{T}}\boldsymbol{A}^{\mathrm{T}}\boldsymbol{\alpha}=\boldsymbol{\alpha}^{\mathrm{T}}(-\boldsymbol{A})\boldsymbol{\alpha}=-(\boldsymbol{\alpha}^{\mathrm{T}}\boldsymbol{A}\boldsymbol{\alpha}),$$

所以 $\boldsymbol{\alpha}^{\mathrm{T}}\boldsymbol{A}\boldsymbol{\alpha}=0$.

答案　0.

(2) 设矩阵 $\boldsymbol{A}$ 满足 $\boldsymbol{A}^2+\boldsymbol{A}-4\boldsymbol{E}=\boldsymbol{O}$, 则 $(\boldsymbol{A}-\boldsymbol{E})^{-1}=$__________.

分析　求 $\boldsymbol{B}$ 使 $(\boldsymbol{A}-\boldsymbol{E})\boldsymbol{B}=k\boldsymbol{E}(k\neq 0)$. 根据条件, 矩阵 $\boldsymbol{B}$ 应为 $\boldsymbol{A}+\lambda\boldsymbol{E}$, 于是

$$(\boldsymbol{A}-\boldsymbol{E})(\boldsymbol{A}+\lambda\boldsymbol{E})=\boldsymbol{A}^2+(\lambda-1)\boldsymbol{A}-\lambda\boldsymbol{E}.$$

得 $\lambda=2$ 时, $(\boldsymbol{A}-\boldsymbol{E})(\boldsymbol{A}+\lambda\boldsymbol{E})=2\boldsymbol{E}$. 因而

$$\left[\frac{1}{2}(\boldsymbol{A}+2\boldsymbol{E})\right](\boldsymbol{A}-\boldsymbol{E})=\boldsymbol{E},$$

所以 $(\boldsymbol{A}-\boldsymbol{E})^{-1}=\dfrac{1}{2}(\boldsymbol{A}+2\boldsymbol{E})$.

答案　$\dfrac{1}{2}(\boldsymbol{A}+2\boldsymbol{E})$.

(3) 设 $\boldsymbol{A}=\begin{pmatrix}1 & 2 & -2\\ 4 & t & 3\\ 3 & -1 & 1\end{pmatrix}$, $\boldsymbol{B}$ 为三阶非零矩阵, 且 $\boldsymbol{AB}=\boldsymbol{O}$, 则 $t=$__________.

分析　$\boldsymbol{A}$ 一定不可逆, 因为若 $\boldsymbol{A}$ 可逆, 由 $\boldsymbol{AB}=\boldsymbol{O}$ 得 $\boldsymbol{B}=\boldsymbol{O}$, 与条件矛盾. 又 $|\boldsymbol{A}|=7t+21$, 令 $|\boldsymbol{A}|=0$, 得 $t=-3$.

答案　-3.

(4) 已知 $\boldsymbol{A}$ 为三阶方阵, 且 $|\boldsymbol{A}|=2$, 那么 $\left|\left(\dfrac{1}{6}\boldsymbol{A}\right)^{-1}-8\boldsymbol{A}^*\right|=$__________.

分析　因为 $\boldsymbol{A}$ 可逆,

$$\left(\frac{1}{6}\boldsymbol{A}\right)^{-1}=6\boldsymbol{A}^{-1}=6\frac{1}{|\boldsymbol{A}|}\boldsymbol{A}^*=3\boldsymbol{A}^*.$$

又 $|\boldsymbol{A}^*|=|\boldsymbol{A}|^2$, 那么

$$\left|\left(\frac{1}{6}\boldsymbol{A}\right)^{-1}-8\boldsymbol{A}^*\right|=|3\boldsymbol{A}^*-8\boldsymbol{A}^*|=|-5\boldsymbol{A}^*|=-5^3|\boldsymbol{A}|^2=-500.$$

答案　-500.

(5) 设 $\boldsymbol{A}$ 为三阶矩阵, $|\boldsymbol{A}|=3$, $\boldsymbol{A}^*$ 为 $\boldsymbol{A}$ 的伴随矩阵. 交换 $\boldsymbol{A}$ 的第 1 行与第 2 行所得矩阵记为 $\boldsymbol{B}$, 则 $|\boldsymbol{BA}^*|=$__________.

分析　由题意，矩阵 $\boldsymbol{A}$ 可通过左乘相应的初等矩阵得到矩阵 $\boldsymbol{B}$，此初等矩阵为

$$\boldsymbol{P}=\begin{pmatrix}0&1&0\\1&0&0\\0&0&1\end{pmatrix},$$

即 $\boldsymbol{B}=\boldsymbol{PA}$. 于是 $|\boldsymbol{BA}^*|=|\boldsymbol{PAA}^*|=|\boldsymbol{P}|\cdot\big||\boldsymbol{A}|\boldsymbol{E}\big|=-1\times3^3=-27$.

答案　−27.

(6) 设 $\boldsymbol{A},\boldsymbol{B}$ 为三阶矩阵，且 $|\boldsymbol{A}|=3,|\boldsymbol{B}|=2,|\boldsymbol{A}^{-1}+\boldsymbol{B}|=2$. 则

$$|\boldsymbol{A}+\boldsymbol{B}^{-1}|=\underline{\qquad\qquad}.$$

分析　$|\boldsymbol{A}+\boldsymbol{B}^{-1}|=|\boldsymbol{ABB}^{-1}+\boldsymbol{AA}^{-1}\boldsymbol{B}^{-1}|=|\boldsymbol{A}(\boldsymbol{B}+\boldsymbol{A}^{-1})\boldsymbol{B}^{-1}|=|\boldsymbol{A}||(\boldsymbol{B}+\boldsymbol{A}^{-1})||\boldsymbol{B}^{-1}|=3.$

答案　3.

(7) 设四阶方阵 $\boldsymbol{A}=(\boldsymbol{\alpha},\boldsymbol{\gamma}_2,\boldsymbol{\gamma}_3,\boldsymbol{\gamma}_4),\boldsymbol{B}=(\boldsymbol{\beta},\boldsymbol{\gamma}_2,\boldsymbol{\gamma}_3,\boldsymbol{\gamma}_4)$，其中 $\boldsymbol{\alpha},\boldsymbol{\beta},\boldsymbol{\gamma}_2,\boldsymbol{\gamma}_3,\boldsymbol{\gamma}_4$ 均为四维列向量，且 $|\boldsymbol{A}|=3$，$|\boldsymbol{B}|=-1$，则 $|\boldsymbol{A}+\boldsymbol{B}|=\underline{\qquad\qquad}$.

分析

$$\begin{aligned}|\boldsymbol{A}+\boldsymbol{B}|&=|(\boldsymbol{\alpha}+\boldsymbol{\beta},2\boldsymbol{\gamma}_2,2\boldsymbol{\gamma}_3,2\boldsymbol{\gamma}_4)|=8|(\boldsymbol{\alpha}+\boldsymbol{\beta},\boldsymbol{\gamma}_2,\boldsymbol{\gamma}_3,\boldsymbol{\gamma}_4)|\\&=8\big[|(\boldsymbol{\alpha},\boldsymbol{\gamma}_2,\boldsymbol{\gamma}_3,\boldsymbol{\gamma}_4)|+|(\boldsymbol{\beta},\boldsymbol{\gamma}_2,\boldsymbol{\gamma}_3,\boldsymbol{\gamma}_4)|\big]\\&=8(|\boldsymbol{A}|+|\boldsymbol{B}|)=16.\end{aligned}$$

答案　16.

例 1.16　若实对称阵 $\boldsymbol{A}$ 满足 $\boldsymbol{A}^2=\boldsymbol{O}$，证明 $\boldsymbol{A}=\boldsymbol{O}$.

分析　由于 $a_{ij}=a_{ji}$，所以 $\boldsymbol{A}^2$ 的对角线上的元素依次为各行元素的平方之和.

证　设 $\boldsymbol{A}=(a_{ij})_{n\times n}$，那么 $\boldsymbol{A}^2$ 对角线上的第 i 个元素为

$$\sum_{k=1}^{n}a_{ik}a_{ki}=\sum_{k=1}^{n}a_{ik}^2,\quad i=1,2,\cdots,n.$$

由于 $\boldsymbol{A}^2=\boldsymbol{O}$，得 $a_{ik}=0,i,k=1,2,\cdots,n$. 所以 $\boldsymbol{A}=\boldsymbol{O}$.

例 1.17　已知 $\boldsymbol{A}=\begin{pmatrix}1&0\\\lambda&1\end{pmatrix}$，计算 $\boldsymbol{A}^n$.

分析　本题可利用矩阵的低次幂的结果，给出 $\boldsymbol{A}^n$ 的猜想，结合数学归纳法解决问题，或利用方阵与同阶单位阵相乘的交换性将矩阵 $\boldsymbol{A}$ 分解，结合二项式定理解决问题.

解　方法一　计算得 $\boldsymbol{A}^2=\begin{pmatrix}1&0\\2\lambda&1\end{pmatrix},\boldsymbol{A}^3=\begin{pmatrix}1&0\\3\lambda&1\end{pmatrix},\cdots$, 猜想: $\boldsymbol{A}^n=\begin{pmatrix}1&0\\n\lambda&1\end{pmatrix}$. 利用数学归纳法可证明命题成立.

方法二　$\boldsymbol{A}=\begin{pmatrix}1&0\\\lambda&1\end{pmatrix}=\begin{pmatrix}1&0\\0&1\end{pmatrix}+\begin{pmatrix}0&0\\\lambda&0\end{pmatrix}=\boldsymbol{E}+\boldsymbol{B},\boldsymbol{B}^2=\boldsymbol{O}$. 由矩阵 $\boldsymbol{B}$ 与 $\boldsymbol{E}$ 可交换, 得

$$\begin{aligned}\boldsymbol{A}^n&=(\boldsymbol{E}+\boldsymbol{B})^n=\sum_{k=0}^{n}\mathrm{C}_n^k\boldsymbol{E}^{n-k}\boldsymbol{B}^k\\&=\mathrm{C}_n^0\boldsymbol{E}+\mathrm{C}_n^1\boldsymbol{E}\boldsymbol{B}\\&=\begin{pmatrix}1&0\\0&1\end{pmatrix}+\begin{pmatrix}0&0\\n\lambda&0\end{pmatrix}\\&=\begin{pmatrix}1&0\\n\lambda&1\end{pmatrix}.\end{aligned}$$

例 1.18　设 $\boldsymbol{A}=(1,2,\ 3),\ \boldsymbol{B}=(1,\ 12,13),\ \boldsymbol{C}=\boldsymbol{A}^{\mathrm{T}}\boldsymbol{B}$, 求 $\boldsymbol{C}^n$.

分析　$\boldsymbol{C}$ 为三阶方阵, 直接考虑 $\boldsymbol{C}^n$, 计算量大. 下面利用矩阵的结合律, 可化简计算.

解　$$\boldsymbol{C}^n=(\boldsymbol{A}^{\mathrm{T}}\boldsymbol{B})^n=\underbrace{(\boldsymbol{A}^{\mathrm{T}}\boldsymbol{B})(\boldsymbol{A}^{\mathrm{T}}\boldsymbol{B})\cdots(\boldsymbol{A}^{\mathrm{T}}\boldsymbol{B})}_{n\text{个}}=\boldsymbol{A}^{\mathrm{T}}\underbrace{(\boldsymbol{B}\boldsymbol{A}^{\mathrm{T}})\cdots(\boldsymbol{B}\boldsymbol{A}^{\mathrm{T}})}_{n-1\text{个}}\boldsymbol{B},$$

又 $\boldsymbol{B}\boldsymbol{A}^{\mathrm{T}}=64$, 所以

$$\begin{aligned}\boldsymbol{C}^n&=64^{n-1}\boldsymbol{A}^{\mathrm{T}}\boldsymbol{B}=64^{n-1}\begin{pmatrix}1\\2\\3\end{pmatrix}(1,12,13)\\&=64^{n-1}\begin{pmatrix}1&12&13\\2&24&26\\3&36&39\end{pmatrix}.\end{aligned}$$

例 1.19　已知

$$\boldsymbol{A}=\begin{pmatrix}2&2&0&0&0\\3&3&0&0&0\\0&0&0&1&0\\0&0&0&0&1\\0&0&0&0&0\end{pmatrix},$$

求 $\boldsymbol{A}^2,\boldsymbol{A}^{10}$.

分析　利用分块对角阵求其幂. 又左上角子块两行对应成比例, 可化为一列

矩阵和行矩阵的乘积，利用矩阵乘法的结合律可化简其幂，而右下角的子块利用按列分块也可简化幂运算.

解 将 A 分块:

$$\boldsymbol{A}=\left(\begin{array}{cc:ccc}2&2&0&0&0\\3&3&0&0&0\\ \hdashline 0&0&0&1&0\\0&0&0&0&1\\0&0&0&0&0\end{array}\right)\xlongequal{\text{记为}}\begin{pmatrix}\boldsymbol{B}&\boldsymbol{O}\\\boldsymbol{O}&\boldsymbol{C}\end{pmatrix},$$

那么

$$\boldsymbol{A}^k=\begin{pmatrix}\boldsymbol{B}^k&\boldsymbol{O}\\\boldsymbol{O}&\boldsymbol{C}^k\end{pmatrix}.$$

又 $\boldsymbol{B}=\begin{pmatrix}2\\3\end{pmatrix}(1,1)\xlongequal{\text{记为}}\boldsymbol{\alpha}^{\mathrm{T}}\boldsymbol{\beta}$，于是

$$\boldsymbol{B}^2=(\boldsymbol{\alpha}^{\mathrm{T}}\boldsymbol{\beta})(\boldsymbol{\alpha}^{\mathrm{T}}\boldsymbol{\beta})=\boldsymbol{\alpha}^{\mathrm{T}}(\boldsymbol{\beta}\boldsymbol{\alpha}^{\mathrm{T}})\boldsymbol{\beta}=5\boldsymbol{B}.$$

同理，$\boldsymbol{B}^{10}=5^9\boldsymbol{B}$.

将矩阵 $\boldsymbol{C}$ 按列分块，$\boldsymbol{C}=(\boldsymbol{0},\boldsymbol{e}_1,\boldsymbol{e}_2)$，其中 $\boldsymbol{e}_1=(1,0,0)^{\mathrm{T}},\boldsymbol{e}_2=(0,1,0)^{\mathrm{T}}$. 那么，利用分块矩阵的乘法，得

$$\boldsymbol{C}^2=\boldsymbol{C}(\boldsymbol{0},\boldsymbol{e}_1,\boldsymbol{e}_2)=(\boldsymbol{0},\boldsymbol{C}\boldsymbol{e}_1,\boldsymbol{C}\boldsymbol{e}_2)=(\boldsymbol{0},\boldsymbol{0},\boldsymbol{e}_1),$$

进而,

$$\boldsymbol{C}^3=\boldsymbol{C}\boldsymbol{C}^2=\boldsymbol{C}(\boldsymbol{0},\boldsymbol{0},\boldsymbol{e}_1)=(\boldsymbol{0},\boldsymbol{0},\boldsymbol{0}),\quad \boldsymbol{C}^{10}=\boldsymbol{O}.$$

所以

$$\boldsymbol{A}^2=\begin{pmatrix}\boldsymbol{B}^2&\\&\boldsymbol{C}^2\end{pmatrix}=\begin{pmatrix}10&10&0&0&0\\15&15&0&0&0\\0&0&0&0&1\\0&0&0&0&0\\0&0&0&0&0\end{pmatrix},$$

$$\boldsymbol{A}^{10}=\begin{pmatrix}\boldsymbol{B}^{10}&\\&\boldsymbol{C}^{10}\end{pmatrix}=5^9\begin{pmatrix}2&2&0&0&0\\3&3&0&0&0\\0&0&0&0&0\\0&0&0&0&0\\0&0&0&0&0\end{pmatrix}.$$

例 1.20　设 $\boldsymbol{A}$ 为 n 阶方阵, 且满足 $\boldsymbol{A}\boldsymbol{A}^{\mathrm{T}}=\boldsymbol{E}$. 若 $|\boldsymbol{A}|<0$, 求证 $|\boldsymbol{E}+\boldsymbol{A}|=0$.

分析　利用已知条件可得 $|\boldsymbol{E}+\boldsymbol{A}|$ 满足的代数方程.

证　由 $\boldsymbol{E}=\boldsymbol{A}\boldsymbol{A}^{\mathrm{T}}$, 得 $1=|\boldsymbol{A}\boldsymbol{A}^{\mathrm{T}}|=|\boldsymbol{A}|^2$. 又因为 $|\boldsymbol{A}|<0$, 得 $|\boldsymbol{A}|=-1$. 又

$$\begin{aligned}|\boldsymbol{E}+\boldsymbol{A}|&=|\boldsymbol{A}\boldsymbol{A}^{\mathrm{T}}+\boldsymbol{A}\boldsymbol{E}|=|\boldsymbol{A}(\boldsymbol{A}^{\mathrm{T}}+\boldsymbol{E}^{\mathrm{T}})|\\&=|\boldsymbol{A}||(\boldsymbol{A}+\boldsymbol{E})^{\mathrm{T}}|=|\boldsymbol{A}||\boldsymbol{A}+\boldsymbol{E}|\\&=-|\boldsymbol{A}+\boldsymbol{E}|,\end{aligned}$$

因此 $|\boldsymbol{E}+\boldsymbol{A}|=0$.

例 1.21　设 $\boldsymbol{A}$ 是 $n\ (n\geqslant 3)$ 阶可逆矩阵, 证明 $(\boldsymbol{A}^*)^*=|\boldsymbol{A}|^{n-2}\boldsymbol{A}$.

分析　综合运用矩阵与伴随矩阵的关系: $\boldsymbol{A}\boldsymbol{A}^*=|\boldsymbol{A}|\boldsymbol{E}, |\boldsymbol{A}^*|=|\boldsymbol{A}|^{n-1}$.

证　$(\boldsymbol{A}^*)^*$ 为 $\boldsymbol{A}^*$ 的伴随矩阵, 得 $\boldsymbol{A}^*(\boldsymbol{A}^*)^*=|\boldsymbol{A}^*|\boldsymbol{E}=|\boldsymbol{A}|^{n-1}\boldsymbol{E}$. 两边左乘 $\boldsymbol{A}$,

$$\boldsymbol{A}\boldsymbol{A}^*(\boldsymbol{A}^*)^*=|\boldsymbol{A}|^{n-1}\boldsymbol{A},$$

$$|\boldsymbol{A}|(\boldsymbol{A}^*)^*=|\boldsymbol{A}|^{n-1}\boldsymbol{A},$$

又 $\boldsymbol{A}$ 为可逆矩阵, $|\boldsymbol{A}|$ 不等于零, 于是

$$(\boldsymbol{A}^*)^*=|\boldsymbol{A}|^{n-2}\boldsymbol{A}.$$

例 1.22　(1) 设 $\boldsymbol{A}=\begin{pmatrix}0&1&0\\0&0&2\\3&0&0\end{pmatrix}$, 求 $\boldsymbol{A}^{-1}$.

(2) 设 $\boldsymbol{A}=\begin{pmatrix}\boldsymbol{O}&\boldsymbol{B}&\boldsymbol{O}\\\boldsymbol{O}&\boldsymbol{O}&\boldsymbol{C}\\\boldsymbol{D}&\boldsymbol{O}&\boldsymbol{O}\end{pmatrix}$, 其中 $\boldsymbol{B},\boldsymbol{C},\boldsymbol{D}$ 为可逆矩阵, 求 $\boldsymbol{A}^{-1}$.

分析　可利用初等变换求逆矩阵. 又可将矩阵表示成分块矩阵求逆.

解　(1) 方法一　初等变换法.

$$(\boldsymbol{A}\,\vdots\,\boldsymbol{E})=\left(\begin{array}{ccc:ccc}0&1&0&1&0&0\\0&0&2&0&1&0\\3&0&0&0&0&1\end{array}\right)\xrightarrow[r_1\leftrightarrow r_3]{r_1\leftrightarrow r_2}\left(\begin{array}{ccc:ccc}3&0&0&0&0&1\\0&1&0&1&0&0\\0&0&2&0&1&0\end{array}\right)$$

$$\xrightarrow[\frac{1}{2}r_3]{\frac{1}{3}r_1}\left(\begin{array}{ccc:ccc}1&0&0&0&0&\frac{1}{3}\\0&1&0&1&0&0\\0&0&1&0&\frac{1}{2}&0\end{array}\right).$$

得

$$A^{-1}=\begin{pmatrix}0&0&\frac{1}{3}\\1&0&0\\0&\frac{1}{2}&0\end{pmatrix}.$$

方法二　将 A 分块,

$$A=\left(\begin{array}{c:cc}0&1&0\\0&0&2\\\hdashline 3&0&0\end{array}\right)\xlongequal{\text{记为}}\begin{pmatrix}O&A_1\\A_2&O\end{pmatrix},$$

则

$$A^{-1}=\begin{pmatrix}O&A_2^{-1}\\A_1^{-1}&O\end{pmatrix}=\begin{pmatrix}0&0&\frac{1}{3}\\1&0&0\\0&\frac{1}{2}&0\end{pmatrix}.$$

(2) 同上可得 $A=\begin{pmatrix}O&O&D^{-1}\\B^{-1}&O&O\\O&C^{-1}&O\end{pmatrix}$.

例 1.23　已知 $A=\begin{pmatrix}1&-3&0\\2&1&0\\0&0&2\end{pmatrix}$, 解矩阵方程 $X+A=XA$.

分析　利用等式变形求解.

解　方法一　由 $X+A=XA$, 得 $X(A-E)=A, |A-E|\neq 0, A-E$ 可逆. 所以 $X=A(A-E)^{-1}$. 利用初等行变换求 $(A-E)^{-1}$,

$$(A-E\mid E)=\left(\begin{array}{ccc:ccc}0&-3&0&1&0&0\\2&0&0&0&1&0\\0&0&1&0&0&1\end{array}\right)\to\begin{pmatrix}1&0&0&0&\frac{1}{2}&0\\0&1&0&-\frac{1}{3}&0&0\\0&0&1&0&0&1\end{pmatrix}.$$

于是

$$A(A-E)^{-1}=\begin{pmatrix}1 & \frac{1}{2} & 0\\ -\frac{1}{3} & 1 & 0\\ 0 & 0 & 2\end{pmatrix}.$$

方法二 由 $\boldsymbol{X}+\boldsymbol{A}=\boldsymbol{X}\boldsymbol{A}$, 得 $\boldsymbol{X}+\boldsymbol{A}-\boldsymbol{X}\boldsymbol{A}=\boldsymbol{O}$, 在两端同时减去 $\boldsymbol{E}$,

$$(X-E)-(X-E)A=-E,$$
$$(X-E)(E-A)=-E,$$
$$(X-E)(A-E)=E.$$

所以 $\boldsymbol{X}=\boldsymbol{E}+(\boldsymbol{A}-\boldsymbol{E})^{-1}$.

将 $\boldsymbol{A}-\boldsymbol{E}$ 分块, 易得 $(A-E)^{-1}=\begin{pmatrix}0 & \frac{1}{2} & 0\\ -\frac{1}{3} & 0 & 0\\ 0 & 0 & 1\end{pmatrix}$, 于是 $X=\begin{pmatrix}1 & \frac{1}{2} & 0\\ -\frac{1}{3} & 1 & 0\\ 0 & 0 & 2\end{pmatrix}$.

注 在求解 $\boldsymbol{A}(\boldsymbol{A}-\boldsymbol{E})^{-1}$ 时, 也可直接利用初等列变换计算.

$$\begin{pmatrix}A-E\\ A\end{pmatrix}\xrightarrow{\text{列变换}}\begin{pmatrix}E\\ A(A-E)^{-1}\end{pmatrix}.$$

例 1.24 设矩阵 $A=\begin{pmatrix}1 & \lambda & 2\\ 2 & -1 & 5\\ 1 & 10 & 1\end{pmatrix}$, 求矩阵 $\boldsymbol{A}$ 的秩 $R(\boldsymbol{A})$.

分析 可将矩阵化为行阶梯形求矩阵的秩, 也可利用矩阵的秩的定义.

解 方法一 对矩阵 $\boldsymbol{A}$ 施行初等行变换

$$\begin{pmatrix}1 & \lambda & 2\\ 2 & -1 & 5\\ 1 & 10 & 1\end{pmatrix}\xrightarrow[r_2+(-2)r_1]{r_3+(-1)r_1}\begin{pmatrix}1 & \lambda & 2\\ 0 & -1-2\lambda & 1\\ 0 & 10-\lambda & -1\end{pmatrix},$$

若最后两行对应分量成比例, 就可再化简. 于是由 $\dfrac{-1-2\lambda}{10-\lambda}=-1$, 解得 $\lambda=3$. 所以当 $\lambda=3$ 时, $R(\boldsymbol{A})=2$; 当 $\lambda\neq 3$ 时, $R(\boldsymbol{A})=3$.

方法二 矩阵 $\boldsymbol{A}$ 存在二阶子式 $\begin{vmatrix}2 & -1\\ 1 & 10\end{vmatrix}\neq 0$, 又 $|A|=\begin{vmatrix}1 & \lambda & 2\\ 2 & -1 & 5\\ 1 & 10 & 1\end{vmatrix}=-9+3\lambda$, 所以当

$\lambda=3$时，$R(\boldsymbol{A})=2$; 当$\lambda\neq 3$时，$R(\boldsymbol{A})=3$.

例 1.25　设$\boldsymbol{A}$为n阶方阵，且$\boldsymbol{A}^2=\boldsymbol{A}$，证明：$R(\boldsymbol{A})+R(\boldsymbol{A}-\boldsymbol{E})=n$.

分析　利用矩阵的秩的性质:

(1) $R(\boldsymbol{A}+\boldsymbol{B})\leqslant R(\boldsymbol{A})+R(\boldsymbol{B})$;

(2) 若$\boldsymbol{A}_{m\times n}\boldsymbol{B}_{n\times l}=\boldsymbol{O}$，则$R(\boldsymbol{A})+R(\boldsymbol{B})\leqslant n$.

证　由$\boldsymbol{A}^2=\boldsymbol{A}$可得$\boldsymbol{A}(\boldsymbol{A}-\boldsymbol{E})=\boldsymbol{O}$，从而

$$R(\boldsymbol{A})+R(\boldsymbol{A}-\boldsymbol{E})\leqslant n.$$

另一方面，由于$\boldsymbol{E}-\boldsymbol{A}$同$\boldsymbol{A}-\boldsymbol{E}$有相同的秩，故又有

$$n=R(\boldsymbol{E})=R(\boldsymbol{A}+\boldsymbol{E}-\boldsymbol{A})\leqslant R(\boldsymbol{A})+R(\boldsymbol{E}-\boldsymbol{A})=R(\boldsymbol{A})+R(\boldsymbol{A}-\boldsymbol{E}),$$

从而$R(\boldsymbol{A})+R(\boldsymbol{A}-\boldsymbol{E})=n$.

例 1.26　设$\boldsymbol{A}=\begin{pmatrix}2&-1&3\\a&1&b\\4&c&6\end{pmatrix}$，若存在三阶矩阵$\boldsymbol{B}$，且$R(\boldsymbol{B})\geqslant 2$，使得$\boldsymbol{BA}=\boldsymbol{O}$. 求$\boldsymbol{A}^k$.

分析　利用$R(\boldsymbol{A})+R(\boldsymbol{B})\leqslant 3$可确定$R(\boldsymbol{A})$.

解　因为$\boldsymbol{BA}=\boldsymbol{O}$，由$R(\boldsymbol{A})+R(\boldsymbol{B})\leqslant 3$，得$R(\boldsymbol{A})\leqslant 3-R(\boldsymbol{B})\leqslant 3-2=1$. 又$\boldsymbol{A}$存在非零元，因此$R(\boldsymbol{A})=1$，$\boldsymbol{A}$的各列元素对应成比例

$$\begin{cases}\dfrac{2}{-1}=\dfrac{a}{1}=\dfrac{4}{c},\\[2mm] \dfrac{-1}{3}=\dfrac{1}{b}=\dfrac{c}{6}\end{cases}\Rightarrow a=c=-2,\ b=-3.$$

$R(\boldsymbol{A})=1$，$\boldsymbol{A}$可表示为一个列矩阵和一个行矩阵之积.

$$\boldsymbol{A}=\begin{pmatrix}1\\-1\\2\end{pmatrix}(2,-1,3)\xlongequal{\text{记为}}\boldsymbol{\alpha}^{\mathrm{T}}\boldsymbol{\beta}.$$

则$\boldsymbol{A}^k=(\boldsymbol{\alpha}^{\mathrm{T}}\boldsymbol{\beta})^k=\boldsymbol{\alpha}^{\mathrm{T}}(\boldsymbol{\beta}\boldsymbol{\alpha}^{\mathrm{T}})^{k-1}\boldsymbol{\beta}=9^{k-1}(\boldsymbol{\alpha}^{\mathrm{T}}\boldsymbol{\beta})=9^{k-1}\boldsymbol{A}$.

注　由以上推导，可得$R(\boldsymbol{B})=2$.

例 1.27　设$\boldsymbol{A}$为n阶方阵，$\boldsymbol{x}$为n维非零列向量，且$\boldsymbol{A}=\boldsymbol{E}-\boldsymbol{x}\boldsymbol{x}^{\mathrm{T}}$，证明:

(1) $\boldsymbol{A}^2=\boldsymbol{A}$的充要条件为$\boldsymbol{x}^{\mathrm{T}}\boldsymbol{x}=1$;

(2) 当$\boldsymbol{x}^{\mathrm{T}}\boldsymbol{x}=1$时，$\boldsymbol{A}$为不可逆阵.

分析　只需将$\boldsymbol{A}^2$展开，与$\boldsymbol{A}$作比较即可. 问题(2)可将条件转化为$\boldsymbol{A}^2=\boldsymbol{A}$，

那么可利用可逆矩阵的性质或矩阵的秩讨论问题，也可考虑线性方程组 $\boldsymbol{Ax}=\boldsymbol{0}$ 的解加以研究问题.

证　(1) $\boldsymbol{A}^2=(\boldsymbol{E}-\boldsymbol{xx}^{\mathrm{T}})^2=\boldsymbol{E}+(\boldsymbol{x}^{\mathrm{T}}\boldsymbol{x}-2)\boldsymbol{xx}^{\mathrm{T}}$. 若 $\boldsymbol{A}^2=\boldsymbol{A}$，则

$$\boldsymbol{E}+(\boldsymbol{x}^{\mathrm{T}}\boldsymbol{x}-2)\boldsymbol{xx}^{\mathrm{T}}=E-\boldsymbol{xx}^{\mathrm{T}},\quad (\boldsymbol{x}^{\mathrm{T}}\boldsymbol{x}-1)\boldsymbol{xx}^{\mathrm{T}}=\boldsymbol{O}.$$

由 $\boldsymbol{x}\neq\boldsymbol{0}$，得 $\boldsymbol{xx}^{\mathrm{T}}\neq\boldsymbol{O}$，所以 $\boldsymbol{x}^{\mathrm{T}}\boldsymbol{x}-1=0$，$\boldsymbol{x}^{\mathrm{T}}\boldsymbol{x}=1$.

反之，当 $\boldsymbol{x}^{\mathrm{T}}\boldsymbol{x}=1$ 时，由 $\boldsymbol{A}^2=\boldsymbol{E}+(\boldsymbol{x}^{\mathrm{T}}\boldsymbol{x}-2)\boldsymbol{xx}^{\mathrm{T}}=\boldsymbol{E}-\boldsymbol{xx}^{\mathrm{T}}=\boldsymbol{A}$.

(2) 方法一　假设 $\boldsymbol{A}$ 可逆，由(1)得 $\boldsymbol{A}^2=\boldsymbol{A}$，左乘 $\boldsymbol{A}^{-1}$，得 $\boldsymbol{A}=\boldsymbol{E}$，那么 $\boldsymbol{xx}^{\mathrm{T}}=\boldsymbol{O}$，矛盾.

方法二　由 $\boldsymbol{A}^2=\boldsymbol{A}$ 得 $\boldsymbol{A}(\boldsymbol{A}-\boldsymbol{E})=\boldsymbol{O}$，故 $R(\boldsymbol{A})+R(\boldsymbol{A}-\boldsymbol{E})\leqslant n$. 而 $R(\boldsymbol{A}-\boldsymbol{E})\geqslant 1$，所以 $R(\boldsymbol{A})<n$，$\boldsymbol{A}$ 不可逆.

方法三　当 $\boldsymbol{x}^{\mathrm{T}}\boldsymbol{x}=1$ 时，$\boldsymbol{Ax}=(\boldsymbol{E}-\boldsymbol{xx}^{\mathrm{T}})\boldsymbol{x}=\boldsymbol{x}-\boldsymbol{x}(\boldsymbol{x}^{\mathrm{T}}\boldsymbol{x})=\boldsymbol{0}$，得线性方程组 $\boldsymbol{Ax}=\boldsymbol{0}$ 有非零解，于是 $|\boldsymbol{A}|=0$，$\boldsymbol{A}$ 不可逆.

例 1.28　设 $\boldsymbol{A}$ 为 $n(n\geqslant 2)$ 阶方阵，$\boldsymbol{A}^*$ 为 $\boldsymbol{A}$ 的伴随矩阵. 证明

$$R(\boldsymbol{A}^*)=\begin{cases} n, & R(\boldsymbol{A})=n, \\ 1, & R(\boldsymbol{A})=n-1, \\ 0, & R(\boldsymbol{A})<n-1. \end{cases}$$

分析　利用 $\boldsymbol{AA}^*=|\boldsymbol{A}|\boldsymbol{E}$ 以及矩阵的秩的性质：若 $\boldsymbol{A}_{m\times n}\boldsymbol{B}_{n\times l}=\boldsymbol{O}$，则 $R(\boldsymbol{A})+R(\boldsymbol{B})\leqslant n$.

证　当 $R(\boldsymbol{A})=n$，即 $\boldsymbol{A}$ 非退化时，由于 $|\boldsymbol{A}^*|=|\boldsymbol{A}|^{n-1}$，故 $\boldsymbol{A}^*$ 也是非退化的，即 $R(\boldsymbol{A}^*)=n$;

当 $R(\boldsymbol{A})=n-1$ 时，有 $|\boldsymbol{A}|=0$，于是 $\boldsymbol{AA}^*=|\boldsymbol{A}|\boldsymbol{E}=\boldsymbol{O}$. 从而 $R(\boldsymbol{A}^*)\leqslant 1$. 又因为 $R(\boldsymbol{A})=n-1$，所以 $\boldsymbol{A}$ 至少有一个代数余子式 $A_{ij}\neq 0$. 从而又有 $R(\boldsymbol{A}^*)\geqslant 1$. 于是 $R(\boldsymbol{A}^*)=1$.

当 $0\leqslant R(\boldsymbol{A})<n-1$ 时，$\boldsymbol{A}^*=\boldsymbol{O}$，即此时 $R(\boldsymbol{A}^*)=0$.

例 1.29　设 $m\times n$ 矩阵 $\boldsymbol{A}$ 的秩为 r，$n\times s$ 矩阵 $\boldsymbol{B}$ 的秩为 t. 证明:

$$R(\boldsymbol{AB})\geqslant R(\boldsymbol{A})+R(\boldsymbol{B})-n.$$

分析　利用初等变换讨论矩阵的秩，可结合矩阵的标准形，以及矩阵的子块的秩进行研究.

证　由 $R(\boldsymbol{A})=r$，知存在可逆矩阵 $\boldsymbol{P}_{m\times m},\boldsymbol{Q}_{n\times n}$，使得

$$PAQ = \begin{pmatrix} E_r & O \\ O & O \end{pmatrix}.$$

那么

$$PAB = PAQQ^{-1}B = \begin{pmatrix} E_r & O \\ O & O \end{pmatrix} Q^{-1}B.$$

记 $C = Q^{-1}B$, 将 C 作为分块矩阵,

$$C = \begin{pmatrix} C_1 \\ C_2 \end{pmatrix},$$

其中 C_1 为 $r \times s$ 矩阵, C_2 为 $(n-r) \times s$ 矩阵. 于是

$$PAB = \begin{pmatrix} E_r & O \\ O & O \end{pmatrix} Q^{-1}B = \begin{pmatrix} E_r & O \\ O & O \end{pmatrix} \begin{pmatrix} C_1 \\ C_2 \end{pmatrix} = \begin{pmatrix} C_1 \\ O \end{pmatrix}.$$

从而

$$\begin{aligned} R(AB) = R(PAB) &= R(C_1) \\ &\geqslant R(C) - (n-r) \\ &= R(C) + r - n \\ &= R(A) + R(B) - n. \end{aligned}$$

例 1.30　设 $A = \begin{pmatrix} a & 1 & 1 \\ 1 & a & 1 \\ 1 & 1 & a \end{pmatrix}$, 若矩阵 A 的伴随矩阵 A^* 的秩为 1, 求 a.

分析　利用矩阵与其伴随矩阵秩的关系 $R(A^*) = \begin{cases} n, & R(A) = n, \\ 1, & R(A) = n-1, \\ 0, & R(A) < n-1. \end{cases}$

解　根据伴随矩阵秩的关系, 有 $R(A) = 2$. 因此

$$|A| = \begin{vmatrix} a & 1 & 1 \\ 1 & a & 1 \\ 1 & 1 & a \end{vmatrix} = (a+2)(a-1)^2 = 0.$$

故 $a = 1$ 或 $a = -2$. 若 $a = 1$, 有 $R(A) = 1$; 若 $a = -2$, $R(A) = 2$. 故 $a = -2$.

下面主要是关于线性方程组的典型例题.

例 1.31　求解齐次线性方程组 $\begin{cases}3x_1+2x_2-2x_3+x_4=0,\\6x_1+4x_2+5x_3+2x_4+3x_5=0,\\9x_1+6x_2+3x_4+2x_5=0.\end{cases}$

分析　求齐次线性方程组 $\boldsymbol{Ax}=\mathbf{0}$ 解的方法是: ①用初等行变换化 $\boldsymbol{A}$ 为行最简形矩阵 $\boldsymbol{B}$; ②写出同解方程组 $\boldsymbol{Bx}=\mathbf{0}$; ③确定自由未知量, 用自由未知量表示非自由未知量; ④令自由未知量为任意常数, 将方程组 $\boldsymbol{Ax}=\mathbf{0}$ 的解写成向量(矩阵)的形式 $\boldsymbol{x}=k_1\boldsymbol{\xi}_1+k_2\boldsymbol{\xi}_2+\cdots+k_{n-r}\boldsymbol{\xi}_{n-r}$, $k_1,k_2,\cdots,k_{n-r}$ 为任意常数.

解　(1) 用初等行变换把系数矩阵化为行最简形矩阵

$$\boldsymbol{A}=\begin{pmatrix}3&2&-2&1&0\\6&4&5&2&3\\9&6&0&3&2\end{pmatrix}\to\begin{pmatrix}3&2&-2&1&0\\0&0&3&0&1\\0&0&0&0&0\end{pmatrix}\to\begin{pmatrix}1&\frac{2}{3}&0&\frac{1}{3}&\frac{2}{9}\\0&0&1&0&\frac{1}{3}\\0&0&0&0&0\end{pmatrix}=\boldsymbol{B}.$$

(2) 写出同解方程组 $\boldsymbol{Bx}=\mathbf{0}$ 的解

$$\begin{cases}x_1=-\dfrac{2}{3}x_2-\dfrac{1}{3}x_4-\dfrac{2}{9}x_5,\\x_3=-\dfrac{1}{3}x_5.\end{cases}$$

(3) 确定 x_2,x_4,x_5 为自由未知量, 则方程组的解为

$$\begin{cases}x_1=-\dfrac{2}{3}x_2-\dfrac{1}{3}x_4-\dfrac{2}{9}x_5,\\x_2=x_2,\\x_3=-\dfrac{1}{3}x_5,\\x_4=x_4,\\x_5=x_5.\end{cases}$$

若记 x_2 为 k_1, x_4 为 k_2, x_5 为 k_3, 则可改写成向量(矩阵)形式

$$\begin{pmatrix}x_1\\x_2\\x_3\\x_4\\x_5\end{pmatrix}=k_1\begin{pmatrix}-\frac{2}{3}\\1\\0\\0\\0\end{pmatrix}+k_2\begin{pmatrix}-\frac{1}{3}\\0\\0\\1\\0\end{pmatrix}+k_3\begin{pmatrix}-\frac{2}{9}\\0\\-\frac{1}{3}\\0\\1\end{pmatrix}\quad(k_1,k_2,k_3\text{ 为任意常数}).$$

记 $\boldsymbol{\xi}_1=\begin{pmatrix}-\frac{2}{3}\\1\\0\\0\\0\end{pmatrix}$，$\boldsymbol{\xi}_2=\begin{pmatrix}-\frac{1}{3}\\0\\0\\1\\0\end{pmatrix}$，$\boldsymbol{\xi}_3=\begin{pmatrix}-\frac{2}{9}\\0\\-\frac{1}{3}\\0\\1\end{pmatrix}$, 故方程组的解可表示为

$$\boldsymbol{x}=k_1\boldsymbol{\xi}_1+k_2\boldsymbol{\xi}_2+k_3\boldsymbol{\xi}_3,\quad k_1,k_2,k_3\text{ 为任意常数.}$$

例 1.32 试给出线性方程组

$$\begin{cases}x_1-x_2=a_1,\\x_2-x_3=a_2,\\x_3-x_4=a_3,\\x_4-x_1=a_4\end{cases}$$

有解的条件, 并求其解.

分析 方程组 $\boldsymbol{Ax}=\boldsymbol{b}$ 有解的充分必要条件是 $R(\boldsymbol{A})=R(\boldsymbol{A},\boldsymbol{b})$，于是对有解的条件的讨论转化为讨论矩阵 $\boldsymbol{A}$ 与 $(\boldsymbol{A},\boldsymbol{b})$ 的秩相等的条件.

解 用初等行变换把增广矩阵化为行阶梯形矩阵得

$$(\boldsymbol{A},\boldsymbol{b})=\begin{pmatrix}1&-1&0&0&a_1\\0&1&-1&0&a_2\\0&0&1&-1&a_3\\-1&0&0&1&a_4\end{pmatrix}\to\begin{pmatrix}1&-1&0&0&a_1\\0&1&-1&0&a_2\\0&0&1&-1&a_3\\0&0&0&0&\sum\limits_{k=1}^{4}a_k\end{pmatrix}=\boldsymbol{B}.$$

$R(\boldsymbol{A})=R(\boldsymbol{A},\boldsymbol{b})$ 当且仅当 $\sum\limits_{k=1}^{4}a_k=0$, 所以方程组有解的充要条件是 $\sum\limits_{k=1}^{4}a_k=0$.

当 $\sum\limits_{k=1}^{4}a_k=0$ 时, 将行阶梯形矩阵化为行最简形矩阵得

$$\boldsymbol{B}=\begin{pmatrix}1&-1&0&0&a_1\\0&1&-1&0&a_2\\0&0&1&1&a_3\\0&0&0&0&0\end{pmatrix}\to\begin{pmatrix}1&0&0&-1&a_1+a_2+a_3\\0&1&0&-1&a_2+a_3\\0&0&1&-1&a_3\\0&0&0&0&0\end{pmatrix}.$$

同解方程组

$$\begin{cases}x_1-x_4=a_1+a_2+a_3,\\x_2-x_4=a_2+a_3,\\x_3-x_4=a_3.\end{cases}$$

确定 x_4 为自由未知量, 方程组的解为

$$\begin{cases} x_1 = x_4 + a_1 + a_2 + a_3, \\ x_2 = x_4 + a_2 + a_3, \\ x_3 = x_4 + a_3, \\ x_4 = x_4. \end{cases}$$

若记 x_4 为 k, 则可写成向量形式

$$\begin{pmatrix} x_1 \\ x_2 \\ x_3 \\ x_4 \end{pmatrix} = k\begin{pmatrix} 1 \\ 1 \\ 1 \\ 1 \end{pmatrix} + \begin{pmatrix} a_1 + a_2 + a_3 \\ a_2 + a_3 \\ a_3 \\ 0 \end{pmatrix}.$$

例 1.33 设线性方程组 $\begin{cases} 2x_1 - 4x_2 + 5x_3 = 1, \\ 3x_1 - 6x_2 + 4x_3 = 2, \\ 4x_1 + ax_2 + 3x_3 = c, \end{cases}$ 问 a, c 取何值时, 此方程组无解, 有唯一解, 有无穷多个解. 在有无穷多解的情形下, 求出它的解.

分析 这是带有参数的非齐次线性方程组的求解问题. 对这类线性方程组, 首先利用线性方程组的基本定理确定方程组无解或有解(唯一解或无穷多解)时参数的取值范围. 对于本题, 由于给出的方程组的系数矩阵是方阵, 也可先利用克拉默法则确定方程组有唯一解时系数矩阵中参数的取值范围, 在有解的条件下求解.

解 方法一 对增广矩阵 $(\boldsymbol{A},\boldsymbol{b})$ 施行矩阵的初等行变换化成行阶梯形矩阵, 确定出方程组有解时参数的取值范围. 在有解的条件下, 进一步把增广矩阵化成行最简形矩阵, 从而求出原线性方程的解.

$$(\boldsymbol{A},\boldsymbol{b}) = \begin{pmatrix} 2 & -4 & 5 & 1 \\ 3 & -6 & 4 & 2 \\ 4 & a & 3 & c \end{pmatrix} \to \begin{pmatrix} 2 & -4 & 5 & 1 \\ 0 & 0 & -\dfrac{7}{2} & \dfrac{1}{2} \\ 0 & a+8 & -7 & c-2 \end{pmatrix}$$

$$\to \begin{pmatrix} 2 & -4 & 5 & 1 \\ 0 & 0 & -7 & 1 \\ 0 & a+8 & -7 & c-2 \end{pmatrix} \to \begin{pmatrix} 1 & -2 & -1 & 1 \\ 0 & 0 & 7 & -1 \\ 0 & a+8 & 0 & c-3 \end{pmatrix}.$$

当 $a \neq -8$ 时, $R(\boldsymbol{A}) = R(\boldsymbol{A},\boldsymbol{b}) = 3$, 线性方程组有唯一解;

当 $a = -8,\ c \neq 3$ 时, $R(\boldsymbol{A}) = 2,\ R(\boldsymbol{A},\boldsymbol{b}) = 3$, 线性方程组无解;

当 $a = -8,\ c = 3$ 时, $R(\boldsymbol{A}) = R(\boldsymbol{A},\boldsymbol{b}) = 2$, 线性方程组有无穷多个解, 此时

$$(\boldsymbol{A},\boldsymbol{b})\to\begin{pmatrix}1&-2&-1&1\\0&0&7&-1\\0&0&0&0\end{pmatrix}\to\begin{pmatrix}1&-2&-1&1\\0&0&1&-\dfrac{1}{7}\\0&0&0&0\end{pmatrix}\to\begin{pmatrix}1&-2&0&\dfrac{6}{7}\\0&0&1&-\dfrac{1}{7}\\0&0&0&0\end{pmatrix}.$$

于是得到同解方程组

$$\begin{cases}x_1=2x_2+\dfrac{6}{7},\\x_3=-\dfrac{1}{7},\end{cases}$$

由此即得

$$\begin{cases}x_1=2x_2+\dfrac{6}{7},\\x_2=x_2,\qquad x_2\text{可任意取值}.\\x_3=-\dfrac{1}{7},\end{cases}$$

令 $x_2=k$，则方程组的解的向量(矩阵)形式为

$$\begin{pmatrix}x_1\\x_2\\x_3\end{pmatrix}=k\begin{pmatrix}2\\1\\0\end{pmatrix}+\begin{pmatrix}\dfrac{6}{7}\\0\\-\dfrac{1}{7}\end{pmatrix}\quad(k\in\mathbb{R}).$$

方法二　由于方程组的系数矩阵是方阵，先通过计算此方阵的行列式是否为零，确定出方程组有唯一解时系数矩阵中参数的取值范围；再把增广矩阵 $(\boldsymbol{A},\boldsymbol{b})$ 变为行阶梯形矩阵，确定出向量 $\boldsymbol{b}$ 中参数的取值范围；最后求出原线性方程组的解.

$$|\boldsymbol{A}|=\begin{vmatrix}2&-4&5\\3&-6&4\\4&a&3\end{vmatrix}=7a+56.$$

当 $a\neq-8$ 时，$|\boldsymbol{A}|\neq0$，线性方程组有唯一解；

当 $a=-8$ 时，

$$(\boldsymbol{A},\boldsymbol{b})=\begin{pmatrix}2&-4&5&1\\3&-6&4&2\\4&-8&3&c\end{pmatrix}\to\begin{pmatrix}2&-4&5&1\\0&0&-\dfrac{7}{2}&\dfrac{1}{2}\\0&0&-7&c-2\end{pmatrix}\to\begin{pmatrix}1&-2&-1&1\\0&0&7&-1\\0&0&0&c-3\end{pmatrix};$$

当 $c \neq 3$ 时，$R(\boldsymbol{A}) = 2,\ R(\boldsymbol{A},\boldsymbol{b}) = 3$，线性方程组无解；

当 $c = 3$ 时，$R(\boldsymbol{A}) = R(\boldsymbol{A},\boldsymbol{b}) = 2$，线性方程组有无穷多个解.

后续求解过程同方法一(略).

注 若方程组的系数矩阵不是方阵，则不采用方法二.

例 1.34 设 $\boldsymbol{A}, \boldsymbol{B}$ 均为 $m \times n$ 的矩阵，且 $R(\boldsymbol{A}) + R(\boldsymbol{B}) < n$. 问：两齐次线性方程组 $\boldsymbol{Ax} = \boldsymbol{0}$ 与 $\boldsymbol{Bx} = \boldsymbol{0}$ 是否有非零的公共解？证明你的结论.

分析 $\boldsymbol{Ax} = \boldsymbol{0}$ 与 $\boldsymbol{Bx} = \boldsymbol{0}$ 有非零的公共解等同于方程组 $\begin{cases} \boldsymbol{Ax} = \boldsymbol{0}, \\ \boldsymbol{Bx} = \boldsymbol{0} \end{cases}$ 有非零解.

解 考察齐次线性方程组 $\begin{cases} \boldsymbol{Ax} = \boldsymbol{0}, \\ \boldsymbol{Bx} = \boldsymbol{0} \end{cases}$ 是否有非零解. 此方程组的系数矩阵为 $\begin{pmatrix} \boldsymbol{A} \\ \boldsymbol{B} \end{pmatrix}$.

因为 $R\begin{pmatrix} \boldsymbol{A} \\ \boldsymbol{B} \end{pmatrix} \leqslant R(\boldsymbol{A}) + R(\boldsymbol{B}) < n$，所以方程组 $\begin{cases} \boldsymbol{Ax} = \boldsymbol{0}, \\ \boldsymbol{Bx} = \boldsymbol{0} \end{cases}$ 有非零解. 这表明方程组 $\boldsymbol{Ax} = \boldsymbol{0}$ 与 $\boldsymbol{Bx} = \boldsymbol{0}$ 有非零的公共解.

例 1.35 设三阶矩阵 $\boldsymbol{B} \neq \boldsymbol{O}$，且 $\boldsymbol{B}$ 的每一列向量均为方程组

$$\begin{cases} x_1 - x_2 + x_3 = 0, \\ 3x_1 + x_2 + \lambda x_3 = 0, \\ 2x_1 + 2x_2 + 3x_3 = 0 \end{cases}$$

的解. (1) 求 λ 的值; (2) 证明 $|\boldsymbol{B}| = 0$; (3) 求方程组的解.

分析 $\boldsymbol{B} \neq \boldsymbol{O}$ 表明 $\boldsymbol{B}$ 有非零列，故上述齐次方程组有非零解，所以方程组系数矩阵的秩小于 3，从而其系数矩阵的行列式等于零.

解 记

$$\boldsymbol{A} = \begin{pmatrix} 1 & -1 & 1 \\ 3 & 1 & \lambda \\ 2 & 2 & 3 \end{pmatrix}, \quad \boldsymbol{x} = \begin{pmatrix} x_1 \\ x_2 \\ x_3 \end{pmatrix}.$$

设 $\boldsymbol{B} = (\boldsymbol{\beta}_1, \boldsymbol{\beta}_2, \boldsymbol{\beta}_3)$，则由题设知 $\boldsymbol{AB} = (\boldsymbol{A\beta}_1, \boldsymbol{A\beta}_2, \boldsymbol{A\beta}_3) = (\boldsymbol{0}, \boldsymbol{0}, \boldsymbol{0})$，这表明向量 $\boldsymbol{\beta}_1, \boldsymbol{\beta}_2, \boldsymbol{\beta}_3$ 均为齐次方程组 $\boldsymbol{Ax} = \boldsymbol{0}$ 的解.

(1) 由于 $\boldsymbol{B} \neq \boldsymbol{O}$，故齐次方程组 $\boldsymbol{Ax} = \boldsymbol{0}$ 有非零解，因此 $R(\boldsymbol{A}) \leqslant 2$，所以 $|\boldsymbol{A}| = 0$，即

$$|\boldsymbol{A}| = \begin{vmatrix} 1 & -1 & 1 \\ 3 & 1 & \lambda \\ 2 & 2 & 3 \end{vmatrix} = 16 - 4\lambda = 0,$$

得 $\lambda = 4$.

(2) 由 $\boldsymbol{AB}=(\boldsymbol{A}\boldsymbol{\beta}_1,\boldsymbol{A}\boldsymbol{\beta}_2,\boldsymbol{A}\boldsymbol{\beta}_3)=(\mathbf{0},\mathbf{0},\mathbf{0})$, 若 $|\boldsymbol{B}|\neq 0$, 则 $\boldsymbol{B}$ 可逆, 故有 $\boldsymbol{A}=\boldsymbol{O}$, 矛盾. 因此有 $|\boldsymbol{B}|=0$.

(3) 当 $\lambda=4$ 时,

$$\boldsymbol{A}=\begin{pmatrix}1&-1&1\\3&1&4\\2&2&3\end{pmatrix}\to\begin{pmatrix}1&-1&1\\0&4&1\\0&0&0\end{pmatrix}\to\begin{pmatrix}1&0&\dfrac{5}{4}\\0&1&\dfrac{1}{4}\\0&0&0\end{pmatrix},$$

解为

$$\begin{pmatrix}x_1\\x_2\\x_3\end{pmatrix}=k_1\begin{pmatrix}-\dfrac{5}{4}\\-\dfrac{1}{4}\\1\end{pmatrix}=\frac{k_1}{4}\begin{pmatrix}-5\\-1\\4\end{pmatrix}=k\begin{pmatrix}-5\\-1\\4\end{pmatrix},\quad k\in\mathbb{R}.$$

例 1.36 如果方程组 $\begin{cases}x_1+x_2+x_3=a,\\x_1+x_2-x_3=b,\\x_1-x_2+x_3=c\end{cases}$ 有唯一解, 且 $x_1=1$, 求 $\begin{vmatrix}a&b&c\\1&-1&1\\1&1&-1\end{vmatrix}$.

分析 利用克拉默法则, 方程组有唯一解 $x_1=\dfrac{D_1}{D},x_2=\dfrac{D_2}{D},x_3=\dfrac{D_3}{D}$. 注意所求行列式 $\begin{vmatrix}a&b&c\\1&-1&1\\1&1&-1\end{vmatrix}$ 与 D_1 之间的关系.

解 由 $x_1=\dfrac{D_1}{D}=1$, 得 $D_1=D$, 于是 $D_1=\begin{vmatrix}a&1&1\\b&1&-1\\c&-1&1\end{vmatrix}=D=\begin{vmatrix}1&1&1\\1&1&-1\\1&-1&1\end{vmatrix}=-4$. 将 D_1 转置并对调第 2 行与第 3 行, 便得到所求的行列式, 即

$$\begin{vmatrix}a&b&c\\1&-1&1\\1&1&-1\end{vmatrix}=(-1)\begin{vmatrix}a&1&1\\b&1&-1\\c&-1&1\end{vmatrix}=4.$$

例 1.37 设线性方程组

$$\begin{cases}x+y+z=a+b+c,\\ax+by+cz=a^2+b^2+c^2,\\bcx+cay+abz=3abc.\end{cases}$$

问 a,b,c 满足什么条件时，方程组有唯一解？并求其解.

分析　直接利用克拉默法则.

解　这是三个方程三个未知量的线性方程组，根据克拉默法则，当它的系数行列式 $D\neq 0$ 时，方程组有唯一解，而

$$D=\begin{vmatrix}1&1&1\\a&b&c\\bc&ca&ab\end{vmatrix}=\begin{vmatrix}1&0&0\\a&b-a&c-a\\bc&ca-bc&ab-bc\end{vmatrix}$$

$$=(b-a)(c-a)\begin{vmatrix}1&1\\-c&-b\end{vmatrix}$$

$$=(b-a)(c-a)(c-b),$$

故当 a,b,c 各不相等时，方程组有唯一解 $x=a,y=b,z=c$.

例 1.38　设 $a_1,a_2,\cdots,a_{n+1}$ 是 $n+1$ 个不同的数，$b_1,b_2,\cdots,b_{n+1}$ 是任意 $n+1$ 个数，而多项式 $f(x)=c_0+c_1x+\cdots+c_nx^n$ 有如下性质：$f(a_i)=b_i$　$i=1,2,\cdots,n+1$. 证明：$f(x)$ 的系数 $c_0,c_1,\cdots,c_n$ 是唯一确定的.

分析　将多项式 $f(x)=c_0+c_1x+\cdots+c_nx^n$ 所满足的性质 $f(a_i)=b_i$ 转化为线性方程组，然后利用克拉默法则即可.

证　由 $f(a_i)=b_i$，$i=1,2,\cdots,n+1$，可得线性方程组

$$\begin{cases}c_0+c_1a_1+c_2a_1^2+\cdots+c_na_1^n=b_1,\\c_0+c_1a_2+c_2a_2^2+\cdots+c_na_2^n=b_2,\\\qquad\cdots\cdots\\c_0+c_1a_{n+1}+c_2a_{n+1}^2+\cdots+c_na_{n+1}^n=b_{n+1}.\end{cases}$$

因为 a_i 是 $n+1$ 个不同的数，且它的系数行列式 D 为范德蒙德行列式，

$$D=\prod_{1\leqslant j<i\leqslant n+1}(a_i-a_j)\neq 0,$$

依克拉默法则线性方程组有唯一解，即 $c_0,c_1,\cdots,c_n$ 是唯一确定的.

三、练习题分析

练习 1.1　证明：在全部 n 元排列中，奇排列和偶排列的个数相等.

提示　设全部 n 元排列中，奇排列有 p 个，偶排列有 q 个；不妨设 $p\geqslant q$，对全部 n 元排列的第 1 个与第 2 个元素作一次对换，此时得到的仍然是全部 n 元排列，由于对换改变排列的奇偶性，$q\geqslant p$，故 $p=q$.

练习 1.2　证明：如果一个 n 阶行列式中等于零的元素个数比 n^2-n 多，则此

行列式等于零, 为什么?

提示　由行列式的定义, 若行列式某行(列)的元素全为零, 则行列式等于零. 由给定条件知, 该行列式的非零元素少于 n 个, 那么行列式中至少有一行或一列的元素全为零, 故此行列式等于零.

练习 1.3　若一个 n 阶行列式 D_n 满足

$$a_{ij}=-a_{ji},\quad i,j=1,2,\cdots,n,$$

则称 D_n 为反对称行列式, 证明: 奇数阶反对称行列式为零.

提示　只需证明 $D_n^{\mathrm{T}}=(-1)^n D$ 即可.

练习 1.4　已知 5 阶行列式

$$D_5=\begin{vmatrix}1&2&3&4&5\\2&2&2&1&1\\3&1&2&4&5\\1&1&1&2&2\\4&3&1&5&0\end{vmatrix}=27.$$

(1) 求 $3A_{12}+2A_{22}+2A_{32}+A_{42}+A_{52}$;

(2) 求 $A_{41}+A_{42}+A_{43}$ 和 $A_{44}+A_{45}$.

提示　(1) 参见例 1.13.

(2) 令 $x=A_{41}+A_{42}+A_{43}$, $y=A_{44}+A_{45}$. 于是行列式按第 4 行展开, 有 $x+2y=27$. 由于第 2 行的元素为 2, 2, 2, 1, 1, 第 2 行的元素与第 4 行的代数余子式的乘积之和为零, 即 $2x+y=0$. 于是 $x=-9, y=18$.

答案　(1) 0; (2) $-9, 18$.

练习 1.5　计算 n 阶行列式 $D_n=\begin{vmatrix}1+a_1&1&\cdots&1\\1&1+a_2&\cdots&1\\\vdots&\vdots&&\vdots\\1&1&\cdots&1+a_n\end{vmatrix}(a_i\neq 0, i=1,2,\cdots,n)$.

提示　解法参见例 1.4.

答案　$a_1a_2\cdots a_n\left(1+\sum_{i=1}^{n}\frac{1}{a_i}\right)$.

练习 1.6　计算 $D_{n+1}=\begin{vmatrix}a^n&(a-1)^n&\cdots&(a-n)^n\\a^{n-1}&(a-1)^{n-1}&\cdots&(a-n)^{n-1}\\\vdots&\vdots&&\vdots\\a&a-1&\cdots&a-n\\1&1&\cdots&1\end{vmatrix}(a\neq 0,1,2,\cdots,n)$.

提示　将最后一行依次与上一行交换，进行$(n-1)$次交换，最后一行变为第一行. 继续使用上述方法，直到行列式变为范德蒙德行列式，然后利用范德蒙德行列式结果即可.

答案　$\prod\limits_{1\leqslant i<j\leqslant n}(j-i)$.

练习 1.7　计算 $D_{n+1}=\begin{vmatrix} a_1^n & a_1^{n-1}b_1 & a_1^{n-2}b_1^2 & \cdots & a_1b_1^{n-1} & b_1^n \\ a_2^n & a_2^{n-1}b_2 & a_2^{n-2}b_2^2 & \cdots & a_2b_2^{n-1} & b_2^n \\ \vdots & \vdots & \vdots & & \vdots & \vdots \\ a_{n+1}^n & a_{n+1}^{n-1}b_{n+1} & a_{n+1}^{n-2}b_{n+1}^2 & \cdots & a_{n+1}b_{n+1}^{n-1} & b_{n+1}^n \end{vmatrix}\ (a_i\neq 0)$.

提示　每行提取公因子 a_i^n，行列式变为范德蒙德行列式.

答案　$\prod\limits_{i=1}^{n+1}a_i^{\ n}\cdot\prod\limits_{1\leqslant j<i\leqslant n+1}\left(\dfrac{b_i}{a_i}-\dfrac{b_j}{a_j}\right)=\prod\limits_{1\leqslant j<i\leqslant n+1}(b_ia_j-a_ib_j)$.

练习 1.8　若 $D_n=\begin{vmatrix} x & a & a & \cdots & a \\ a & x & a & \cdots & a \\ a & a & x & \cdots & a \\ \vdots & \vdots & \vdots & & \vdots \\ a & a & a & \cdots & x \end{vmatrix}$，$(n-1)a+x\neq 0$，求 $A_{n1}+A_{n2}+\cdots+A_{nn}$.

提示　参见例 1.13.

答案　$(x-a)^{n-1}$.

练习 1.9　设方程组 $\begin{cases} kx_1+x_2+x_3=0, \\ x_1+kx_2-x_3=0, \\ 2x_1-x_2+x_3=0, \end{cases}$ 讨论当 k 取何值时，此方程组有非零解；当 k 取何值时，方程组只有零解.

提示　利用克拉默法则即可.

答案　当 $k=4$ 或 $k=-1$ 时方程组有非零解. 当 $k\neq 4$ 且 $k\neq -1$ 时，方程组只有零解.

练习 1.10　求方程 $\begin{vmatrix} 1 & 1 & 1 & 1 \\ 1 & -2 & 2 & x \\ 1 & 4 & 4 & x^2 \\ 1 & -8 & 8 & x^3 \end{vmatrix}=0$ 的根.

提示　利用行列式的性质即可. 当 $x=1$ 时，行列式有两列相同，故 $x=1$ 为该方程的根. 同理 $x=\pm 2$ 也为该方程的根，而此方程为三次方程，故只有三个根 $1,2,-2$.

练习 1.11　设 $D=\begin{vmatrix} 2x & x & 1 & 2 \\ 1 & x & 1 & -1 \\ 3 & 2 & x & 1 \\ 1 & 1 & 1 & x \end{vmatrix}$，求 D 的展开式中 x^3 的系数.

提示　利用行列式的定义，D 的展开式中含 x^3 的项只能为

$$(-1)^{\tau(2134)}a_{12}a_{21}a_{33}a_{44}.$$

故 D 的展开式中 x^3 的系数为-1.

练习 1.12　计算行列式 $\begin{vmatrix} 1 & -1 & 1 & x-1 \\ 1 & -1 & x+1 & -1 \\ 1 & x-1 & 1 & -1 \\ x+1 & -1 & 1 & -1 \end{vmatrix}$.

提示　利用行列式的性质，依次将第 i 行的(-1)倍加到第 i+1 行(i = 3, 2, 1)，然后提取公因子，即可得该行列式的值.

答案　x^4.

练习 1.13　计算行列式 $\begin{vmatrix} 1 & a & & \\ -1 & 1-a & b & \\ & -1 & 1-b & c \\ & & -1 & 1-c \end{vmatrix}$.

提示　利用行列式的性质，依次将第 i 行加到第 i+1 行(i = 1, 2, 3)即可得到该行列式的值.

答案　1.

练习 1.14　计算行列式 $D=\begin{vmatrix} a_1+b & a_2 & a_3 & \cdots & a_n \\ a_1 & a_2+b & a_3 & \cdots & a_n \\ \vdots & \vdots & \vdots & & \vdots \\ a_1 & a_2 & a_3 & \cdots & a_n+b \end{vmatrix}$.

提示　解法参见例 1.4.

答案　当 $b=0$ 时，$D=0$；否则，$D=b^{n-1}\left(b+\sum\limits_{i=1}^{n}a_i\right)$.

练习 1.15　计算行列式 $\begin{vmatrix} 1 & 2 & 2 & \cdots & 2 \\ 2 & 2 & 2 & \cdots & 2 \\ 2 & 2 & 3 & \cdots & 2 \\ \vdots & \vdots & \vdots & & 2 \\ 2 & 2 & 2 & \cdots & n \end{vmatrix}$.

提示 解法参见例 1.6.

答案 $2(n-2)!$.

练习 1.16 设 $\boldsymbol{A}$ 为 n 阶方阵, 试证明:

(1) 若 $|\boldsymbol{A}|=0$, 则 $|\boldsymbol{A}^*|=0$; (2) $|\boldsymbol{A}^*|=|\boldsymbol{A}|^{n-1}$.

提示 利用 $\boldsymbol{AA}^*=\boldsymbol{A}^*\boldsymbol{A}=|\boldsymbol{A}|\boldsymbol{E}$, 分别考虑 $|\boldsymbol{A}|=0, |\boldsymbol{A}|\neq 0$ 的情况.

练习 1.17 设 $\boldsymbol{A}$ 是 n 阶方阵, 若存在非零矩阵 $\boldsymbol{B}$ 使 $\boldsymbol{AB}=\boldsymbol{O}$, 则 $|\boldsymbol{A}|=0$.

提示 可考虑反证法, 即 $|\boldsymbol{A}|\neq 0$, 推出矛盾.

练习 1.18 设 n 阶方阵 $\boldsymbol{A}=(a_{ij}), \boldsymbol{B}=(b_{ij})$, 且 $\boldsymbol{A}$ 与 $\boldsymbol{B}$ 的各行元素之和均为 1, $\boldsymbol{\alpha}=(1,1,\cdots,1)^{\mathrm{T}}$. 证明:

(1) $\boldsymbol{A\alpha}=\boldsymbol{\alpha}$;

(2) $\boldsymbol{AB}$ 的各行元素之和都等于 1;

(3) 若 $\boldsymbol{A},\boldsymbol{B}$ 各行元素之和分别均为 k, t, 求 $\boldsymbol{AB}$ 各行元素之和.

提示 $\boldsymbol{A\alpha}$ 的元素表示 $\boldsymbol{A}$ 的对应行的元素之和.

练习 1.19 设 $\boldsymbol{A}$ 为 n 阶方阵, 若对任意的 n 维列向量 $\boldsymbol{x}$, 均有 $\boldsymbol{Ax}=\boldsymbol{0}$, 证明 $\boldsymbol{A}=\boldsymbol{O}$.

提示 考虑取 $\boldsymbol{x}$ 为 n 阶单位阵 $\boldsymbol{E}$ 的列向量.

练习 1.20 已知 $\boldsymbol{A}=\begin{pmatrix} 2 & 2 & 2 & \cdots & 2 \\ 0 & 1 & 1 & \cdots & 1 \\ 0 & 0 & 1 & \cdots & 1 \\ \vdots & \vdots & \vdots & & \vdots \\ 0 & 0 & 0 & \cdots & 1 \end{pmatrix}$, 用初等变换求:

(1) $\boldsymbol{A}^{-1}$;

(2) $|\boldsymbol{A}|$ 的所有代数余子式之和 $\sum\limits_{i,j=1}^{n} A_{ij}$.

提示 利用 $\boldsymbol{A}^*=|\boldsymbol{A}|\boldsymbol{A}^{-1}$, 而 $\sum\limits_{i,j=1}^{n} A_{ij}$ 即为 $\boldsymbol{A}^*$ 的各个元素之和.

答案 $\boldsymbol{A}^{-1}=\begin{pmatrix} \frac{1}{2} & -1 & 0 & \cdots & 0 \\ 0 & 1 & -1 & \cdots & 0 \\ \vdots & \vdots & \vdots & & \vdots \\ 0 & 0 & 0 & \cdots & -1 \\ 0 & 0 & 0 & \cdots & 1 \end{pmatrix}$, $\sum\limits_{i,j=1}^{n} A_{ij}=1$.

练习 1.21　讨论 n 阶方阵 $\boldsymbol{A}=\begin{pmatrix} a & 1 & 1 & \cdots & 1 \\ 1 & a & 1 & \cdots & 1 \\ 1 & 1 & a & \cdots & 1 \\ \vdots & \vdots & \vdots & & \vdots \\ 1 & 1 & 1 & 1 & a \end{pmatrix}$ 的秩.

提示　可对 $\boldsymbol{A}$ 施行初等行变换化为阶梯形矩阵进行讨论. 也可先求 $|\boldsymbol{A}|$，根据参数 a 的不同取值确定 $R(\boldsymbol{A})$.

答案　$R(\boldsymbol{A})=\begin{cases} 1, & a=1, \\ n-1, & a=1-n, \\ n, & a\neq 1 \text{且} a\neq 1-n. \end{cases}$

练习 1.22　如果 $\boldsymbol{A}=\begin{pmatrix} 1 & 2 \\ 3 & 4 \end{pmatrix}$，$\boldsymbol{P}=\begin{pmatrix} 0 & 1 \\ 1 & 0 \end{pmatrix}$，求 $\boldsymbol{P}^{2019}\boldsymbol{A}\boldsymbol{P}^{2020}$.

提示　$\boldsymbol{P}$ 为初等矩阵，$\boldsymbol{P}$ 左乘 $\boldsymbol{A}$ 相当于交换矩阵 $\boldsymbol{A}$ 的两行，$\boldsymbol{P}$ 右乘 $\boldsymbol{A}$ 相当于交换矩阵 $\boldsymbol{A}$ 的两列.

答案　$\begin{pmatrix} 3 & 4 \\ 1 & 2 \end{pmatrix}$.

练习 1.23　设 $a_i(i=1,2,\cdots,m)$ 不全为零，$b_j(j=1,2,\cdots,n)$ 不全为零，求矩阵 $\boldsymbol{A}=\begin{pmatrix} a_1b_1 & a_1b_2 & \cdots & a_1b_n \\ a_2b_1 & a_2b_2 & \cdots & a_2b_n \\ \vdots & \vdots & & \vdots \\ a_mb_1 & a_mb_2 & \cdots & a_mb_n \end{pmatrix}$ 的秩.

提示　既可将矩阵 $\boldsymbol{A}$ 表示为 $\boldsymbol{A}=\begin{pmatrix} a_1 \\ \vdots \\ a_m \end{pmatrix}(b_1,\cdots,b_n)$，也可按矩阵的秩的定义考虑.

答案　秩为 1.

练习 1.24　设 $\boldsymbol{A},\boldsymbol{B}$ 均为 n 阶方阵，证明:

(1) 若 $R(\boldsymbol{A})=n$，则 $R(\boldsymbol{AB})=R(\boldsymbol{B})$;

(2) 若 $R(\boldsymbol{B})=n$，则 $R(\boldsymbol{AB})=R(\boldsymbol{A})$.

提示　可逆矩阵可分解为有限个初等矩阵的乘积.

练习 1.25　证明：n 阶矩阵 $\boldsymbol{A}$ 对称的充分必要条件是 $\boldsymbol{A}-\boldsymbol{A}^{\mathrm{T}}$ 对称.

提示　矩阵是否对称考虑矩阵与其转置是否相等.

练习 1.26 设矩阵 $\boldsymbol{A}=\begin{pmatrix}3&1&1&4\\ \lambda&4&10&1\\ 1&7&17&3\\ 2&2&4&3\end{pmatrix}$, 问: (1) λ 为何值时, $R(\boldsymbol{A})$ 最大?

(2) λ 为何值时, $R(\boldsymbol{A})$ 最小?

提示 类似于例 1.24.

答案 当 $\lambda\neq 0$ 时, $R(\boldsymbol{A})$ 最大; 当 $\lambda=0$ 时, $R(\boldsymbol{A})$ 最小.

练习 1.27 已知三阶方阵 $\boldsymbol{B}\neq\boldsymbol{O}$, 且 $\boldsymbol{B}$ 的每个列向量都是方程组

$$\begin{cases}x_1+2x_2-2x_3=0,\\ 2x_1-x_2+\lambda x_3=0,\\ 3x_1+x_2-x_3=0\end{cases}$$

的解, (1) 求 λ 的值; (2) 证明: $|\boldsymbol{B}|=0$.

提示 (1) 因为 $\boldsymbol{B}\neq\boldsymbol{O}$, 所以方程组有非零解.

(2) 因为 $\boldsymbol{B}$ 的列向量都是方程组的解, 设方程组的系数矩阵为 $\boldsymbol{A}$, 则 $\boldsymbol{AB}=\boldsymbol{O}$, 若 $|\boldsymbol{B}|\neq 0$, 则 $\boldsymbol{B}$ 可逆, 从而 $\boldsymbol{ABB}^{-1}=\boldsymbol{A}=\boldsymbol{O}$, 与非零矛盾, 故 $|\boldsymbol{B}|=0$.

答案 (1) $\lambda=1$; (2) 略.

练习 1.28 讨论 a,b 为何值时, 方程组 $\begin{cases}x_1+ax_2+x_3=3,\\ x_1+2ax_2+x_3=4,\\ bx_1+x_2+x_3=4\end{cases}$ 有唯一解, 有无穷多解, 无解. 有无穷多解时求其解.

提示 由系数行列式或增广矩阵讨论.

答案 当 $a\neq 0$ 且 $b\neq 1$ 时, 有唯一解; 当 $a=\dfrac{1}{2}$ 且 $b=1$ 时, 有无穷多解, 其解为 $\begin{pmatrix}2\\2\\0\end{pmatrix}+k\begin{pmatrix}-1\\0\\1\end{pmatrix}$; 其余情形无解.

练习 1.29 设 $\boldsymbol{A}=\begin{pmatrix}1&1&1&\cdots&1\\ a_1&a_2&a_3&\cdots&a_n\\ a_1^2&a_2^2&a_3^2&\cdots&a_n^2\\ \vdots&\vdots&\vdots&&\vdots\\ a_1^{n-1}&a_2^{n-1}&a_3^{n-1}&\cdots&a_n^{n-1}\end{pmatrix}$, $\boldsymbol{b}=\begin{pmatrix}1\\1\\1\\ \vdots\\1\end{pmatrix}$, 其中 $a_i\neq a_j(i\neq j)$, 求 $\boldsymbol{A}^{\mathrm{T}}\boldsymbol{x}=\boldsymbol{b}$ 的解.

提示　由于$\left|A^{\mathrm{T}}\right|\neq 0$，所以$A^{\mathrm{T}}x=b$有唯一解.

答案　$(1,0,\cdots,0)^{\mathrm{T}}$.

四、第1章单元测验题

1. 填空题

(1) 设x_1,x_2,x_3是方程$x^3+px+q=0$的三个根，则$\begin{vmatrix} x_1 & x_2 & x_3 \\ x_3 & x_1 & x_2 \\ x_2 & x_3 & x_1 \end{vmatrix}=$__________.

(2) 当$\lambda=$__________时，$\begin{vmatrix} \lambda-1 & 1 & 2 \\ 3 & \lambda-2 & 1 \\ 2 & 3 & \lambda-3 \end{vmatrix}=0$.

(3) 已知四阶行列式D的第3行元素分别为$-1,0,2,4$；第4行元素的对应的余子式依次是2, 10, a, 4，则$a=$__________.

(4) 已知$\begin{vmatrix} 1 & 0 & 2 \\ x & 3 & 1 \\ 4 & x & 2 \end{vmatrix}$的代数余子式$A_{12}=0$，则代数余子式$A_{21}=$__________.

(5) 设A为三阶方阵，且$|A|=2$，则$\left|2(A^*)^{-1}\right|=$__________.

(6) 若$A=\begin{pmatrix} 5 & 7 \\ 3 & 4 \end{pmatrix}$，$P=\begin{pmatrix} 0 & 1 \\ 1 & 0 \end{pmatrix}$，那么$P^{2020}AP^{2021}=$__________.

(7) 设$A=\begin{pmatrix} 2 & 1 & 0 \\ 3 & 2 & 0 \\ 0 & 0 & 1 \end{pmatrix}$，则$A^{-1}=$__________.

2. 选择题

(1) 设A为三阶矩阵，P为三阶可逆矩阵，且$P^{-1}AP=\begin{pmatrix} 1 & 0 & 0 \\ 0 & 1 & 0 \\ 0 & 0 & 2 \end{pmatrix}$. 若$P=(\alpha_1,\alpha_2,\alpha_3)$，$Q=(\alpha_1+\alpha_2,\alpha_2,\alpha_3)$，则$Q^{-1}AQ=($　　$)$.

(A) $\begin{pmatrix} 1 & 0 & 0 \\ 0 & 2 & 0 \\ 0 & 0 & 1 \end{pmatrix}$；　(B) $\begin{pmatrix} 1 & 0 & 0 \\ 0 & 1 & 0 \\ 0 & 0 & 2 \end{pmatrix}$；　(C) $\begin{pmatrix} 2 & 0 & 0 \\ 0 & 1 & 0 \\ 0 & 0 & 2 \end{pmatrix}$；　(D) $\begin{pmatrix} 2 & 0 & 0 \\ 0 & 2 & 0 \\ 0 & 0 & 1 \end{pmatrix}$.

(2) 设A为n阶方阵，且A的行列式$|A|=a\neq 0$，而A^*是A的伴随矩阵，则$\left|A^*\right|=($　　$)$.

(A) a;　(B) a^2;　(C) a^{n-1};　(D) a^n.

(3) 设 $\boldsymbol{A}$ 是方阵, 满足 $\boldsymbol{A}^2=\boldsymbol{E}$, 则(　　).

(A) $|\boldsymbol{A}|=1$;　(B) $\boldsymbol{A}-\boldsymbol{E}, \boldsymbol{A}+\boldsymbol{E}$ 都不可逆;

(C) $\boldsymbol{A}$ 的伴随矩阵 $\boldsymbol{A}^*=\boldsymbol{A}$;　(D) $\boldsymbol{A}$ 的逆矩阵 $\boldsymbol{A}^{-1}=\boldsymbol{A}$.

(4) 设 $R(A_{3\times5})=3$, 那么 $A_{3\times5}$ 必满足(　　).

(A) 三阶子式全为零;　(B) 至少有一个四阶子式不为零;

(C) 二阶子式全为零;　(D) 至少有一个二阶子式不为零.

(5) 设 $\boldsymbol{A}$ 是 4×3 矩阵, 且 $\boldsymbol{A}$ 的秩 $R(\boldsymbol{A})=2$, 而 $\boldsymbol{B}=\begin{pmatrix}1&0&2\\0&2&0\\-1&0&3\end{pmatrix}$, 则 $R(\boldsymbol{AB})=($　　$)$.

(A) 1;　(B) 2;　(C) 3;　(D) 4.

3. 解答下列各题.

(1) 计算 $D_n=\begin{vmatrix}a&\cdots&a&x\\a&\cdots&x&a\\\vdots&&\vdots&\vdots\\x&\cdots&a&a\end{vmatrix}$, 并求 D_n 所有代数余子式之和 $\sum\limits_{i,j=1}^{n}A_{ij}$.

(2) 计算 $D_n=\begin{vmatrix}a+b&ab&0&\cdots&0&0&0\\1&a+b&ab&\cdots&0&0&0\\0&1&a+b&\cdots&0&0&0\\\vdots&\vdots&\vdots&&\vdots&\vdots&\vdots\\0&0&0&\cdots&1&a+b&ab\\0&0&0&\cdots&0&1&a+b\end{vmatrix}$.

(3) 已知 $\boldsymbol{AP}=\boldsymbol{BP}$, 其中 $\boldsymbol{B}=\begin{pmatrix}1&0&0\\0&0&0\\0&0&1\end{pmatrix}$, $\boldsymbol{P}=\begin{pmatrix}1&0&0\\2&-1&0\\2&1&1\end{pmatrix}$, 求 $\boldsymbol{A}, \boldsymbol{A}^5$.

(4) 已知 $\boldsymbol{A}=\begin{pmatrix}1&2&2\\2&1&-2\\2&-2&1\end{pmatrix}$, 求 $\boldsymbol{A}^{-1}$ 和 $(\boldsymbol{A}^*)^{-1}$.

(5) 设 4 阶矩阵 $\boldsymbol{B}=\begin{pmatrix}1&-1&0&0\\0&1&-1&0\\0&0&1&-1\\0&0&0&1\end{pmatrix}$, $\boldsymbol{C}=\begin{pmatrix}2&1&3&4\\0&2&1&3\\0&0&2&1\\0&0&0&2\end{pmatrix}$, 且矩阵 $\boldsymbol{A}$ 满足关系式 $\boldsymbol{A}(\boldsymbol{E}-\boldsymbol{C}^{-1}\boldsymbol{B})^{\mathrm{T}}\boldsymbol{C}^{\mathrm{T}}=\boldsymbol{E}$, 其中 $\boldsymbol{E}$ 为 4 阶单位矩阵, 将上述关系化简并求矩阵 $\boldsymbol{A}$.

(6) 设方阵 $\boldsymbol{A}$ 满足 $\boldsymbol{A}^2-\boldsymbol{A}-2\boldsymbol{E}=\boldsymbol{O}$, 证明 $\boldsymbol{A}$ 及 $\boldsymbol{A}+2\boldsymbol{E}$ 都可逆, 并求 $\boldsymbol{A}^{-1}$ 及 $(\boldsymbol{A}+2\boldsymbol{E})^{-1}$.

(7) 解下列矩阵方程.

(I) $\begin{pmatrix} 1 & 1 & 1 & \cdots & 1 & 1 \\ 0 & 1 & 1 & \cdots & 1 & 1 \\ 0 & 0 & 1 & \cdots & 1 & 1 \\ \vdots & \vdots & \vdots & & \vdots & \vdots \\ 0 & 0 & 0 & \cdots & 0 & 1 \end{pmatrix}_n \boldsymbol{X}=\begin{pmatrix} 2 & 1 & 0 & \cdots & 0 & 0 \\ 1 & 2 & 1 & \cdots & 0 & 0 \\ 0 & 1 & 2 & \cdots & 0 & 0 \\ \vdots & \vdots & \vdots & & \vdots & \vdots \\ 0 & 0 & 0 & \cdots & 1 & 2 \end{pmatrix}_n$;

(II) $\begin{pmatrix} 1 & 4 \\ -1 & 2 \end{pmatrix}\boldsymbol{X}\begin{pmatrix} 2 & 0 \\ -1 & 1 \end{pmatrix}=\begin{pmatrix} 3 & 1 \\ 0 & -1 \end{pmatrix}$.

(8) 问常数 k 取何值时, 方程组

$$\begin{cases} x_1+x_2+kx_3=4, \\ -x_1+kx_2+x_3=k^2, \\ x_1-x_2+2x_3=-4 \end{cases}$$

无解, 有唯一解, 或有无穷多解, 并在有无穷多解时求出其解.

4. 证明下列各题.

(1) 证明: 如果 $\boldsymbol{A}$ 可逆对称(反对称), 那么 $\boldsymbol{A}^{-1}$ 也对称(反对称).

(2) 设 $\boldsymbol{A},\boldsymbol{B}$ 都是 n 阶对称阵, 证明: $\boldsymbol{AB}$ 是对称阵的充分必要条件是 $\boldsymbol{AB}=\boldsymbol{BA}$.

(3) 证明 n 阶可逆下三角矩阵的逆矩阵是下三角矩阵.

第 2 章　线 性 空 间

一、基础知识导学

1. 基本概念

(1) 线性空间.

线性空间(亦称向量空间)涉及两个集合: 域(例如实数域$\mathbb{R}$、复数域$\mathbb{C}$)、集合V, 以及两个运算: 加法运算与数乘运算, 统称为线性运算, 这些运算必须满足 8 条规律(见教材 2.1 节). 加法是V中元素(称为向量)进行运算, 其结果为V中元素; 数乘运算是域中的元素与V中元素进行运算, 其结果为V中元素. 线性空间是指集合V, 更准确地应该说V是什么域上的线性空间, 在域明确的情况下简称线性空间V.

(2) 线性子空间.

线性子空间本身也是线性空间, 之所以称其为子空间, 是其线性运算及集合本身都来自于一个更大的线性空间, 因此其运算自然满足线性运算的 8 条规律, 所以线性空间的子集W是否是子空间只需验证W对线性运算是否封闭, 即对$\forall \boldsymbol{\alpha},\boldsymbol{\beta} \in W, \forall k \in \mathbb{R}$是否有$\boldsymbol{\alpha}+\boldsymbol{\beta} \in W$, $k\boldsymbol{\alpha} \in W$或等价地$\forall \boldsymbol{\alpha},\boldsymbol{\beta} \in W$, $\forall k,l \in \mathbb{R}$是否有$k\boldsymbol{\alpha}+l\boldsymbol{\beta} \in W$.

(3) 线性组合、线性表示与等价向量组.

若$\boldsymbol{\beta}=k_1\boldsymbol{\alpha}_1+k_2\boldsymbol{\alpha}_2+\cdots+k_m\boldsymbol{\alpha}_m$成立, 则称向量$\boldsymbol{\beta}$是向量组$\boldsymbol{\alpha}_1,\boldsymbol{\alpha}_2,\cdots,\boldsymbol{\alpha}_m$的一个线性组合, 也称$\boldsymbol{\beta}$能被$\boldsymbol{\alpha}_1,\boldsymbol{\alpha}_2,\cdots,\boldsymbol{\alpha}_m$线性表示. 若向量组 M 中任意向量均可被$\boldsymbol{\alpha}_1,\boldsymbol{\alpha}_2,\cdots,\boldsymbol{\alpha}_m$线性表示, 则称向量组$M$被向量组$\boldsymbol{\alpha}_1,\boldsymbol{\alpha}_2,\cdots,\boldsymbol{\alpha}_m$线性表示. 若两向量组相互线性表示, 则称两向量组是等价向量组.

向量$\boldsymbol{\alpha}$能由向量组M表示, 则也能被与M等价的向量组表示.

线性空间的一个核心问题是用尽量少的向量来线性表示线性空间的所有向量, 而且表示是唯一的, 由此引入向量组的线性相关与线性无关、极大无关组、向量组的秩、线性空间的基、维数与坐标等概念.

(4) 生成子空间.

$\operatorname{span}\{\boldsymbol{\alpha}_1,\boldsymbol{\alpha}_2,\cdots,\boldsymbol{\alpha}_m\}=\{k_1\boldsymbol{\alpha}_1+k_2\boldsymbol{\alpha}_2+\cdots+k_m\boldsymbol{\alpha}_m \mid k_i \in \mathbb{R}, 1 \leqslant i \leqslant m\}$.

$\operatorname{span}\{\boldsymbol{\alpha}_1,\boldsymbol{\alpha}_2,\cdots,\boldsymbol{\alpha}_m\}$中的向量是向量组$\boldsymbol{\alpha}_1,\boldsymbol{\alpha}_2,\cdots,\boldsymbol{\alpha}_m$能表示的所有向量, 它的

确是一个子空间，而且是包含 $\boldsymbol{\alpha}_1,\boldsymbol{\alpha}_2,\cdots,\boldsymbol{\alpha}_m$ 的最小子空间.

(5) 线性相关与线性无关.

若存在一组不全为零的数 $k_1,k_2,\cdots,k_m$，使 $k_1\boldsymbol{\alpha}_1+k_2\boldsymbol{\alpha}_2+\cdots+k_m\boldsymbol{\alpha}_m=\mathbf{0}$，则称向量组 $\boldsymbol{\alpha}_1,\boldsymbol{\alpha}_2,\cdots,\boldsymbol{\alpha}_m$ 线性相关.

若 $k_1\boldsymbol{\alpha}_1+k_2\boldsymbol{\alpha}_2+\cdots+k_m\boldsymbol{\alpha}_m=\mathbf{0}$ 当且仅当 $k_1=k_2=\cdots=k_m=0$，则称 $\boldsymbol{\alpha}_1,\boldsymbol{\alpha}_2,\cdots,\boldsymbol{\alpha}_m$ 线性无关.

向量组 $\boldsymbol{\alpha}_1,\boldsymbol{\alpha}_2,\cdots,\boldsymbol{\alpha}_m$ 能线性表示向量 $\boldsymbol{\beta}$，若 $\boldsymbol{\alpha}_1,\boldsymbol{\alpha}_2,\cdots,\boldsymbol{\alpha}_m$ 线性相关，$\boldsymbol{\alpha}_1,\boldsymbol{\alpha}_2,\cdots,\boldsymbol{\alpha}_m$ 表示 $\boldsymbol{\beta}$ 方法不唯一；若 $\boldsymbol{\alpha}_1,\boldsymbol{\alpha}_2,\cdots,\boldsymbol{\alpha}_m$ 线性无关，$\boldsymbol{\alpha}_1,\boldsymbol{\alpha}_2,\cdots,\boldsymbol{\alpha}_m$ 唯一表示 $\boldsymbol{\beta}$.

(6) 向量组的极大无关组与秩.

若向量组 M 的子集 $\boldsymbol{\alpha}_1,\boldsymbol{\alpha}_2,\cdots,\boldsymbol{\alpha}_r$ 线性无关且 M 可被 $\boldsymbol{\alpha}_1,\boldsymbol{\alpha}_2,\cdots,\boldsymbol{\alpha}_r$ 线性表示，则称 $\boldsymbol{\alpha}_1,\boldsymbol{\alpha}_2,\cdots,\boldsymbol{\alpha}_r$ 是 M 的极大无关组. 称向量组 M 的极大无关组中所含向量的个数为向量组的秩，记为 $\operatorname{rank}(M)$.

“极大”是指不能从剩下的向量里选取向量添加到极大无关组使之成为更大线性无关的向量组；我们也总能从向量组的一个无关组从发，从剩下的向量里选取向量添加到无关组里成为极大无关组；向量组 M 的极大无关组与向量组 M 是等价向量组，这表明向量组的极大无关组与向量组能表示相同的向量，但极大无关组表示向量方法是唯一的!

向量组的极大无关组中向量个数是相同的是向量组秩概念的基础.

(7) 线性空间的基、维数、向量在基下的坐标.

称线性空间 V 这个特殊向量组的极大无关组为线性空间的基，其秩为空间的维数，记为 $\dim V$，若 $\dim V=n$，就称 V 为 n 维线性(向量)空间.

设 $\{\boldsymbol{\alpha}_1,\boldsymbol{\alpha}_2,\cdots,\boldsymbol{\alpha}_n\}$ 是 n 维线性空间 V 的基，因此 V 的每一个向量能被 $\{\boldsymbol{\alpha}_1,\boldsymbol{\alpha}_2,\cdots,\boldsymbol{\alpha}_n\}$ 唯一表示，对 $\boldsymbol{\alpha}\in V$ 有

$$\boldsymbol{\alpha}=x_1\boldsymbol{\alpha}_1+x_2\boldsymbol{\alpha}_2+\cdots+x_n\boldsymbol{\alpha}_n,$$

称 $(x_1,\cdots,x_n)^{\mathrm{T}}$ 为向量 $\boldsymbol{\alpha}$ 在基 $\{\boldsymbol{\alpha}_1,\boldsymbol{\alpha}_2,\cdots,\boldsymbol{\alpha}_n\}$ 下的坐标.

在同一个基下，向量不同坐标不同；同一个向量在不同基下坐标不同，是说向量的坐标应该指明是在什么样基下的坐标，除非基已经明确.

(8) 矩阵的列秩、行秩与列空间、行空间.

设 $\boldsymbol{A}$ 是 $m\times n$ 矩阵，并设 $\boldsymbol{A}=(\boldsymbol{\alpha}_1,\cdots,\boldsymbol{\alpha}_n)=\begin{pmatrix}\boldsymbol{\beta}_1^{\mathrm{T}}\\ \vdots\\ \boldsymbol{\beta}_m^{\mathrm{T}}\end{pmatrix}$，于是我们有 $\mathbb{R}^m$ 中的向量组 $\{\boldsymbol{\alpha}_1,\cdots,\boldsymbol{\alpha}_n\}$ 以及 $\mathbb{R}^n$ 中的向量组 $\{\boldsymbol{\beta}_1,\cdots,\boldsymbol{\beta}_m\}$.

$\operatorname{rank}\{\boldsymbol{\alpha}_1,\cdots,\boldsymbol{\alpha}_n\}$ 称为 $\boldsymbol{A}$ 的列秩，$\operatorname{span}\{\boldsymbol{\alpha}_1,\cdots,\boldsymbol{\alpha}_n\}$ 称为 $\boldsymbol{A}$ 的列空间；

$\operatorname{rank}\{\boldsymbol{\beta}_1,\cdots,\boldsymbol{\beta}_m\}$ 称为 $\boldsymbol{A}$ 的行秩，$\operatorname{span}\{\boldsymbol{\beta}_1,\cdots,\boldsymbol{\beta}_m\}$ 称为 $\boldsymbol{A}$ 的行空间.

自然地，$\mathbb{R}^n$ 中向量组作成矩阵的列或行也可以得到一个实矩阵.

(9) 过渡矩阵.

设 $\{\boldsymbol{\alpha}_1,\boldsymbol{\alpha}_2,\cdots,\boldsymbol{\alpha}_n\},\{\boldsymbol{\beta}_1,\boldsymbol{\beta}_2,\cdots,\boldsymbol{\beta}_n\}$ 均是 n 维线性空间 V 的基，且

$$\boldsymbol{\beta}_i = p_{1i}\boldsymbol{\alpha}_1 + p_{2i}\boldsymbol{\alpha}_2 + \cdots + p_{ni}\boldsymbol{\alpha}_n \quad (1 \leqslant i \leqslant n)$$

作 n 阶矩阵

$$\boldsymbol{P} = (p_{ij}),$$

称 $\boldsymbol{P}$ 为基 $\{\boldsymbol{\alpha}_1,\boldsymbol{\alpha}_2,\cdots,\boldsymbol{\alpha}_n\}$ 到基 $\{\boldsymbol{\beta}_1,\boldsymbol{\beta}_2,\cdots,\boldsymbol{\beta}_n\}$ 的过渡矩阵.

过渡矩阵的第 i 列是基 $\{\boldsymbol{\beta}_1,\boldsymbol{\beta}_2,\cdots,\boldsymbol{\beta}_n\}$ 中的第 i 个向量 $\boldsymbol{\beta}_i$ 在基 $\{\boldsymbol{\alpha}_1,\boldsymbol{\alpha}_2,\cdots,\boldsymbol{\alpha}_n\}$ 下的坐标，于是有

$$(\boldsymbol{\beta}_1,\boldsymbol{\beta}_2,\cdots,\boldsymbol{\beta}_n) = (\boldsymbol{\alpha}_1,\boldsymbol{\alpha}_2,\cdots,\boldsymbol{\alpha}_n)\boldsymbol{P} = (\boldsymbol{\alpha}_1,\boldsymbol{\alpha}_2,\cdots,\boldsymbol{\alpha}_n)\begin{pmatrix} p_{11} & p_{12} & \cdots & p_{1n} \\ p_{21} & p_{22} & \cdots & p_{2n} \\ \vdots & \vdots & & \vdots \\ p_{n1} & p_{n2} & \cdots & p_{nn} \end{pmatrix}.$$

2. 主要定理与结论

(1) **定理**　向量组 $\boldsymbol{\alpha}_1,\boldsymbol{\alpha}_2,\cdots,\boldsymbol{\alpha}_m(m \geqslant 2)$ 线性相关当且仅当其中某个向量能被其余向量线性表示，特别地，两向量是线性相关的当且仅当其中一个向量是另一个向量的数乘.

向量组 $\boldsymbol{\alpha}_1,\boldsymbol{\alpha}_2,\cdots,\boldsymbol{\alpha}_m(m \geqslant 2)$ 线性无关当且仅当向量组中任何一个向量不能被其余向量线性表示.

向量 $\boldsymbol{\alpha}$ 线性相关当且仅当 $\boldsymbol{\alpha}$ 是零向量.

注　由定理的第一部分可知，用尽可能少的向量表示线性空间里的向量，这些向量形成的向量组应该是线性无关的.

(2) **定理**　若 $\boldsymbol{\alpha}_1,\boldsymbol{\alpha}_2,\cdots,\boldsymbol{\alpha}_m$ 线性无关，而 $\boldsymbol{\alpha}_1,\boldsymbol{\alpha}_2,\cdots,\boldsymbol{\alpha}_m,\boldsymbol{\beta}$ 线性相关，则 $\boldsymbol{\beta}$ 能由 $\boldsymbol{\alpha}_1,\boldsymbol{\alpha}_2,\cdots,\boldsymbol{\alpha}_m$ 线性表出，且表示方法是唯一的；若 $\boldsymbol{\alpha}_1,\boldsymbol{\alpha}_2,\cdots,\boldsymbol{\alpha}_m$ 线性相关且能表示 $\boldsymbol{\beta}$，则 $\boldsymbol{\alpha}_1,\boldsymbol{\alpha}_2,\cdots,\boldsymbol{\alpha}_m$ 表示 $\boldsymbol{\beta}$ 的方法不唯一.

注　由该定理可知：若向量组表示向量的表示法是唯一的，这个向量组应该是线性无关的.

(1)与(2)也揭示了线性相关性与向量组能否表示一个向量的关系：向量个数大于等于 2 的向量组线性相关当且仅当向量组其中一个向量能被其余向量表示；若向量组 $\boldsymbol{\alpha}_1,\boldsymbol{\alpha}_2,\cdots,\boldsymbol{\alpha}_m$ 是线性无关的，我们能借助线性相关性与无关性来判断它是否能表示 $\boldsymbol{\beta}$，若 $\boldsymbol{\alpha}_1,\boldsymbol{\alpha}_2,\cdots,\boldsymbol{\alpha}_m,\boldsymbol{\beta}$ 线性相关，则 $\boldsymbol{\alpha}_1,\boldsymbol{\alpha}_2,\cdots,\boldsymbol{\alpha}_m$ 能表示且唯一表示 $\boldsymbol{\beta}$；

若$\boldsymbol{\alpha}_1,\boldsymbol{\alpha}_2,\cdots,\boldsymbol{\alpha}_m,\boldsymbol{\beta}$线性无关，则$\boldsymbol{\alpha}_1,\boldsymbol{\alpha}_2,\cdots,\boldsymbol{\alpha}_m$不能表示$\boldsymbol{\beta}$. 于是当$\boldsymbol{\alpha}_1,\boldsymbol{\alpha}_2,\cdots,\boldsymbol{\alpha}_m$线性相关时我们考虑与$\boldsymbol{\alpha}_1,\boldsymbol{\alpha}_2,\cdots,\boldsymbol{\alpha}_m$表示能力一样(即与$\boldsymbol{\alpha}_1,\boldsymbol{\alpha}_2,\cdots,\boldsymbol{\alpha}_m$等价)且线性无关的子集——极大无关组，利用极大无关组与$\boldsymbol{\beta}$形成的向量组的线性相关性确定向量组$\boldsymbol{\alpha}_1,\boldsymbol{\alpha}_2,\cdots,\boldsymbol{\alpha}_m$能否表示$\boldsymbol{\beta}$.

(3) 设有向量组M, N满足$M\subset N$，M线性相关，则N线性相关；N线性无关，则M线性无关.

(4) **定理** ① 向量组$\{\boldsymbol{\alpha}_1,\boldsymbol{\alpha}_2,\cdots,\boldsymbol{\alpha}_r\}$线性无关且能被向量组$\{\boldsymbol{\beta}_1,\boldsymbol{\beta}_2,\cdots,\boldsymbol{\beta}_s\}$线性表示，则$r\leqslant s$.

② 向量组$\{\boldsymbol{\alpha}_1,\boldsymbol{\alpha}_2,\cdots,\boldsymbol{\alpha}_r\}$能被向量组$\{\boldsymbol{\beta}_1,\boldsymbol{\beta}_2,\cdots,\boldsymbol{\beta}_s\}$线性表示，且$r>s$，则$\{\boldsymbol{\alpha}_1,\boldsymbol{\alpha}_2,\cdots,\boldsymbol{\alpha}_r\}$线性相关.

注 该定理是建立向量组的秩与线性空间的维数概念的基础定理，因为由它可以得到如下推论:

推论 向量组的极大无关组中的向量个数是相同的.

进一步，有如下结论.

(5) **定理** 向量组M能被向量组N线性表示，则$\operatorname{rank}(M)\leqslant\operatorname{rank}(N)$.

推论 向量组M与N线性等价，则$\operatorname{rank}(M)=\operatorname{rank}(N)$.

(6) **定理** 矩阵的行秩 = 矩阵的秩 = 矩阵的列秩.

(7) **定理** 设$\{\boldsymbol{\alpha}_1,\boldsymbol{\alpha}_2,\cdots,\boldsymbol{\alpha}_n\}$是线性空间$V$的基，且向量组$\{\boldsymbol{\beta}_1,\boldsymbol{\beta}_2,\cdots,\boldsymbol{\beta}_n\}$满足

$$(\boldsymbol{\beta}_1,\boldsymbol{\beta}_2,\cdots,\boldsymbol{\beta}_n)=(\boldsymbol{\alpha}_1,\boldsymbol{\alpha}_2,\cdots,\boldsymbol{\alpha}_n)\boldsymbol{P}=(\boldsymbol{\alpha}_1,\boldsymbol{\alpha}_2,\cdots,\boldsymbol{\alpha}_n)\begin{pmatrix} p_{11} & p_{12} & \cdots & p_{1n} \\ p_{21} & p_{22} & \cdots & p_{2n} \\ \vdots & \vdots & & \vdots \\ p_{n1} & p_{n2} & \cdots & p_{nn} \end{pmatrix},$$

则$\{\boldsymbol{\beta}_1,\boldsymbol{\beta}_2,\cdots,\boldsymbol{\beta}_n\}$是线性空间$V$的基当且仅当$\boldsymbol{P}$可逆(或$|\boldsymbol{P}|\neq 0$)，且$\boldsymbol{P}$是基$\{\boldsymbol{\alpha}_1,\boldsymbol{\alpha}_2,\cdots,\boldsymbol{\alpha}_n\}$到基$\{\boldsymbol{\beta}_1,\boldsymbol{\beta}_2,\cdots,\boldsymbol{\beta}_n\}$的过渡矩阵.

(8) **定理** 设$\{\boldsymbol{\alpha}_1,\boldsymbol{\alpha}_2,\cdots,\boldsymbol{\alpha}_n\}$，$\{\boldsymbol{\beta}_1,\boldsymbol{\beta}_2,\cdots,\boldsymbol{\beta}_n\}$均是线性空间$V$的基，且基$\{\boldsymbol{\alpha}_1,\boldsymbol{\alpha}_2,\cdots,\boldsymbol{\alpha}_n\}$到基$\{\boldsymbol{\beta}_1,\boldsymbol{\beta}_2,\cdots,\boldsymbol{\beta}_n\}$的过渡矩阵为$\boldsymbol{P}$，向量组在基$\{\boldsymbol{\alpha}_1,\boldsymbol{\alpha}_2,\cdots,\boldsymbol{\alpha}_n\}$，$\{\boldsymbol{\beta}_1,\boldsymbol{\beta}_2,\cdots,\boldsymbol{\beta}_n\}$坐标分别为$\boldsymbol{x},\boldsymbol{y}$，则$\boldsymbol{x}=\boldsymbol{P}\boldsymbol{y}$.

3. 主要问题与方法

(1) 判断一个集合V能否成为实数域$\mathbb{R}$上的线性空间.

在集合V上引入加法运算以及在实数域$\mathbb{R}$与V之间引入数乘运算，验证加法与数乘运算满足教材 2.1 节的 8 条运算规律，则集合V关于引入的加法与数乘成为线性空间.

(2) 判断一个线性空间 V 的子集 W 是否是子空间.

验证 V 的加法运算与数乘运算对 W 是否封闭. 即对 $\forall \boldsymbol{\alpha},\boldsymbol{\beta} \in W$, $\forall k \in \mathbb{R}$ 是否有 $\boldsymbol{\alpha}+\boldsymbol{\beta} \in W$, $k\boldsymbol{\alpha} \in W$ 或等价地 $\forall \boldsymbol{\alpha},\boldsymbol{\beta} \in W$, $\forall k,l \in \mathbb{R}$ 是否有 $k\boldsymbol{\alpha}+l\boldsymbol{\beta} \in W$.

(3) 一般的线性空间 V 中向量组的线性相关性判定.

(a) 定义法.

(b) 利用定理: "向量组 $\boldsymbol{\alpha}_1,\boldsymbol{\alpha}_2,\cdots,\boldsymbol{\alpha}_m (m \geqslant 2)$ 线性相关当且仅当其中某个向量能被其余向量线性表示; 向量组 $\boldsymbol{\alpha}_1,\boldsymbol{\alpha}_2,\cdots,\boldsymbol{\alpha}_m (m \geqslant 2)$ 线性无关当且仅当向量组中任何一个向量不能被其余向量线性表示; 向量 $\boldsymbol{\alpha}$ 线性相关当且仅当 $\boldsymbol{\alpha}$ 是零向量".

(c) 求向量组秩的方法: 求出 $|M|$ 的秩, 则向量组 M 线性相关当且仅当 $\operatorname{rank}(M) < |M|$, 其中 M 表示 M 中向量的个数.

(d) 利用定理"向量组 M, N 满足 $M \subset N$, M 线性相关, 则 N 线性相关; N 线性无关, 则 M 线性无关".

(e) 欧几里得空间中正交向量组是线性无关的.

(4) $\mathbb{R}^n$ 中向量组的线性相关性判定.

$\{\boldsymbol{\alpha}_1,\boldsymbol{\alpha}_2,\cdots,\boldsymbol{\alpha}_m\}$ 是 $\mathbb{R}^n$ 中的向量组, 则向量组可以和矩阵联系起来, 使用方程组及矩阵理论来判断向量组线性相关性.

(a) 利用线性相关性的定义判定: 判定齐次方程组

$$\boldsymbol{A}\boldsymbol{x} = \boldsymbol{0}$$

是否有非零解, 其中 $\boldsymbol{A} = (\boldsymbol{\alpha}_1,\boldsymbol{\alpha}_2,\cdots,\boldsymbol{\alpha}_m)$, 若有非零解, 则向量组线性相关; 若只有零解, 则向量组无关. 于是有行列式方法:

n 维空间 $\mathbb{R}^n$ 中的 n 个向量 $\{\boldsymbol{\alpha}_1,\boldsymbol{\alpha}_2,\cdots,\boldsymbol{\alpha}_n\}$ 线性相关当且仅当 $\det \boldsymbol{A} = 0$, 其中 $\boldsymbol{A} = (\boldsymbol{\alpha}_1,\boldsymbol{\alpha}_2,\cdots,\boldsymbol{\alpha}_n)$.

(b) 将向量组作成矩阵的行(列), 使用初等行(列)变换将矩阵化成行(列)阶梯形, 若有零行(列), 则向量组线性相关, 否则线性无关.

该方法事实上就是(3)中(b)在 $\mathbb{R}^n$ 中的向量组上的应用, 于是要通过看是否有零行(列)来判断向量组的线性相关性, 将向量组作成矩阵的行(列), 只能施以行(列)变换, 将矩阵化为行(列)阶梯形. 当然在初等行(列)变换过程中出现了零行(列), 虽然矩阵还未化成行(列)阶梯形, 我们仍然可以判定向量组是线性相关的.

(c) 秩的方法: 将向量组作成矩阵的行或者列, 得到矩阵 $\boldsymbol{A}$, 求出矩阵 $\boldsymbol{A}$ 的秩, 则矩阵的秩就是向量组的秩, 于是向量组 M 线性相关当且仅当 $\operatorname{rank}(\boldsymbol{A}) < |M|$.

若使用初等变换将矩阵化成阶梯形来求矩阵的秩, 则初等变换既可以使用行变换也可以使用列变换. 事实上, 秩的方法也可以由定义得到: "$\{\boldsymbol{\alpha}_1,\boldsymbol{\alpha}_2,\cdots,\boldsymbol{\alpha}_m\}$ 线

性相关 $\Leftrightarrow$ $\boldsymbol{Ax}=\boldsymbol{0}$ 有非零解 $\Leftrightarrow$ $\operatorname{rank}(\boldsymbol{A})<|M|$”.

(5) 求 $\mathbb{R}^n$ 中的向量组的秩及极大无关组，以及用极大无关组表示其他向量.

设矩阵 $\boldsymbol{A}=(\boldsymbol{\alpha}_1,\boldsymbol{\alpha}_2,\cdots,\boldsymbol{\alpha}_m)$ 通过初等行变换变为矩阵 $\boldsymbol{B}=(\boldsymbol{\beta}_1,\boldsymbol{\beta}_2,\cdots,\boldsymbol{\beta}_m)$，则矩阵 $\boldsymbol{B}$ 的列之间的线性关系与 $\boldsymbol{A}$ 的列之间的线性关系相同. 这是因为存在可逆矩阵 $\boldsymbol{P}$ 使得 $\boldsymbol{B}=\boldsymbol{PA}$，于是有

$$\boldsymbol{\beta}_i=\boldsymbol{P}\boldsymbol{\alpha}_i \quad (1\leqslant i\leqslant m).$$

故对 $\left\{\boldsymbol{\beta}_{s_1},\boldsymbol{\beta}_{s_2},\cdots,\boldsymbol{\beta}_{s_l},\boldsymbol{\beta}_{s_{l+1}}\right\}\subset\{\boldsymbol{\beta}_1,\boldsymbol{\beta}_2,\cdots,\boldsymbol{\beta}_m\}$, $k_1\boldsymbol{\beta}_{s_1}+k_2\boldsymbol{\beta}_{s_2}+\cdots+k_l\boldsymbol{\beta}_{s_l}=\boldsymbol{\beta}_{s_{l+1}}$ 当且仅当 $k_1\boldsymbol{\alpha}_{s_1}+k_2\boldsymbol{\alpha}_{s_2}+\cdots+k_l\boldsymbol{\alpha}_{s_l}=\boldsymbol{\alpha}_{s_{l+1}}$.

特别地:

$$k_1\boldsymbol{\beta}_{s_1}+k_2\boldsymbol{\beta}_{s_2}+\cdots+k_l\boldsymbol{\beta}_{s_l}=\boldsymbol{0} \text{ 当且仅当 } k_1\boldsymbol{\alpha}_{s_1}+k_2\boldsymbol{\alpha}_{s_2}+\cdots+k_l\boldsymbol{\alpha}_{s_l}=\boldsymbol{0}.$$

于是我们有如下方法求 $\mathbb{R}^n$ 中的向量组的秩、极大无关组以及用极大无关组表示其他向量.

将向量组 $\{\boldsymbol{\alpha}_1,\boldsymbol{\alpha}_2,\cdots,\boldsymbol{\alpha}_m\}$ 中向量作成矩阵 $\boldsymbol{A}=(\boldsymbol{\alpha}_1,\boldsymbol{\alpha}_2,\cdots,\boldsymbol{\alpha}_m)$ 的列，用初等行变换将 $\boldsymbol{A}$ 化为行最简形矩阵 $\boldsymbol{B}$:

(a) 矩阵 $\boldsymbol{B}$ 的非零行的行数就是向量组的秩;

(b) $\boldsymbol{B}$ 中非零行第一个非零元所在的列对应于矩阵 $\boldsymbol{A}$ 的列向量 $\boldsymbol{\alpha}_{s_1},\boldsymbol{\alpha}_{s_2},\cdots,\boldsymbol{\alpha}_{s_r}$ 是向量组的一个极大组;

(c) 向量组中的向量 $\boldsymbol{\alpha}_i$ 被极大无关组 $\boldsymbol{\alpha}_{s_1},\boldsymbol{\alpha}_{s_2},\cdots,\boldsymbol{\alpha}_{s_r}$ 表示的数为 $\boldsymbol{B}$ 的第 i 列在非零行的那些数.

(6) 证明向量组是线性空间的基，求线性空间的维数、向量在基下的坐标.

若可以证明向量组能表示线性空间里每一个向量以及证明向量组线性无关，则向量组是线性空间的基，基中向量个数是空间的维数；若已知空间维数为 n，这只需证明 n 个向量是线性无关的，则可得这 n 个向量是线性空间的一个基；利用坐标的定义或有条件时使用坐标变换公式求向量在某个基下的坐标.

二、典型例题解析

例 2.1 令 $\mathbb{R}^+=\left\{a\in\mathbb{R}\,\middle|\,a>0\right\}$.

(a) 如果定义加法和数乘为实数的加法和乘法，问 $\mathbb{R}^+$ 是否实线性空间?

(b) 如果定义加法 $\oplus$ 和数乘 $\circ$ 为

$$a\oplus b=ab,\quad k\circ a=a^k,$$

其中 $a,b\in\mathbb{R}^+,k\in\mathbb{R}$，问 $\mathbb{R}^+$ 是否实线性空间?

解 (a) 定义加法和数乘为实数的加法和乘法，$\mathbb{R}^+$ 不是实线性空间. 理由很多，例如没有零元，即在 $\mathbb{R}^+$ 上不存在元素 b 满足对任意的 $a\in\mathbb{R}^+$ 有 $a+b=a$，自然 $\mathbb{R}^+$ 中的元素也没有负元. 另外，对 $a\in\mathbb{R}^+, k\in\mathbb{R}, k<0$，$ka\notin\mathbb{R}^+$，这表明实数的乘法不能成为 $\mathbb{R}^+$ 上的数乘运算.

(b) 我们这里的加法 $\oplus$ 就是实数的乘法，显然两个正数相乘是正数，故这里 $\oplus$ 的确是 $\mathbb{R}^+$ 上的运算，$\oplus$ 显然满足结合律、交换律，而且由 $1\oplus a=a$ 可知1是零向量，由

$$a\oplus a^{-1}=a\times a^{-1}=1$$

可知 a^{-1} 是 a 负向量;

对 $a\in\mathbb{R}^+, k\in\mathbb{R}$, 有 $k\circ a=a^k\in\mathbb{R}^+$，且对 $a,b\in\mathbb{R}^+, 1,k,l\in\mathbb{R}$ 有

$$1\circ a=a^1=a;\quad l(k\circ a)=(a^k)^l=a^{lk}=(lk)\circ a,$$
$$(k+l)\circ a=a^{k+l}=a^k a^l=a^k\oplus a^l=(k\circ a)\oplus(l\circ a),$$
$$k\circ(a\oplus b)=k\circ(ab)=(ab)^k=a^k b^k=a^k\oplus b^k=(k\circ a)\oplus(k\circ b).$$

这表明 $\circ$ 是数乘运算，综上所述，$\mathbb{R}^+$ 关于加法 $\oplus$ 和数乘 $\circ$ 为实线性空间.

例 2.2 设 $\boldsymbol{A}$ 是 $m\times n$ 矩阵，证明 $U=\left\{\boldsymbol{x}\in\mathbb{R}^n \middle| \boldsymbol{A}\boldsymbol{x}=\boldsymbol{0}\right\}$，$W=\left\{\boldsymbol{A}\boldsymbol{x}\middle|\boldsymbol{x}\in\mathbb{R}^n\right\}$ 分别是 $\mathbb{R}^n$ 与 $\mathbb{R}^m$ 中的子空间.

证 显然 U,W 分别是 $\mathbb{R}^n$ 与 $\mathbb{R}^m$ 中的子集.

对 $\boldsymbol{\alpha},\boldsymbol{\beta}\in U, k\in\mathbb{R}$，注意到

$$\boldsymbol{A}(\boldsymbol{\alpha}+\boldsymbol{\beta})=\boldsymbol{A}\boldsymbol{\alpha}+\boldsymbol{A}\boldsymbol{\beta}=\boldsymbol{0}+\boldsymbol{0}=\boldsymbol{0},$$
$$\boldsymbol{A}(k\boldsymbol{\alpha})=k\boldsymbol{A}\boldsymbol{\alpha}=k\boldsymbol{0}=\boldsymbol{0},$$

这表明 U 对线性运算封闭，故 U 是 $\mathbb{R}^n$ 的子空间.

对 $\boldsymbol{\eta},\boldsymbol{\xi}\in W, l\in\mathbb{R}$, 则存在 $\boldsymbol{x},\boldsymbol{y}\in\mathbb{R}^n$ 满足 $\boldsymbol{\eta}=\boldsymbol{A}\boldsymbol{x}, \boldsymbol{\xi}=\boldsymbol{A}\boldsymbol{y}$，且显然有

$$\boldsymbol{x}+\boldsymbol{y}\in\mathbb{R}^n,\quad l\boldsymbol{x}\in\mathbb{R}^n.$$

故

$$\boldsymbol{\eta}+\boldsymbol{\xi}=\boldsymbol{A}\boldsymbol{x}+\boldsymbol{A}\boldsymbol{y}=\boldsymbol{A}(\boldsymbol{x}+\boldsymbol{y})\in W,$$
$$l\boldsymbol{\eta}=l(\boldsymbol{A}\boldsymbol{x})=\boldsymbol{A}(l\boldsymbol{x})\in W.$$

这表明 W 是 $\mathbb{R}^m$ 中的子空间.

事实上，若矩阵 $\boldsymbol{A}$ 的列向量为 $\boldsymbol{A}_1,\cdots,\boldsymbol{A}_n\in\mathbb{R}^m$，即 $\boldsymbol{A}=(\boldsymbol{A}_1,\cdots,\boldsymbol{A}_n)$，则 W 是 $\{\boldsymbol{A}_1,\cdots,\boldsymbol{A}_n\}$ 的生成子空间，即

$$W=\left\{\boldsymbol{Ax}\middle|\boldsymbol{x}\in\mathbb{R}^n\right\}=\operatorname{span}\left\{\boldsymbol{A}_1,\cdots,\boldsymbol{A}_n\right\}.$$

例 2.3 求向量组的秩以及一个极大无关组，并将其余向量表为极大无关组的线性组合:

$$\boldsymbol{\alpha}_1=(2,3,1)^{\mathrm{T}},\quad \boldsymbol{\alpha}_2=(-1,-6,4)^{\mathrm{T}},\quad \boldsymbol{\alpha}_3=(13,15,11)^{\mathrm{T}},\quad \boldsymbol{\alpha}_4=(3,8,-2)^{\mathrm{T}}.$$

解 将$\boldsymbol{\alpha}_1,\boldsymbol{\alpha}_2,\boldsymbol{\alpha}_3,\boldsymbol{\alpha}_4$作为列向量构造矩阵，然后用初等行变换化为行最简形:

$$\boldsymbol{A}=\begin{pmatrix}2&-1&13&3\\3&-6&15&8\\1&4&11&-2\end{pmatrix}\xrightarrow{r_1\leftrightarrow r_3}\begin{pmatrix}1&4&11&-2\\3&-6&15&8\\2&-1&13&3\end{pmatrix}$$

$$\xrightarrow[r_3+(-2)r_1]{r_2+(-3)r_1}\begin{pmatrix}1&4&11&-2\\0&-18&-18&14\\0&-9&-9&7\end{pmatrix}\xrightarrow{r_3+\left(-\frac{1}{2}\right)r_2}\begin{pmatrix}1&4&11&-2\\0&-18&-18&14\\0&0&0&0\end{pmatrix}$$

$$\xrightarrow{-\frac{1}{18}r_2}\begin{pmatrix}1&4&11&-2\\0&1&1&-\frac{7}{9}\\0&0&0&0\end{pmatrix}\xrightarrow{r_1-4r_2}\begin{pmatrix}1&0&7&\frac{10}{9}\\0&1&1&-\frac{7}{9}\\0&0&0&0\end{pmatrix}.$$

于是$\boldsymbol{\alpha}_1,\boldsymbol{\alpha}_2,\boldsymbol{\alpha}_3,\boldsymbol{\alpha}_4$的秩为 2，行最简形中主元“1”所在列对应向量$\boldsymbol{\alpha}_1,\boldsymbol{\alpha}_2$为一个极大无关组，且$\boldsymbol{\alpha}_3=7\boldsymbol{\alpha}_1+\boldsymbol{\alpha}_2$，$\boldsymbol{\alpha}_4=\frac{10}{9}\boldsymbol{\alpha}_1-\frac{7}{9}\boldsymbol{\alpha}_2$.

注 (1) 若只求向量组的秩，则无论将向量作为矩阵的行还是列，无论使用初等行变换还是列变换都不会改变原向量组的秩. 但往往这类题目均会涉及极大无关组以及向量间的线性关系的计算，建议同学们做这类题目时，均将向量作为列向量构造矩阵，然后使用初等行变换化为行最简形矩阵.

(2) 若只求向量组的秩或一个极大无关组，只需将矩阵化为行阶梯形即可，没有必要化为行最简形.

例 2.4 设向量组

$$\boldsymbol{\alpha}_1=\begin{pmatrix}1\\1\\t\end{pmatrix},\quad \boldsymbol{\alpha}_2=\begin{pmatrix}1\\2\\t+1\end{pmatrix},\quad \boldsymbol{\alpha}_3=\begin{pmatrix}1\\3\\2t\end{pmatrix}.$$

(1) t为何值时，向量组$\boldsymbol{\alpha}_1,\boldsymbol{\alpha}_2,\boldsymbol{\alpha}_3$线性相关?

(2) t为何值时，向量组$\boldsymbol{\alpha}_1,\boldsymbol{\alpha}_2,\boldsymbol{\alpha}_3$线性无关?

(3) 当$\boldsymbol{\alpha}_1,\boldsymbol{\alpha}_2,\boldsymbol{\alpha}_3$线性相关时，将$\boldsymbol{\alpha}_3$表示为$\boldsymbol{\alpha}_1,\boldsymbol{\alpha}_2$的线性组合.

分析　这是向量组线性相关性的标准问题. 可用定义法或矩阵法解决.

解　方法一 (定义法)　设 $k_1\boldsymbol{\alpha}_1+k_2\boldsymbol{\alpha}_2+k_3\boldsymbol{\alpha}_3=\mathbf{0}$, 即

$$\begin{cases}k_1+k_2+k_3=0,\\k_1+2k_2+3k_3=0,\\tk_1+(t+1)k_2+2tk_3=0.\end{cases}$$

该齐次方程组的系数行列式

$$\begin{vmatrix}1&1&1\\1&2&3\\t&t+1&2t\end{vmatrix}=t-2.$$

(1) 当 $t-2=0$, 即 $t=2$ 时, 行列式等于 $0,\boldsymbol{\alpha}_1,\boldsymbol{\alpha}_2,\boldsymbol{\alpha}_3$ 线性相关.

(2) 当 $t\neq 2$ 时, 行列式不等于 $0,\boldsymbol{\alpha}_1,\boldsymbol{\alpha}_2,\boldsymbol{\alpha}_3$ 线性无关.

(3) 当 $t=2$ 时, 设 $\boldsymbol{\alpha}_3=x_1\boldsymbol{\alpha}_1+x_2\boldsymbol{\alpha}_2$, 即 $\begin{cases}x_1+x_2=1,\\x_1+2x_2=3,\\2x_1+3x_2=4,\end{cases}$ 解得 $x_1=-1,x_2=2$, 即 $\boldsymbol{\alpha}_3=-\boldsymbol{\alpha}_1+2\boldsymbol{\alpha}_2$.

方法二 (矩阵法)　作矩阵

$$\boldsymbol{A}=\begin{pmatrix}1&1&1\\1&2&3\\t&t+1&2t\end{pmatrix}.$$

用初等行变换化 $\boldsymbol{A}$ 为行阶梯形

$$\boldsymbol{A}=\begin{pmatrix}1&1&1\\1&2&3\\t&t+1&2t\end{pmatrix}\to\begin{pmatrix}1&1&1\\0&1&2\\0&0&t-2\end{pmatrix}.$$

当 $t-2=0$, 即 $t=2$ 时, $\operatorname{rank}(\boldsymbol{A})=2<3$, 此时 $\boldsymbol{\alpha}_1,\boldsymbol{\alpha}_2,\boldsymbol{\alpha}_3$ 线性相关. 进一步, 利用初等行变换将 $\boldsymbol{A}$ 化为行最简形

$$\to\begin{pmatrix}1&0&-1\\0&1&2\\0&0&0\end{pmatrix}.$$

于是行最简形中主元 “1” 所在的列对应的向量 $\boldsymbol{\alpha}_1,\boldsymbol{\alpha}_2$ 为一个极大无关组, 且

$$\boldsymbol{\alpha}_3=-\boldsymbol{\alpha}_1+2\boldsymbol{\alpha}_2.$$

当 $t\neq 2$ 时, $\operatorname{rank}(\boldsymbol{A})=3$, 所以 $\boldsymbol{\alpha}_1,\boldsymbol{\alpha}_2,\boldsymbol{\alpha}_3$ 线性无关.

例 2.5　设向量组 $\boldsymbol{\beta}_1=\boldsymbol{\alpha}_1,\boldsymbol{\beta}_2=\boldsymbol{\alpha}_1+\boldsymbol{\alpha}_2,\boldsymbol{\beta}_3=\boldsymbol{\alpha}_1+\boldsymbol{\alpha}_3,\boldsymbol{\beta}_4=\boldsymbol{\alpha}_1+\boldsymbol{\alpha}_4$, 若 $\{\boldsymbol{\beta}_1,\boldsymbol{\beta}_2,$

$\boldsymbol{\beta}_3,\boldsymbol{\beta}_4\}$线性无关, 证明$\{\boldsymbol{\alpha}_1,\boldsymbol{\alpha}_2,\boldsymbol{\alpha}_3,\boldsymbol{\alpha}_4\}$也线性无关.

证 方法一 (定义法) 设

$$k_1\boldsymbol{\alpha}_1+k_2\boldsymbol{\alpha}_2+k_3\boldsymbol{\alpha}_3+k_4\boldsymbol{\alpha}_4=\mathbf{0},$$

于是

$$(k_1-k_2-k_3-k_4)\boldsymbol{\beta}_1+k_2\boldsymbol{\beta}_2+k_3\boldsymbol{\beta}_3+k_4\boldsymbol{\beta}_4=\mathbf{0}.$$

由$\{\boldsymbol{\beta}_1,\boldsymbol{\beta}_2,\boldsymbol{\beta}_3,\boldsymbol{\beta}_4\}$线性无关可得

$$\begin{cases}k_1-k_2-k_3-k_4=0,\\ k_2=k_3=k_4=0.\end{cases}$$

这表明$k_1=k_2=k_3=k_4=0$, 所以$\boldsymbol{\alpha}_1,\boldsymbol{\alpha}_2,\boldsymbol{\alpha}_3,\boldsymbol{\alpha}_4$线性无关.

方法二 (应用向量组的等价关系证明) 由条件也能得

$$\boldsymbol{\alpha}_1=\boldsymbol{\beta}_1,\quad \boldsymbol{\alpha}_2=\boldsymbol{\beta}_2-\boldsymbol{\beta}_1,\quad \boldsymbol{\alpha}_3=\boldsymbol{\beta}_3-\boldsymbol{\beta}_1,\quad \boldsymbol{\alpha}_4=\boldsymbol{\beta}_4-\boldsymbol{\beta}_1,$$

这表明向量组$\{\boldsymbol{\beta}_1,\boldsymbol{\beta}_2,\boldsymbol{\beta}_3,\boldsymbol{\beta}_4\}$与$\{\boldsymbol{\alpha}_1,\boldsymbol{\alpha}_2,\boldsymbol{\alpha}_3,\boldsymbol{\alpha}_4\}$能相互线性表示, 即它们是等价的, 故有

$$\operatorname{rank}\{\boldsymbol{\alpha}_1,\boldsymbol{\alpha}_2,\boldsymbol{\alpha}_3,\boldsymbol{\alpha}_4\}=\operatorname{rank}\{\boldsymbol{\beta}_1,\boldsymbol{\beta}_2,\boldsymbol{\beta}_3,\boldsymbol{\beta}_4\}=4.$$

所以$\boldsymbol{\alpha}_1,\boldsymbol{\alpha}_2,\boldsymbol{\alpha}_3,\boldsymbol{\alpha}_4$线性无关.

方法三 (反证法) 若$\boldsymbol{\alpha}_1,\boldsymbol{\alpha}_2,\boldsymbol{\alpha}_3,\boldsymbol{\alpha}_4$线性相关, 这表明$\operatorname{rank}\{\boldsymbol{\alpha}_1,\boldsymbol{\alpha}_2,\boldsymbol{\alpha}_3,\boldsymbol{\alpha}_4\}\leqslant 3$. 由条件可知向量组$\{\boldsymbol{\beta}_1,\boldsymbol{\beta}_2,\boldsymbol{\beta}_3,\boldsymbol{\beta}_4\}$能被$\{\boldsymbol{\alpha}_1,\boldsymbol{\alpha}_2,\boldsymbol{\alpha}_3,\boldsymbol{\alpha}_4\}$线性表示, 这意味着

$$4=\operatorname{rank}\{\boldsymbol{\beta}_1,\boldsymbol{\beta}_2,\boldsymbol{\beta}_3,\boldsymbol{\beta}_4\}\leqslant\operatorname{rank}\{\boldsymbol{\alpha}_1,\boldsymbol{\alpha}_2,\boldsymbol{\alpha}_3,\boldsymbol{\alpha}_4\}\leqslant 3,$$

矛盾, 故$\boldsymbol{\alpha}_1,\boldsymbol{\alpha}_2,\boldsymbol{\alpha}_3,\boldsymbol{\alpha}_4$线性无关.

例 2.6 证明矩阵$\boldsymbol{A},\boldsymbol{B}$的秩满足

(1) $\max\{\operatorname{rank}(\boldsymbol{A}),\operatorname{rank}(\boldsymbol{B})\}\leqslant\operatorname{rank}((\boldsymbol{A},\boldsymbol{B}))\leqslant\operatorname{rank}(\boldsymbol{A})+\operatorname{rank}(\boldsymbol{B})$;

(2) $\operatorname{rank}(\boldsymbol{A}+\boldsymbol{B})\leqslant\operatorname{rank}(\boldsymbol{A})+\operatorname{rank}(\boldsymbol{B})$;

(3) $\operatorname{rank}(\boldsymbol{AB})\leqslant\min\{\operatorname{rank}(\boldsymbol{A}),\operatorname{rank}(\boldsymbol{B})\}$.

证 设$\boldsymbol{A}=(a_{ij})=(\boldsymbol{\alpha}_1,\cdots,\boldsymbol{\alpha}_n),\boldsymbol{B}=(b_{ij})=(\boldsymbol{\beta}_1,\cdots,\boldsymbol{\beta}_n),\{\boldsymbol{\alpha}_1,\cdots,\boldsymbol{\alpha}_r\},\{\boldsymbol{\beta}_1,\cdots,\boldsymbol{\beta}_s\}$分别是$\{\boldsymbol{\alpha}_1,\cdots,\boldsymbol{\alpha}_n\},\{\boldsymbol{\beta}_1,\cdots,\boldsymbol{\beta}_n\}$的极大无关组, 则

$$\operatorname{rank}(\boldsymbol{A})=\operatorname{rank}\{\boldsymbol{\alpha}_1,\cdots,\boldsymbol{\alpha}_n\}=r,\quad \operatorname{rank}(\boldsymbol{B})=\operatorname{rank}\{\boldsymbol{\beta}_1,\cdots,\boldsymbol{\beta}_n\}=s.$$

$$\operatorname{rank}((\boldsymbol{A},\boldsymbol{B}))=\operatorname{rank}\{\boldsymbol{\alpha}_1,\cdots\boldsymbol{\alpha}_n,\boldsymbol{\beta}_1,\cdots,\boldsymbol{\beta}_n\}.$$

$$\operatorname{rank}(\boldsymbol{A}+\boldsymbol{B})=\operatorname{rank}\{\boldsymbol{\alpha}_1+\boldsymbol{\beta}_1,\cdots,\boldsymbol{\alpha}_n+\boldsymbol{\beta}_n\}.$$

(1) 显然$\{\boldsymbol{\alpha}_1,\cdots,\boldsymbol{\alpha}_r,\boldsymbol{\beta}_1,\cdots,\boldsymbol{\beta}_s\}$与$\{\boldsymbol{\alpha}_1,\cdots,\boldsymbol{\alpha}_n,\boldsymbol{\beta}_1,\cdots,\boldsymbol{\beta}_n\}$等价, 故

$$\begin{aligned}\operatorname{rank}((\boldsymbol{A},\boldsymbol{B}))&=\operatorname{rank}\{\boldsymbol{\alpha}_1,\cdots,\boldsymbol{\alpha}_n,\boldsymbol{\beta}_1,\cdots,\boldsymbol{\beta}_n\}=\operatorname{rank}\{\boldsymbol{\alpha}_1,\cdots,\boldsymbol{\alpha}_r,\boldsymbol{\beta}_1,\cdots,\boldsymbol{\beta}_s\}\\&\leqslant r+s=\operatorname{rank}(\boldsymbol{A})+\operatorname{rank}(\boldsymbol{B}).\end{aligned}$$

$\{\boldsymbol{\alpha}_1,\cdots,\boldsymbol{\alpha}_r,\boldsymbol{\beta}_1,\cdots,\boldsymbol{\beta}_s\}$ 能表示 $\{\boldsymbol{\alpha}_1,\cdots,\boldsymbol{\alpha}_n\},\{\boldsymbol{\beta}_1,\cdots,\boldsymbol{\beta}_n\}$, 故

$$\operatorname{rank}((\boldsymbol{A},\boldsymbol{B}))=\operatorname{rank}\{\boldsymbol{\alpha}_1,\cdots,\boldsymbol{\alpha}_r,\boldsymbol{\beta}_1,\cdots,\boldsymbol{\beta}_s\}\geqslant\operatorname{rank}\{\boldsymbol{\alpha}_1,\cdots,\boldsymbol{\alpha}_n\}=\operatorname{rank}(\boldsymbol{A}),$$

$$\operatorname{rank}((\boldsymbol{A},\boldsymbol{B}))=\operatorname{rank}\{\boldsymbol{\alpha}_1,\cdots,\boldsymbol{\alpha}_r,\boldsymbol{\beta}_1,\cdots,\boldsymbol{\beta}_s\}\geqslant\operatorname{rank}\{\boldsymbol{\beta}_1,\cdots,\boldsymbol{\beta}_n\}=\operatorname{rank}(\boldsymbol{B}),$$

故 $\max\{\operatorname{rank}(\boldsymbol{A}),\operatorname{rank}(\boldsymbol{B})\}\leqslant\operatorname{rank}((\boldsymbol{A},\boldsymbol{B}))$.

(2) $\{\boldsymbol{\alpha}_1,\cdots,\boldsymbol{\alpha}_r,\boldsymbol{\beta}_1,\cdots,\boldsymbol{\beta}_s\}$ 能表示 $\{\boldsymbol{\alpha}_1+\boldsymbol{\beta}_1,\cdots,\boldsymbol{\alpha}_n+\boldsymbol{\beta}_n\}$, 故

$$\begin{aligned}\operatorname{rank}(\boldsymbol{A}+\boldsymbol{B})&=\operatorname{rank}\{\boldsymbol{\alpha}_1+\boldsymbol{\beta}_1,\cdots,\boldsymbol{\alpha}_n+\boldsymbol{\beta}_n\}\leqslant\operatorname{rank}\{\boldsymbol{\alpha}_1,\cdots,\boldsymbol{\alpha}_r,\boldsymbol{\beta}_1,\cdots,\boldsymbol{\beta}_s\}\\&\leqslant\operatorname{rank}(\boldsymbol{A})+\operatorname{rank}(\boldsymbol{B}).\end{aligned}$$

(3) 设 $\boldsymbol{AB}=(\boldsymbol{\gamma}_1,\cdots,\boldsymbol{\gamma}_n)$, 则

$$\boldsymbol{\gamma}_i=b_{1i}\boldsymbol{\alpha}_1+b_{2i}\boldsymbol{\alpha}_2+\cdots+b_{ni}\boldsymbol{\alpha}_n,\quad 1\leqslant i\leqslant n,$$

即 $\{\boldsymbol{\gamma}_1,\cdots,\boldsymbol{\gamma}_n\}$ 能被 $\{\boldsymbol{\alpha}_1,\cdots,\boldsymbol{\alpha}_n\}$ 表示, 故

$$\operatorname{rank}(\boldsymbol{AB})\leqslant\operatorname{rank}(\boldsymbol{A}).$$

$$\operatorname{rank}(\boldsymbol{AB})=\operatorname{rank}((\boldsymbol{AB})^{\mathrm{T}})=\operatorname{rank}(\boldsymbol{B}^{\mathrm{T}}\boldsymbol{A}^{\mathrm{T}})\leqslant\operatorname{rank}(\boldsymbol{B}^{\mathrm{T}})=\operatorname{rank}(\boldsymbol{B}).$$

综上所述, $\operatorname{rank}(\boldsymbol{AB})\leqslant\min\{\operatorname{rank}(\boldsymbol{A}),\operatorname{rank}(\boldsymbol{B})\}$.

例 2.7　设 $\boldsymbol{A}$ 是 $n\times m$ 矩阵, $\boldsymbol{B}$ 是 $m\times n$ 矩阵, 其中 $n<m$, $\boldsymbol{E}$ 是 n 阶单位矩阵. 若 $\boldsymbol{AB}=\boldsymbol{E}$, 证明: (1) $\boldsymbol{A}$ 的行向量组线性无关; (2) $\boldsymbol{B}$ 的列向量组线性无关.

分析　根据矩阵乘积运算和条件 $\boldsymbol{AB}=\boldsymbol{E}$, 用定义可以完成证明.

证　方法一 (定义法)　(1) 记 $\boldsymbol{A}$ 的行向量组为 $\boldsymbol{\alpha}_1,\boldsymbol{\alpha}_2,\cdots,\boldsymbol{\alpha}_n$, 设 $x_1\boldsymbol{\alpha}_l+x_2\boldsymbol{\alpha}_2+\cdots+x_n\boldsymbol{\alpha}_n=\boldsymbol{0}$, 即 $\boldsymbol{xA}=\boldsymbol{0}$, 其中 $\boldsymbol{x}=(x_1,x_2,\cdots,x_n)$, 右乘矩阵 $\boldsymbol{B}$ 得 $\boldsymbol{xAB}=\boldsymbol{0}$, 即 $\boldsymbol{xE}=\boldsymbol{0}$, 这表明 $x_1=x_2=\cdots=x_n=0$, 所以 $\boldsymbol{\alpha}_1,\boldsymbol{\alpha}_2,\cdots,\boldsymbol{\alpha}_n$ 线性无关.

记 $\boldsymbol{B}$ 的列向量为 $\boldsymbol{\beta}_1,\boldsymbol{\beta}_2,\cdots,\boldsymbol{\beta}_n$, 设 $y_1\boldsymbol{\beta}_1+y_2\boldsymbol{\beta}_2+\cdots+y_n\boldsymbol{\beta}_n=\boldsymbol{0}$, 即 $\boldsymbol{By}=\boldsymbol{0}$, 其中 $\boldsymbol{y}=(y_1,y_2,\cdots,y_n)^{\mathrm{T}}$. 左乘矩阵 $\boldsymbol{A}$ 得 $\boldsymbol{ABy}=\boldsymbol{0}$, 即 $\boldsymbol{Ey}=\boldsymbol{0}$, 这表明 $y_1=y_2=\cdots=y_n=0$, 所以 $\boldsymbol{\beta}_1,\boldsymbol{\beta}_2,\cdots,\boldsymbol{\beta}_n$ 线性无关.

方法二 (反证法)　设 $\boldsymbol{A}$ 的行向量组线性相关, 则 $\operatorname{rank}(\boldsymbol{A})<n$, 那么

$$n=\operatorname{rank}(\boldsymbol{E})=\operatorname{rank}(\boldsymbol{AB})\leqslant\operatorname{rank}(\boldsymbol{A}),$$

矛盾, 故 $\boldsymbol{A}$ 的行向量组线性无关. 同理可证 $\boldsymbol{B}$ 的列向量组线性无关.

例 2.8　已知

$$\boldsymbol{\alpha}_1=\begin{pmatrix}1\\1\\1+a\end{pmatrix},\quad\boldsymbol{\alpha}_2=\begin{pmatrix}1\\2\\1\end{pmatrix},\quad\boldsymbol{\alpha}_3=\begin{pmatrix}1+a\\1\\1\end{pmatrix},$$

讨论 $\operatorname{rank}\{\boldsymbol{\alpha}_1,\boldsymbol{\alpha}_2,\boldsymbol{\alpha}_3\}$.

分析 把向量组的秩转化为矩阵的秩, 然后可用定义或初等行变换求矩阵的秩.

解 方法一 作矩阵

$$\boldsymbol{A}=\begin{pmatrix}1&1&1+a\\1&2&1\\1+a&1&1\end{pmatrix},$$

则 $|\boldsymbol{A}|=-2a(1+a)$.

(1) 当 $|\boldsymbol{A}|=-2a(1+a)\neq 0$ 时, $\operatorname{rank}\{\boldsymbol{\alpha}_1,\boldsymbol{\alpha}_2,\boldsymbol{\alpha}_3\}=\operatorname{rank}(\boldsymbol{A})=3$.

(2) 当 $|\boldsymbol{A}|=-2a(1+a)=0$, 即 $a=0$ 或 $a=-1$ 时, 有 $\operatorname{rank}(\boldsymbol{A})\leqslant 2$, 矩阵 $\boldsymbol{A}$ 左上角两行两列组成的二阶子式显然不为零, 故 $\operatorname{rank}(\boldsymbol{A})\geqslant 2$, 于是有 $\operatorname{rank}(\boldsymbol{A})=2$, 故 $\operatorname{rank}\{\boldsymbol{\alpha}_1,\boldsymbol{\alpha}_2,\boldsymbol{\alpha}_3\}=\operatorname{rank}(\boldsymbol{A})=2$.

方法二

$$\boldsymbol{A}=\begin{pmatrix}1&1&1+a\\1&2&1\\1+a&1&1\end{pmatrix}\to\begin{pmatrix}1&1&1+a\\0&1&-a\\0&0&-2a(1+a)\end{pmatrix}.$$

由 $\boldsymbol{A}$ 的阶梯形可知,

当 $a\neq 0$ 且 $a\neq -1$ 时, $\operatorname{rank}\{\boldsymbol{\alpha}_1,\boldsymbol{\alpha}_2,\boldsymbol{\alpha}_3\}=\operatorname{rank}(\boldsymbol{A})=3$;

当 $a=0$ 或 $a=-1$ 时, $\operatorname{rank}\{\boldsymbol{\alpha}_1,\boldsymbol{\alpha}_2,\boldsymbol{\alpha}_3\}=\operatorname{rank}(\boldsymbol{A})=2$.

例 2.9 设 $\boldsymbol{\alpha}_1,\boldsymbol{\alpha}_2,\cdots,\boldsymbol{\alpha}_{m-1}$ 线性相关, $\boldsymbol{\alpha}_2,\boldsymbol{\alpha}_3,\cdots,\boldsymbol{\alpha}_m$ 线性无关. 试讨论

(1) $\boldsymbol{\alpha}_1$ 能否由 $\boldsymbol{\alpha}_2,\boldsymbol{\alpha}_3,\cdots,\boldsymbol{\alpha}_{m-1}$ 线性表示?

(2) $\boldsymbol{\alpha}_m$ 能否由 $\boldsymbol{\alpha}_1,\boldsymbol{\alpha}_2,\cdots,\boldsymbol{\alpha}_{m-1}$ 线性表示?

分析 利用向量组线性相关性与线性表示之间联系的性质.

解 (1) 由于 $\boldsymbol{\alpha}_2,\boldsymbol{\alpha}_3,\cdots,\boldsymbol{\alpha}_m$ 线性无关, 所以 $\boldsymbol{\alpha}_2,\boldsymbol{\alpha}_3,\cdots,\boldsymbol{\alpha}_{m-1}$ 线性无关, 而 $\boldsymbol{\alpha}_1,\boldsymbol{\alpha}_2,\cdots,\boldsymbol{\alpha}_{m-1}$ 线性相关, 故 $\boldsymbol{\alpha}_1$ 能由 $\boldsymbol{\alpha}_2,\boldsymbol{\alpha}_3,\cdots,\boldsymbol{\alpha}_{m-1}$ 线性表示.

(2) 反证法. 由(1)知, $\boldsymbol{\alpha}_1$ 能由 $\boldsymbol{\alpha}_2,\boldsymbol{\alpha}_3,\cdots,\boldsymbol{\alpha}_{m-1}$ 线性表示, 可知 $\{\boldsymbol{\alpha}_2,\boldsymbol{\alpha}_3,\cdots,\boldsymbol{\alpha}_{m-1}\}$ 与 $\{\boldsymbol{\alpha}_1,\boldsymbol{\alpha}_2,\cdots,\boldsymbol{\alpha}_{m-1}\}$ 等价, 若 $\boldsymbol{\alpha}_m$ 能由 $\boldsymbol{\alpha}_1,\boldsymbol{\alpha}_2,\cdots,\boldsymbol{\alpha}_{m-1}$ 线性表示, 则 $\boldsymbol{\alpha}_m$ 也能由 $\boldsymbol{\alpha}_2,\cdots,\boldsymbol{\alpha}_{m-1}$ 线性表示, 这与 $\boldsymbol{\alpha}_2,\boldsymbol{\alpha}_3,\cdots,\boldsymbol{\alpha}_m$ 线性无关矛盾, 故 $\boldsymbol{\alpha}_m$ 不能由 $\boldsymbol{\alpha}_1,\boldsymbol{\alpha}_2,\cdots,\boldsymbol{\alpha}_{m-1}$ 线性表示.

例 2.10 设 $\boldsymbol{\alpha}_1,\boldsymbol{\alpha}_2,\cdots,\boldsymbol{\alpha}_s,\boldsymbol{\beta}_1,\boldsymbol{\beta}_2,\cdots,\boldsymbol{\beta}_s$ 是 $\mathbb{R}^n$ 中的向量, $\boldsymbol{\alpha}_1,\boldsymbol{\alpha}_2,\cdots,\boldsymbol{\alpha}_s$ 线性无关, 且 $\boldsymbol{\beta}_1,\boldsymbol{\beta}_2,\cdots,\boldsymbol{\beta}_s$ 可由 $\boldsymbol{\alpha}_1,\boldsymbol{\alpha}_2,\cdots,\boldsymbol{\alpha}_s$ 线性表示, 并设 $(\boldsymbol{\beta}_1,\boldsymbol{\beta}_2,\cdots,\boldsymbol{\beta}_s)=(\boldsymbol{\alpha}_1,\boldsymbol{\alpha}_2,\cdots,\boldsymbol{\alpha}_s)\boldsymbol{P}$, 其中 $\boldsymbol{P}$ 为 s 阶方阵. 证明 $\boldsymbol{\beta}_1,\boldsymbol{\beta}_2,\cdots,\boldsymbol{\beta}_s$ 线性无关的充分必要条件是 $|\boldsymbol{P}|\neq 0$.

方法一　**分析**　利用矩阵的秩与矩阵的列向量组的秩相同，以及 $\operatorname{rank}(\boldsymbol{AB}) \leqslant \min\{\operatorname{rank}(\boldsymbol{A}), \operatorname{rank}(\boldsymbol{B})\}$ 可完成证明.

证　作矩阵 $\boldsymbol{A}=(\boldsymbol{\alpha}_1,\boldsymbol{\alpha}_2,\cdots,\boldsymbol{\alpha}_s), \boldsymbol{B}=(\boldsymbol{\beta}_1,\boldsymbol{\beta}_2,\cdots,\boldsymbol{\beta}_s)$，故由条件可得 $\operatorname{rank}(\boldsymbol{A})=s$，$\boldsymbol{B}=\boldsymbol{AP}$，进而有 $\operatorname{rank}(\boldsymbol{B}) \leqslant \min\{\operatorname{rank}(\boldsymbol{A}), \operatorname{rank}(\boldsymbol{P})\}$. 若 $\boldsymbol{\beta}_1,\boldsymbol{\beta}_2,\cdots,\boldsymbol{\beta}_s$ 线性无关，则 $\operatorname{rank}(\boldsymbol{B})=\operatorname{rank}\{\boldsymbol{\beta}_1,\boldsymbol{\beta}_2,\cdots,\boldsymbol{\beta}_s\}=s$，这表明 $\operatorname{rank}(\boldsymbol{P}) \geqslant s$. 另外 $\boldsymbol{P}$ 为 s 阶方阵，可知 $\operatorname{rank}(\boldsymbol{P}) \leqslant s$，这意味着 $\operatorname{rank}(\boldsymbol{P})=s$，故 $|\boldsymbol{P}| \neq 0$；反之，若 $|\boldsymbol{P}| \neq 0$，这说明 $\boldsymbol{P}$ 可逆，故 $\boldsymbol{A}=\boldsymbol{BP}^{-1}$，所以 $s=\operatorname{rank}(\boldsymbol{A}) \leqslant \operatorname{rank}(\boldsymbol{B})$，又 $\operatorname{rank}(\boldsymbol{B}) \leqslant s$，从而有 $\operatorname{rank}(\boldsymbol{B})=\operatorname{rank}\{\boldsymbol{\beta}_1,\boldsymbol{\beta}_2,\cdots,\boldsymbol{\beta}_s\}=s$，这表明 $\boldsymbol{\beta}_1,\boldsymbol{\beta}_2,\cdots,\boldsymbol{\beta}_s$ 线性无关.

方法二　**证**　设存在数 $k_1,k_2,\cdots,k_s$，使得 $k_1\boldsymbol{\beta}_1+k_2\boldsymbol{\beta}_2+\cdots+k_s\boldsymbol{\beta}_s=\mathbf{0}$，即 $(\boldsymbol{\beta}_1,\boldsymbol{\beta}_2,\cdots,\boldsymbol{\beta}_s)\begin{pmatrix}k_1\\k_2\\\vdots\\k_s\end{pmatrix}=\mathbf{0}$，这意味着 $(\boldsymbol{\alpha}_1,\boldsymbol{\alpha}_2,\cdots,\boldsymbol{\alpha}_s)\boldsymbol{P}\begin{pmatrix}k_1\\k_2\\\vdots\\k_s\end{pmatrix}=\mathbf{0}$，由于 $\boldsymbol{\alpha}_1,\boldsymbol{\alpha}_2,\cdots,\boldsymbol{\alpha}_s$ 线性无关，这表明 $\boldsymbol{P}\begin{pmatrix}k_1\\k_2\\\vdots\\k_s\end{pmatrix}=\mathbf{0}$，$\boldsymbol{\beta}_1,\boldsymbol{\beta}_2,\cdots,\boldsymbol{\beta}_s$ 线性无关当且仅当 $\begin{pmatrix}k_1\\k_2\\\vdots\\k_s\end{pmatrix}=\mathbf{0}$，这又当且仅当 $|\boldsymbol{P}| \neq 0$.

注　方法二的证明适用于任何线性空间中的向量组.

例 2.11　设 $\mathbb{R}^n$ 中向量组 M：$\boldsymbol{\alpha}_1,\boldsymbol{\alpha}_2,\cdots,\boldsymbol{\alpha}_m (m<n)$ 线性无关，则 $\mathbb{R}^n$ 中向量组 N：$\boldsymbol{\beta}_1,\boldsymbol{\beta}_2,\cdots,\boldsymbol{\beta}_m$ 线性无关的充分必要条件是(　　).

(A) 向量组 M 可由向量组 N 线性表示;

(B) 向量组 N 可由向量组 M 线性表示;

(C) 向量组 N, M 是等价向量组;

(D) 矩阵 $\boldsymbol{A}=(\boldsymbol{\alpha}_1,\boldsymbol{\alpha}_2,\cdots,\boldsymbol{\alpha}_m)$ 与 $\boldsymbol{B}=(\boldsymbol{\beta}_1,\boldsymbol{\beta}_2,\cdots,\boldsymbol{\beta}_m)$ 等价.

分析　由线性相关性、线性表示、等价向量组的定义及关系，可逐一判断命题的对或错.

解　(A) M 可由向量组 N 线性表示，所以 $m=\operatorname{rank}\{\boldsymbol{\alpha}_1,\boldsymbol{\alpha}_2,\cdots,\boldsymbol{\alpha}_m\} \leqslant \operatorname{rank}\{\boldsymbol{\beta}_1,\boldsymbol{\beta}_2,\cdots,\boldsymbol{\beta}_m\}$，故 $\boldsymbol{\beta}_1,\boldsymbol{\beta}_2,\cdots,\boldsymbol{\beta}_m$ 线性无关. 但是反之，不能得证 M 可由向量组 N 线性表示. 例如,

$$\boldsymbol{\alpha}_1=\begin{pmatrix}1\\0\\1\end{pmatrix},\quad \boldsymbol{\alpha}_2=\begin{pmatrix}0\\1\\0\end{pmatrix},\quad \boldsymbol{\beta}_1=\begin{pmatrix}1\\0\\0\end{pmatrix},\quad \boldsymbol{\beta}_2=\begin{pmatrix}0\\0\\1\end{pmatrix}.$$

显然$\boldsymbol{\alpha}_1,\boldsymbol{\alpha}_2$与$\boldsymbol{\beta}_1,\boldsymbol{\beta}_2$均线性无关，但$\boldsymbol{\alpha}_1,\boldsymbol{\alpha}_2$不能由$\boldsymbol{\beta}_1,\boldsymbol{\beta}_2$线性表示，故排除(A).

(B) $\boldsymbol{\alpha}_1=\begin{pmatrix}1\\0\\1\end{pmatrix},\boldsymbol{\alpha}_2=\begin{pmatrix}0\\1\\0\end{pmatrix},\boldsymbol{\beta}_1=\begin{pmatrix}2\\0\\2\end{pmatrix},\boldsymbol{\beta}_2=\begin{pmatrix}4\\0\\4\end{pmatrix}$，$\boldsymbol{\alpha}_1,\boldsymbol{\alpha}_2$线性无关，$\boldsymbol{\beta}_1,\boldsymbol{\beta}_2$能由$\boldsymbol{\alpha}_1,\boldsymbol{\alpha}_2$线性表示，而$\boldsymbol{\beta}_1,\boldsymbol{\beta}_2$线性相关. 故排除(B).

(C) 若向量组 N, M 是等价向量组，则$\operatorname{rank}\{\boldsymbol{\beta}_1,\boldsymbol{\beta}_2,\cdots,\boldsymbol{\beta}_m\}=\operatorname{rank}\{\boldsymbol{\alpha}_1,\boldsymbol{\alpha}_2,\cdots,\boldsymbol{\alpha}_m\}=m$，当然可得 N 线性无关；当 N 线性无关时，并不意味着向量组 N, M 是等价向量组，例如，

$$\boldsymbol{\alpha}_1=\begin{pmatrix}1\\0\\0\end{pmatrix},\quad \boldsymbol{\alpha}_2=\begin{pmatrix}0\\1\\0\end{pmatrix},\quad \boldsymbol{\beta}_1=\begin{pmatrix}0\\0\\1\end{pmatrix},\quad \boldsymbol{\beta}_2=\begin{pmatrix}0\\2\\0\end{pmatrix}.$$

故排除(C).

(D) 矩阵$\boldsymbol{A}=(\boldsymbol{\alpha}_1,\boldsymbol{\alpha}_2,\cdots,\boldsymbol{\alpha}_m)$与$\boldsymbol{B}=(\boldsymbol{\beta}_1,\boldsymbol{\beta}_2,\cdots,\boldsymbol{\beta}_m)$等价，则$\operatorname{rank}(\boldsymbol{A})=\operatorname{rank}(\boldsymbol{B})=m$，所以$\operatorname{rank}\{\boldsymbol{\beta}_1,\boldsymbol{\beta}_2,\cdots,\boldsymbol{\beta}_m\}=m$，从而$\boldsymbol{\beta}_1,\boldsymbol{\beta}_2,\cdots,\boldsymbol{\beta}_m$线性无关.

反之，$\boldsymbol{\beta}_1,\boldsymbol{\beta}_2,\cdots,\boldsymbol{\beta}_m$线性无关，则$\operatorname{rank}(\boldsymbol{A})=\operatorname{rank}(\boldsymbol{B})=m$，故矩阵$\boldsymbol{A}=(\boldsymbol{\alpha}_1,\boldsymbol{\alpha}_2,\cdots,\boldsymbol{\alpha}_m)$与$\boldsymbol{B}=(\boldsymbol{\beta}_1,\boldsymbol{\beta}_2,\cdots,\boldsymbol{\beta}_m)$等价. 故选(D).

注 两个矩阵等价与矩阵的行(列)向量组等价的区别与联系.

例 2.12 已知向量组$\boldsymbol{\alpha}_1,\boldsymbol{\alpha}_2,\boldsymbol{\alpha}_3$线性无关，则下列向量组中线性无关的是(　　).

(A) $\boldsymbol{\alpha}_1+\boldsymbol{\alpha}_2,\boldsymbol{\alpha}_2+\boldsymbol{\alpha}_3,\boldsymbol{\alpha}_3-\boldsymbol{\alpha}_1$；

(B) $\boldsymbol{\alpha}_1+\boldsymbol{\alpha}_2,2\boldsymbol{\alpha}_2+\boldsymbol{\alpha}_3,\boldsymbol{\alpha}_1+3\boldsymbol{\alpha}_2+\boldsymbol{\alpha}_3$；

(C) $\boldsymbol{\alpha}_1+2\boldsymbol{\alpha}_2,2\boldsymbol{\alpha}_2+3\boldsymbol{\alpha}_3,3\boldsymbol{\alpha}_3+\boldsymbol{\alpha}_1$；

(D) $\boldsymbol{\alpha}_1+\boldsymbol{\alpha}_2+\boldsymbol{\alpha}_3,\boldsymbol{\alpha}_1+3\boldsymbol{\alpha}_2+3\boldsymbol{\alpha}_3,\boldsymbol{\alpha}_2+\boldsymbol{\alpha}_3$.

分析 由线性无关的定义及题目条件可判断命题的对或错.

解 方法一 (A) $(\boldsymbol{\alpha}_1+\boldsymbol{\alpha}_2)-(\boldsymbol{\alpha}_2+\boldsymbol{\alpha}_3)+(\boldsymbol{\alpha}_3-\boldsymbol{\alpha}_1)=\mathbf{0}$，排除(A)；

(B) $(\boldsymbol{\alpha}_1+\boldsymbol{\alpha}_2)+(2\boldsymbol{\alpha}_2+\boldsymbol{\alpha}_3)-(\boldsymbol{\alpha}_1+3\boldsymbol{\alpha}_2+\boldsymbol{\alpha}_3)=\mathbf{0}$，排除(B)；

(C) 令 $x_1(\boldsymbol{\alpha}_1+2\boldsymbol{\alpha}_2)+x_2(2\boldsymbol{\alpha}_2+3\boldsymbol{\alpha}_3)+x_3(3\boldsymbol{\alpha}_3+\boldsymbol{\alpha}_1)=\mathbf{0}$，得 $(x_1+x_3)\boldsymbol{\alpha}_1+(2x_1+2x_2)\boldsymbol{\alpha}_2+(3x_2+3x_3)\boldsymbol{\alpha}_3=\mathbf{0}$，故

$$\begin{cases}x_1+x_3=0,\\2x_1+2x_2=0,\\3x_2+3x_3=0.\end{cases}$$

解方程组得$x_1=x_2=x_3=0$，故$\boldsymbol{\alpha}_1+2\boldsymbol{\alpha}_2,2\boldsymbol{\alpha}_2+3\boldsymbol{\alpha}_3,3\boldsymbol{\alpha}_3+\boldsymbol{\alpha}_1$线性无关，故选(C).

(D) 显然有$(\boldsymbol{\alpha}_1+\boldsymbol{\alpha}_2+\boldsymbol{\alpha}_3)-(\boldsymbol{\alpha}_1+3\boldsymbol{\alpha}_2+3\boldsymbol{\alpha}_3)+2(\boldsymbol{\alpha}_2+\boldsymbol{\alpha}_3)=\mathbf{0}$，所以排除(D).

方法二 我们也可以利用例 2.10 的结论，以(A)为例

$$(\boldsymbol{\alpha}_1+\boldsymbol{\alpha}_2,\boldsymbol{\alpha}_2+\boldsymbol{\alpha}_3,\boldsymbol{\alpha}_3-\boldsymbol{\alpha}_1)=(\boldsymbol{\alpha}_1,\boldsymbol{\alpha}_2,\boldsymbol{\alpha}_3)\begin{pmatrix}1&0&-1\\1&1&0\\0&1&1\end{pmatrix}.$$

$\begin{pmatrix}1&0&-1\\1&1&0\\0&1&1\end{pmatrix}$的行列式值为零, 故$\boldsymbol{\alpha}_1+\boldsymbol{\alpha}_2,\boldsymbol{\alpha}_2+\boldsymbol{\alpha}_3,\boldsymbol{\alpha}_3-\boldsymbol{\alpha}_1$线性相关.

例 2.13 设

$$\boldsymbol{\alpha}_1=\begin{pmatrix}1\\1\\2\\a_1\end{pmatrix},\quad \boldsymbol{\alpha}_2=\begin{pmatrix}1\\2\\3\\a_2\end{pmatrix},\quad \boldsymbol{\alpha}_3=\begin{pmatrix}1\\0\\2\\a_3\end{pmatrix},\quad \boldsymbol{\alpha}_4=\begin{pmatrix}0\\0\\0\\a_4\end{pmatrix},$$

其中, a_1,a_2,a_3,a_4为任意实数, 则(　　).

(A) $\boldsymbol{\alpha}_1,\boldsymbol{\alpha}_2,\boldsymbol{\alpha}_3$线性相关; (B) $\boldsymbol{\alpha}_1,\boldsymbol{\alpha}_2,\boldsymbol{\alpha}_3$线性无关;

(C) $\boldsymbol{\alpha}_1,\boldsymbol{\alpha}_2,\boldsymbol{\alpha}_3,\boldsymbol{\alpha}_4$线性相关; (D) $\boldsymbol{\alpha}_1,\boldsymbol{\alpha}_2,\boldsymbol{\alpha}_3,\boldsymbol{\alpha}_4$线性无关.

分析 由$\boldsymbol{\alpha}_1,\boldsymbol{\alpha}_2,\boldsymbol{\alpha}_3$的前三个分量所组成的向量组线性无关, 知$\boldsymbol{\alpha}_1,\boldsymbol{\alpha}_2,\boldsymbol{\alpha}_3$线性无关. 而$\det(\boldsymbol{\alpha}_1,\boldsymbol{\alpha}_2,\boldsymbol{\alpha}_3,\boldsymbol{\alpha}_4)=a_4b$, 其中$b$是$\boldsymbol{\alpha}_1,\boldsymbol{\alpha}_2,\boldsymbol{\alpha}_3$的前三个分量所组成行列式的值, 而$b\neq 0$, 进而$\boldsymbol{\alpha}_1,\boldsymbol{\alpha}_2,\boldsymbol{\alpha}_3,\boldsymbol{\alpha}_4$线性相关当且仅当$a_4=0$, 故选(B).

例 2.14 设$\boldsymbol{\alpha}_1,\boldsymbol{\alpha}_2,\boldsymbol{\alpha}_3$线性无关, $\boldsymbol{\alpha}_1,\boldsymbol{\alpha}_2,\boldsymbol{\alpha}_3,\boldsymbol{\alpha}_4$线性相关, $\boldsymbol{\alpha}_1,\boldsymbol{\alpha}_2,\boldsymbol{\alpha}_3,\boldsymbol{\alpha}_5$线性无关. 证明$\boldsymbol{\alpha}_1,\boldsymbol{\alpha}_2,\boldsymbol{\alpha}_3,\boldsymbol{\alpha}_4+\boldsymbol{\alpha}_5$线性无关.

方法一 **分析** 由条件知$\boldsymbol{\alpha}_4$可表示为$\boldsymbol{\alpha}_1,\boldsymbol{\alpha}_2,\boldsymbol{\alpha}_3$的线性组合, 用定义证明.

证 设存在数x_1,x_2,x_3,x_4, 使得$x_1\boldsymbol{\alpha}_1+x_2\boldsymbol{\alpha}_2+x_3\boldsymbol{\alpha}_3+x_4(\boldsymbol{\alpha}_5+\boldsymbol{\alpha}_4)=\mathbf{0}$, 由于$\boldsymbol{\alpha}_1,\boldsymbol{\alpha}_2,\boldsymbol{\alpha}_3$线性无关, $\boldsymbol{\alpha}_1,\boldsymbol{\alpha}_2,\boldsymbol{\alpha}_3,\boldsymbol{\alpha}_4$线性相关, 所以存在数$\lambda_1,\lambda_2,\lambda_3$满足$\boldsymbol{\alpha}_4=\lambda_1\boldsymbol{\alpha}_1+\lambda_2\boldsymbol{\alpha}_2+\lambda_3\boldsymbol{\alpha}_3$. 故

$$(x_1+\lambda_1x_4)\boldsymbol{\alpha}_1+(x_2+\lambda_2x_4)\boldsymbol{\alpha}_2+(x_3+\lambda_3x_4)\boldsymbol{\alpha}_3+x_4\boldsymbol{\alpha}_5=\mathbf{0}.$$

因为$\boldsymbol{\alpha}_1,\boldsymbol{\alpha}_2,\boldsymbol{\alpha}_3,\boldsymbol{\alpha}_5$线性无关, 所以

$$\begin{cases}x_1+\lambda_1x_4=0,\\x_2+\lambda_2x_4=0,\\x_3+\lambda_3x_4=0,\\x_4=0.\end{cases}$$

解方程组得$x_1=x_2=x_3=x_4=0$, 所以$\boldsymbol{\alpha}_1,\boldsymbol{\alpha}_2,\boldsymbol{\alpha}_3,\boldsymbol{\alpha}_5+\boldsymbol{\alpha}_4$线性无关.

方法二 (反证法) 若$\boldsymbol{\alpha}_1,\boldsymbol{\alpha}_2,\boldsymbol{\alpha}_3,\boldsymbol{\alpha}_4+\boldsymbol{\alpha}_5$线性相关, 由$\boldsymbol{\alpha}_1,\boldsymbol{\alpha}_2,\boldsymbol{\alpha}_3$线性无关可知$\boldsymbol{\alpha}_4+\boldsymbol{\alpha}_5$能被$\boldsymbol{\alpha}_1,\boldsymbol{\alpha}_2,\boldsymbol{\alpha}_3$线性表示, 由条件可得$\boldsymbol{\alpha}_1,\boldsymbol{\alpha}_2,\boldsymbol{\alpha}_3$能线性表示$\boldsymbol{\alpha}_4$, 于是可得$\boldsymbol{\alpha}_1,\boldsymbol{\alpha}_2,\boldsymbol{\alpha}_3$能线性表示$\boldsymbol{\alpha}_5$, 这意味着$\boldsymbol{\alpha}_1,\boldsymbol{\alpha}_2,\boldsymbol{\alpha}_3,\boldsymbol{\alpha}_5$线性相关, 这与题设矛盾, 故假设错误, 结论成立.

例 2.15　设

$$\boldsymbol{\alpha}_1=\begin{pmatrix}a_1\\a_2\\a_3\end{pmatrix},\quad \boldsymbol{\alpha}_2=\begin{pmatrix}b_1\\b_2\\b_3\end{pmatrix},\quad \boldsymbol{\alpha}_3=\begin{pmatrix}c_1\\c_2\\c_3\end{pmatrix},$$

则三条直线 $a_ix+b_iy+c_i=0, i=1,2,3$ 交于一点的充分必要条件条件是(　　).

(A) $\boldsymbol{\alpha}_1,\boldsymbol{\alpha}_2,\boldsymbol{\alpha}_3$ 线性相关;

(B) $\boldsymbol{\alpha}_1,\boldsymbol{\alpha}_2$ 线性无关;

(C) $\operatorname{rank}\{\boldsymbol{\alpha}_1,\boldsymbol{\alpha}_2,\boldsymbol{\alpha}_3\}=\operatorname{rank}\{\boldsymbol{\alpha}_1,\boldsymbol{\alpha}_2\}$;

(D) $\boldsymbol{\alpha}_1,\boldsymbol{\alpha}_2,\boldsymbol{\alpha}_3$ 线性相关, $\boldsymbol{\alpha}_1,\boldsymbol{\alpha}_2$ 线性无关.

分析　三条直线相交于一点当且仅当方程组 $\begin{cases}a_1x+b_1y+c_1=0,\\a_2x+b_2y+c_2=0,\\a_3x+b_3y+c_3=0\end{cases}$ 有唯一解, 这当且仅当向量组 $\boldsymbol{\alpha}_1,\boldsymbol{\alpha}_2$ 唯一表示 $-\boldsymbol{\alpha}_3$, 即向量组 $\boldsymbol{\alpha}_1,\boldsymbol{\alpha}_2$ 唯一表示 $\boldsymbol{\alpha}_3$, 这当且仅当 $\boldsymbol{\alpha}_1,\boldsymbol{\alpha}_2$ 线性无关, $\boldsymbol{\alpha}_1,\boldsymbol{\alpha}_2,\boldsymbol{\alpha}_3$ 线性相关. 故选(D).

(A) 由三条直线相交于一点可以得到 $\boldsymbol{\alpha}_1,\boldsymbol{\alpha}_2,\boldsymbol{\alpha}_3$ 线性相关, 但 $\boldsymbol{\alpha}_1,\boldsymbol{\alpha}_2,\boldsymbol{\alpha}_3$ 线性相关, 并不意味着 $\boldsymbol{\alpha}_1,\boldsymbol{\alpha}_2$ 唯一表示 $\boldsymbol{\alpha}_3$, 例如, 三条直线方程为 $x+y+1=0, 2x+2y+1=0,$ $4x+4y+1=0$, 即 $\boldsymbol{\alpha}_1=\begin{pmatrix}1\\2\\4\end{pmatrix},\boldsymbol{\alpha}_2=\begin{pmatrix}1\\2\\4\end{pmatrix},\boldsymbol{\alpha}_3=\begin{pmatrix}1\\1\\1\end{pmatrix}$ 线性相关, 但直线无交点.

(B) 由三条直线相交于一点可以得到 $\boldsymbol{\alpha}_1,\boldsymbol{\alpha}_2$ 线性无关. 但 $\boldsymbol{\alpha}_1,\boldsymbol{\alpha}_2$ 线性无关, 不能保证 $\boldsymbol{\alpha}_1,\boldsymbol{\alpha}_2,\boldsymbol{\alpha}_3$ 线性相关, 即不能保证三条直线有交点.

(C) 由三条直线相交于一点可以得到 $\operatorname{rank}\{\boldsymbol{\alpha}_1,\boldsymbol{\alpha}_2,\boldsymbol{\alpha}_3\}=\operatorname{rank}\{\boldsymbol{\alpha}_1,\boldsymbol{\alpha}_2\}$, 反之, $\operatorname{rank}\{\boldsymbol{\alpha}_1,\boldsymbol{\alpha}_2,\boldsymbol{\alpha}_3\}=\operatorname{rank}\{\boldsymbol{\alpha}_1,\boldsymbol{\alpha}_2\}$ 保证三条直线有交点, 但不能保证交点唯一, 例如,

$$\boldsymbol{\alpha}_1=\begin{pmatrix}1\\2\\4\end{pmatrix},\quad \boldsymbol{\alpha}_2=\begin{pmatrix}2\\4\\8\end{pmatrix},\quad \boldsymbol{\alpha}_3=\begin{pmatrix}3\\6\\12\end{pmatrix}.$$

例 2.16　已知 $\boldsymbol{\alpha}_1,\boldsymbol{\alpha}_2,\boldsymbol{\alpha}_3$ 线性无关, 若 $\boldsymbol{\beta}_1=\boldsymbol{\alpha}_1+\lambda\boldsymbol{\alpha}_2, \boldsymbol{\beta}_2=\boldsymbol{\alpha}_2+\lambda\boldsymbol{\alpha}_3, \boldsymbol{\beta}_3=\boldsymbol{\alpha}_3+\lambda\boldsymbol{\alpha}_1$, 讨论 λ 取何值时, $\boldsymbol{\beta}_1,\boldsymbol{\beta}_2,\boldsymbol{\beta}_3$ 线性无关.

分析　设 $x_1\boldsymbol{\beta}_1+x_2\boldsymbol{\beta}_2+x_3\boldsymbol{\beta}_3=\mathbf{0}$, 则 $\boldsymbol{\beta}_1,\boldsymbol{\beta}_2,\boldsymbol{\beta}_3$ 线性无关当且仅当 $x_1=x_2=x_3=0$, 利用这一性质解题.

解　设有数 x_1,x_2,x_3 使得 $x_1\boldsymbol{\beta}_1+x_2\boldsymbol{\beta}_2+x_3\boldsymbol{\beta}_3=\mathbf{0}$, 即

$$(x_1+\lambda x_3)\boldsymbol{\alpha}_1+(x_2+\lambda x_1)\boldsymbol{\alpha}_2+(x_3+\lambda x_2)\boldsymbol{\alpha}_3=\mathbf{0}.$$

由于 $\boldsymbol{\alpha}_1,\boldsymbol{\alpha}_2,\boldsymbol{\alpha}_3$ 线性无关, 所以有

$$\begin{cases} x_1 + \lambda x_3 = 0, \\ x_2 + \lambda x_1 = 0, \\ x_3 + \lambda x_2 = 0. \end{cases} \tag{*}$$

$\boldsymbol{\beta}_1, \boldsymbol{\beta}_2, \boldsymbol{\beta}_3$ 线性无关当且仅当方程组(*)只有零解, 这当且仅当

$$\begin{vmatrix} 1 & 0 & \lambda \\ \lambda & 1 & 0 \\ 0 & \lambda & 1 \end{vmatrix} = 1 + \lambda^3 \neq 0,$$

即 $\boldsymbol{\beta}_1, \boldsymbol{\beta}_2, \boldsymbol{\beta}_3$ 线性无关当且仅当 $\lambda \neq -1$.

例 2.17 n 阶方阵 $\boldsymbol{A} = (\boldsymbol{\alpha}_1, \boldsymbol{\alpha}_2, \cdots, \boldsymbol{\alpha}_n)$ 的行列式满足 $|\boldsymbol{A}| \neq 0$, $A_{1n}, A_{2n}, \cdots, A_{nn}$ 是 $\boldsymbol{A}$ 的第 n 列的代数余子式, 作列向量 $\boldsymbol{\beta} = (A_{1n}, A_{2n}, \cdots, A_{nn})^{\mathrm{T}}$, 证明行列式

$$|\boldsymbol{\alpha}_1, \boldsymbol{\alpha}_2, \cdots, \boldsymbol{\alpha}_{n-1}, \boldsymbol{\beta}| \neq 0.$$

分析 只需证明 $\boldsymbol{\alpha}_1, \boldsymbol{\alpha}_2, \cdots, \boldsymbol{\alpha}_{n-1}, \boldsymbol{\beta}$ 线性无关即可.

证 $|\boldsymbol{\alpha}_1, \boldsymbol{\alpha}_2, \cdots, \boldsymbol{\alpha}_{n-1}, \boldsymbol{\beta}| \neq 0$ 当且仅当 $\boldsymbol{\alpha}_1, \boldsymbol{\alpha}_2, \cdots, \boldsymbol{\alpha}_{n-1}, \boldsymbol{\beta}$ 线性无关, 由 $|\boldsymbol{A}| \neq 0$ 可知 $\boldsymbol{\alpha}_1, \boldsymbol{\alpha}_2, \cdots, \boldsymbol{\alpha}_n$ 线性无关, 从而 $\boldsymbol{\alpha}_1, \boldsymbol{\alpha}_2, \cdots, \boldsymbol{\alpha}_{n-1}$ 也线性无关. 若 $\boldsymbol{\alpha}_1, \boldsymbol{\alpha}_2, \cdots, \boldsymbol{\alpha}_{n-1}, \boldsymbol{\beta}$ 线性相关, 则 $\boldsymbol{\beta}$ 可表示为 $\boldsymbol{\alpha}_1, \boldsymbol{\alpha}_2, \cdots, \boldsymbol{\alpha}_{n-1}$ 的线性组合. 设 $\boldsymbol{\beta} = k_1\boldsymbol{\alpha}_1 + k_2\boldsymbol{\alpha}_2 + \cdots + k_{n-1}\boldsymbol{\alpha}_{n-1}$, 则

$$\langle \boldsymbol{\beta}, \boldsymbol{\beta} \rangle = k_1 \langle \boldsymbol{\beta}, \boldsymbol{\alpha}_1 \rangle + \cdots + k_{n-1} \langle \boldsymbol{\beta}, \boldsymbol{\alpha}_{n-1} \rangle.$$

注意到 $\langle \boldsymbol{\beta}, \boldsymbol{\alpha}_k \rangle = 0, k = 1, 2, \cdots, n-1$, 故 $\langle \boldsymbol{\beta}, \boldsymbol{\beta} \rangle = 0$, 这表明 $\boldsymbol{\beta}$ 是零向量, 与 $|\boldsymbol{A}| \neq 0$ 矛盾, 从而 $\boldsymbol{\alpha}_1, \boldsymbol{\alpha}_2, \cdots, \boldsymbol{\alpha}_{n-1}, \boldsymbol{\beta}$ 线性无关, 故 $|\boldsymbol{\alpha}_1, \boldsymbol{\alpha}_2, \cdots, \boldsymbol{\alpha}_{n-1}, \boldsymbol{\beta}| \neq 0$.

例 2.18 设 $\boldsymbol{\alpha}_1, \boldsymbol{\alpha}_2, \cdots, \boldsymbol{\alpha}_m$ 是 $\mathbb{R}^n$ 中的向量, 作行列式 $D = |d_{ij}|_{m\times m}$, 其中 $d_{ij} = \langle \boldsymbol{\alpha}_i, \boldsymbol{\alpha}_j \rangle$. 证明 $\boldsymbol{\alpha}_1, \boldsymbol{\alpha}_2, \cdots, \boldsymbol{\alpha}_m$ 线性无关的充分必要条件是 $D \neq 0$.

分析 设 $x_1\boldsymbol{\alpha}_1 + x_2\boldsymbol{\alpha}_2 + \cdots + x_m\boldsymbol{\alpha}_m = \mathbf{0}$, 若作矩阵 $\boldsymbol{A} = (\boldsymbol{\alpha}_1, \boldsymbol{\alpha}_2, \cdots, \boldsymbol{\alpha}_m)$, 即有方程组 $\boldsymbol{Ax} = \mathbf{0}$, 其中 $\boldsymbol{x} = (x_1, x_2, \cdots, x_m)^{\mathrm{T}}$, 故 $\boldsymbol{\alpha}_1, \boldsymbol{\alpha}_2, \cdots, \boldsymbol{\alpha}_m$ 线性无关当且仅当方程组 $\boldsymbol{Ax} = \mathbf{0}$ 仅有零解. 注意到 $D = |\boldsymbol{A}^{\mathrm{T}}\boldsymbol{A}|$, 若能证明 $\boldsymbol{A}^{\mathrm{T}}\boldsymbol{Ax} = \mathbf{0}$ 与 $\boldsymbol{Ax} = \mathbf{0}$ 同解, 则问题可证.

证 设 $x_1\boldsymbol{\alpha}_1 + x_2\boldsymbol{\alpha}_2 + \cdots + x_m\boldsymbol{\alpha}_m = \mathbf{0}$, 作矩阵 $A = (\boldsymbol{\alpha}_1, \boldsymbol{\alpha}_2, \cdots, \boldsymbol{\alpha}_m)$, 即有方程组 $\boldsymbol{Ax} = \mathbf{0}$, 故 $\boldsymbol{\alpha}_1, \boldsymbol{\alpha}_2, \cdots, \boldsymbol{\alpha}_m$ 线性无关当且仅当 $\boldsymbol{Ax} = \mathbf{0}$ 仅有零解.

显然 $\boldsymbol{Ax} = \mathbf{0}$ 的解是 $\boldsymbol{A}^{\mathrm{T}}\boldsymbol{Ax} = \mathbf{0}$ 的解, 若 $\boldsymbol{\alpha}$ 是 $\boldsymbol{A}^{\mathrm{T}}\boldsymbol{Ax} = \mathbf{0}$ 的解, 即有 $\boldsymbol{A}^{\mathrm{T}}\boldsymbol{A\alpha} = \mathbf{0}$, 这意味着 $\boldsymbol{\alpha}^{\mathrm{T}}\boldsymbol{A}^{\mathrm{T}}\boldsymbol{A\alpha} = 0$, 表明 $\|\boldsymbol{A\alpha}\| = \sqrt{\langle \boldsymbol{A\alpha}, \boldsymbol{A\alpha} \rangle} = \sqrt{\boldsymbol{\alpha}^{\mathrm{T}}\boldsymbol{A}^{\mathrm{T}}\boldsymbol{A\alpha}} = \sqrt{0} = 0$, 故 $\boldsymbol{A\alpha} = \mathbf{0}$, 这说明 $\boldsymbol{\alpha}$ 也是 $\boldsymbol{Ax} = \mathbf{0}$ 的解, 于是 $\boldsymbol{Ax} = \mathbf{0}$ 与 $\boldsymbol{A}^{\mathrm{T}}\boldsymbol{Ax} = \mathbf{0}$ 同解.

注意到 $D = |\boldsymbol{A}^{\mathrm{T}}\boldsymbol{A}|$, 综上所述, $\boldsymbol{\alpha}_1, \boldsymbol{\alpha}_2, \cdots, \boldsymbol{\alpha}_m$ 线性无关当且仅当 $\boldsymbol{Ax} = \mathbf{0}$ 仅有零解, 这当且仅当 $\boldsymbol{A}^{\mathrm{T}}\boldsymbol{Ax} = \mathbf{0}$ 仅有零解, 由克拉默法则, 这当且仅当 $D = |\boldsymbol{A}^{\mathrm{T}}\boldsymbol{A}| \neq 0$.

例 2.19 已知

$$\boldsymbol{\alpha}_1=\begin{pmatrix}4\\1\\3\\3\end{pmatrix},\quad \boldsymbol{\alpha}_2=\begin{pmatrix}1\\10\\17\\4\end{pmatrix},\quad \boldsymbol{\alpha}_3=\begin{pmatrix}1\\4\\7\\2\end{pmatrix},\quad \boldsymbol{\alpha}_4=\begin{pmatrix}3\\a\\1\\2\end{pmatrix},$$

求子空间 $\operatorname{span}\{\boldsymbol{\alpha}_1,\boldsymbol{\alpha}_2,\boldsymbol{\alpha}_3,\boldsymbol{\alpha}_4\}$ 的维数、一个基以及其他向量在该基下的坐标.

分析 本质就是求向量组 $\{\boldsymbol{\alpha}_1,\boldsymbol{\alpha}_2,\boldsymbol{\alpha}_3,\boldsymbol{\alpha}_4\}$ 的秩、一个极大无关组以及其他向量被极大无关组表示的系数.

解 构造矩阵 $\boldsymbol{A}=(\boldsymbol{\alpha}_1,\boldsymbol{\alpha}_2,\boldsymbol{\alpha}_3,\boldsymbol{\alpha}_4)$，对 $\boldsymbol{A}$ 作初等行变换

$$\boldsymbol{A}=\begin{pmatrix}4&1&1&3\\1&10&4&a\\3&17&7&1\\3&4&2&2\end{pmatrix}\xrightarrow{r_1-r_4}\begin{pmatrix}1&-3&-1&1\\1&10&4&a\\3&17&7&1\\3&4&2&2\end{pmatrix}\xrightarrow{r_2-r_1,\,r_3-3r_1,\,r_4-3r_1}\begin{pmatrix}1&-3&-1&1\\0&13&5&a-1\\0&26&10&-2\\0&13&5&-1\end{pmatrix}$$

$$\xrightarrow{r_2\leftrightarrow r_4}\begin{pmatrix}1&-3&-1&1\\0&13&5&-1\\0&26&10&-2\\0&13&5&a-1\end{pmatrix}\xrightarrow{r_3-2r_2,\,r_4-r_2}\begin{pmatrix}1&-3&-1&1\\0&13&5&-1\\0&0&0&0\\0&0&0&a\end{pmatrix}$$

$$\xrightarrow{r_4\leftrightarrow r_3}\begin{pmatrix}1&-3&-1&1\\0&13&5&-1\\0&0&0&a\\0&0&0&0\end{pmatrix}\xrightarrow{\frac{1}{13}r_2}\begin{pmatrix}1&-3&-1&1\\0&1&\frac{5}{13}&-\frac{1}{13}\\0&0&0&a\\0&0&0&0\end{pmatrix}$$

$$\xrightarrow{r_1+3r_2}\begin{pmatrix}1&0&\frac{2}{13}&\frac{10}{13}\\0&1&\frac{5}{13}&-\frac{1}{13}\\0&0&0&a\\0&0&0&0\end{pmatrix}.$$

当 $a=0$ 时，$\operatorname{rank}\{\boldsymbol{\alpha}_1,\boldsymbol{\alpha}_2,\boldsymbol{\alpha}_3,\boldsymbol{\alpha}_4\}=\operatorname{rank}(\boldsymbol{A})=2$，故 $\dim\left(\operatorname{span}\{\boldsymbol{\alpha}_1,\boldsymbol{\alpha}_2,\boldsymbol{\alpha}_3,\boldsymbol{\alpha}_4\}\right)=2$. $\{\boldsymbol{\alpha}_1,\boldsymbol{\alpha}_2\}$ 是空间 $\operatorname{span}\{\boldsymbol{\alpha}_1,\boldsymbol{\alpha}_2,\boldsymbol{\alpha}_3,\boldsymbol{\alpha}_4\}$ 的一个基，向量 $\boldsymbol{\alpha}_3$ 在基 $\{\boldsymbol{\alpha}_1,\boldsymbol{\alpha}_2\}$ 下坐标为 $\left(\frac{2}{13},\frac{5}{13}\right)^{\mathrm{T}}$，即 $\boldsymbol{\alpha}_3=\frac{2}{13}\boldsymbol{\alpha}_1+\frac{5}{13}\boldsymbol{\alpha}_2$；向量 $\boldsymbol{\alpha}_4$ 在基 $\{\boldsymbol{\alpha}_1,\boldsymbol{\alpha}_2\}$ 下坐标为 $\left(\frac{10}{13},-\frac{1}{13}\right)^{\mathrm{T}}$，即 $\boldsymbol{\alpha}_4=\frac{10}{13}\boldsymbol{\alpha}_1-\frac{1}{13}\boldsymbol{\alpha}_2$.

当 $a \neq 0$ 时， $\operatorname{rank}\{\boldsymbol{\alpha}_1,\boldsymbol{\alpha}_2,\boldsymbol{\alpha}_3,\boldsymbol{\alpha}_4\}=\operatorname{rank}(\boldsymbol{A})=3$, $\dim(\operatorname{span}\{\boldsymbol{\alpha}_1,\boldsymbol{\alpha}_2,\boldsymbol{\alpha}_3,\boldsymbol{\alpha}_4\})=3$. $\{\boldsymbol{\alpha}_1,\boldsymbol{\alpha}_2,\boldsymbol{\alpha}_4\}$ 是空间 $\operatorname{span}\{\boldsymbol{\alpha}_1,\boldsymbol{\alpha}_2,\boldsymbol{\alpha}_3,\boldsymbol{\alpha}_4\}$ 的一个基, 注意到

$$\begin{pmatrix} 1 & 0 & \frac{2}{13} & \frac{10}{13} \\ 0 & 1 & \frac{5}{13} & -\frac{1}{13} \\ 0 & 0 & 0 & a \\ 0 & 0 & 0 & 0 \end{pmatrix} \xrightarrow{\frac{1}{a}r_3} \begin{pmatrix} 1 & 0 & \frac{2}{13} & \frac{10}{13} \\ 0 & 1 & \frac{5}{13} & -\frac{1}{13} \\ 0 & 0 & 0 & 1 \\ 0 & 0 & 0 & 0 \end{pmatrix} \xrightarrow{r_2+\frac{1}{13}r_3,\ r_1-\frac{10}{13}r_3} \begin{pmatrix} 1 & 0 & \frac{2}{13} & 0 \\ 0 & 1 & \frac{5}{13} & 0 \\ 0 & 0 & 0 & 1 \\ 0 & 0 & 0 & 0 \end{pmatrix},$$

可知 $\boldsymbol{\alpha}_3$ 在基 $\{\boldsymbol{\alpha}_1,\boldsymbol{\alpha}_2,\boldsymbol{\alpha}_4\}$ 下的坐标为 $\left(\frac{2}{13},\frac{5}{13},0\right)^{\mathrm{T}}$，即 $\boldsymbol{\alpha}_3=\frac{2}{13}\boldsymbol{\alpha}_1+\frac{5}{13}\boldsymbol{\alpha}_2+0\boldsymbol{\alpha}_4$.

例 2.20　设 $\boldsymbol{\alpha}_1,\boldsymbol{\alpha}_2,\cdots,\boldsymbol{\alpha}_n(n\geqslant 2)$ 是 n 维线性空间的基, 而 $\boldsymbol{\beta}_1=\boldsymbol{\alpha}_1+\boldsymbol{\alpha}_2$, $\boldsymbol{\beta}_2=\boldsymbol{\alpha}_2+\boldsymbol{\alpha}_3,\cdots,\boldsymbol{\beta}_{n-1}=\boldsymbol{\alpha}_{n-1}+\boldsymbol{\alpha}_n,\boldsymbol{\beta}_n=\boldsymbol{\alpha}_n+\boldsymbol{\alpha}_1$. 讨论 $\boldsymbol{\beta}_1,\boldsymbol{\beta}_2,\cdots,\boldsymbol{\beta}_n$ 是不是线性空间的基.

方法一　**分析**　由于空间维数已知为 n，故只需讨论 n 个向量 $\boldsymbol{\beta}_1,\boldsymbol{\beta}_2,\cdots,\boldsymbol{\beta}_n$ 是否线性无关, 这可以像例 2.16 那样做.

解　由于线性空间维数为 n，$\boldsymbol{\beta}_1,\boldsymbol{\beta}_2,\cdots,\boldsymbol{\beta}_n$ 是空间的基当且仅当线性无关. 设

$$x_1\boldsymbol{\beta}_1+x_2\boldsymbol{\beta}_2+\cdots+x_n\boldsymbol{\beta}_n=\mathbf{0},$$

即

$$x_1(\boldsymbol{\alpha}_1+\boldsymbol{\alpha}_2)+x_2(\boldsymbol{\alpha}_2+\boldsymbol{\alpha}_3)+\cdots+x_n(\boldsymbol{\alpha}_n+\boldsymbol{\alpha}_1)=\mathbf{0}.$$

整理得

$$(x_1+x_n)\boldsymbol{\alpha}_1+(x_1+x_2)\boldsymbol{\alpha}_2+\cdots+(x_{n-1}+x_n)\boldsymbol{\alpha}_n=\mathbf{0}.$$

这意味着

$$\begin{cases} x_1+x_n=0, \\ x_1+x_2=0, \\ \quad\cdots\cdots \\ x_{n-1}+x_n=0. \end{cases}$$

其系数行列式

$$D=\begin{vmatrix} 1 & 0 & 0 & \cdots & 0 & 1 \\ 1 & 1 & 0 & \cdots & 0 & 0 \\ 0 & 1 & 1 & \cdots & 0 & 0 \\ \vdots & \vdots & \vdots & & \vdots & \vdots \\ 0 & 0 & 0 & \cdots & 1 & 1 \end{vmatrix}=1+(-1)^{n-1}.$$

当 n 为偶数时，$D=0$，$\boldsymbol{\beta}_1,\boldsymbol{\beta}_2,\cdots,\boldsymbol{\beta}_n$ 不是空间的基;

当 n 为奇数时，$D=2$，$\boldsymbol{\beta}_1,\boldsymbol{\beta}_2,\cdots,\boldsymbol{\beta}_n$ 是空间的基.

方法二　注意到$(\boldsymbol{\beta}_1,\boldsymbol{\beta}_2,\cdots,\boldsymbol{\beta}_n)=(\boldsymbol{\alpha}_1,\boldsymbol{\alpha}_2,\cdots,\boldsymbol{\alpha}_n)\boldsymbol{P}$，其中

$$\boldsymbol{P}=\begin{pmatrix}1&0&0&\cdots&0&1\\1&1&0&\cdots&0&0\\0&1&1&\cdots&0&0\\\vdots&\vdots&\vdots&&\vdots&\vdots\\0&0&0&\cdots&1&1\end{pmatrix}.$$

于是$\boldsymbol{\beta}_1,\boldsymbol{\beta}_2,\cdots,\boldsymbol{\beta}_n$是空间的基当且仅当 $\boldsymbol{P}$ 可逆，这又当且仅当$\det\boldsymbol{P}=1+(-1)^{n-1}\neq 0$，故$\boldsymbol{\beta}_1,\boldsymbol{\beta}_2,\cdots,\boldsymbol{\beta}_n$是空间的基当且仅当$n$为奇数.

注　当$\boldsymbol{\beta}_1,\boldsymbol{\beta}_2,\cdots,\boldsymbol{\beta}_n$是空间的基时，基$\boldsymbol{\alpha}_1,\boldsymbol{\alpha}_2,\cdots,\boldsymbol{\alpha}_n$到基$\boldsymbol{\beta}_1,\boldsymbol{\beta}_2,\cdots,\boldsymbol{\beta}_n$的过渡矩阵为$\boldsymbol{P}$.

例 2.21　设$\mathbb{R}_3[x]$表示次数小于等于2的实系数多项式形成的集合，$\mathbb{R}_3[x]$关于多项式的加法与数乘多项式成为一个实线性空间.

(1) 求$\dim\mathbb{R}_3[x]$；

(2) $\{1,x,x^2\}$，$\{1+x,2x,x^2-x\}$是否都是$\mathbb{R}_3[x]$的基？若是写出$\{1,x,x^2\}$到$\{1+x,2x,x^2-x\}$的过渡矩阵.

解　(1) 显然$\{1,x,x^2\}$线性无关，次数小于等于2的实系数多项式能被$\{1,x,x^2\}$线性表示，故$\{1,x,x^2\}$是$\mathbb{R}_3[x]$的一个基，故$\dim\mathbb{R}_3[x]=3$；

(2) 现在只需说明$\{1+x,2x,x^2-x\}$是$\mathbb{R}_3[x]$的基.

方法一　设$k_1(1+x)+k_2(2x)+k_3(x^2-x)=0$，即$k_1+(k_1+2k_2-k_3)x+k_3x^2=0$，这意味着$\begin{cases}k_1=0,\\k_1+2k_2-k_3=0,\\k_3=0,\end{cases}$故$\begin{cases}k_1=0,\\k_2=0,\\k_3=0,\end{cases}$所以$\{1+x,2x,x^2-x\}$线性无关，$\dim\mathbb{R}_3[x]=3$，所以$\{1+x,2x,x^2-x\}$是$\mathbb{R}_3[x]$的基.

$1+x,2x,x^2-x$在$\{1,x,x^2\}$下的坐标分别为$(1,1,0)^{\mathrm{T}},(0,2,0)^{\mathrm{T}},(0,-1,1)^{\mathrm{T}}$，故$\{1,x,x^2\}$到$\{1+x,2x,x^2-x\}$的过渡矩阵为$\begin{pmatrix}1&0&0\\1&2&-1\\0&0&1\end{pmatrix}$.

方法二　注意到$\begin{pmatrix}1+x\\2x\\x^2-x\end{pmatrix}^{\mathrm{T}}=\begin{pmatrix}1\\x\\x^2\end{pmatrix}^{\mathrm{T}}\boldsymbol{P}$，其中$\boldsymbol{P}=\begin{pmatrix}1&0&0\\1&2&-1\\0&0&1\end{pmatrix}$，由于$|\boldsymbol{P}|\neq 0$且

$\{1,x,x^2\}$ 是 $\mathbb{R}_3[x]$ 的基，所以 $\{1+x,2x,x^2-x\}$ 也是 $\mathbb{R}_3[x]$ 的基，且 $\{1,x,x^2\}$ 到 $\{1+x,2x,x^2-x\}$ 的过渡矩阵为就是 $\boldsymbol{P}$.

例 2.22　设 $\boldsymbol{\alpha}_1=\begin{pmatrix}1\\-1\\0\end{pmatrix},\boldsymbol{\alpha}_2=\begin{pmatrix}2\\1\\3\end{pmatrix},\boldsymbol{\alpha}_3=\begin{pmatrix}3\\1\\2\end{pmatrix},\boldsymbol{\beta}=\begin{pmatrix}5\\0\\7\end{pmatrix}$，证明 $\{\boldsymbol{\alpha}_1,\boldsymbol{\alpha}_2,\boldsymbol{\alpha}_3\}$ 是 $\mathbb{R}^3$ 的基，求标准基 $\{\boldsymbol{e}_1,\boldsymbol{e}_2,\boldsymbol{e}_3\}$ 到 $\{\boldsymbol{\alpha}_1,\boldsymbol{\alpha}_2,\boldsymbol{\alpha}_3\}$ 的过渡矩阵，并求向量 $\boldsymbol{\beta}$ 在 $\{\boldsymbol{\alpha}_1,\boldsymbol{\alpha}_2,\boldsymbol{\alpha}_3\}$ 下的坐标.

分析　由于 $\dim\mathbb{R}^3=3$，$\{\boldsymbol{\alpha}_1,\boldsymbol{\alpha}_2,\boldsymbol{\alpha}_3\}$ 线性无关，则它就是 $\mathbb{R}^3$ 的基.

解　$|\boldsymbol{\alpha}_1,\boldsymbol{\alpha}_2,\boldsymbol{\alpha}_3|=\begin{vmatrix}1&2&3\\-1&1&1\\0&3&2\end{vmatrix}=-6\neq 0$，这表明 $\{\boldsymbol{\alpha}_1,\boldsymbol{\alpha}_2,\boldsymbol{\alpha}_3\}$ 线性无关，又由于 $\dim\mathbb{R}^3=3$，故 $\{\boldsymbol{\alpha}_1,\boldsymbol{\alpha}_2,\boldsymbol{\alpha}_3\}$ 是 $\mathbb{R}^3$ 的基.

$\boldsymbol{\alpha}_1,\boldsymbol{\alpha}_2,\boldsymbol{\alpha}_3$ 在基 $\{\boldsymbol{e}_1,\boldsymbol{e}_2,\boldsymbol{e}_3\}$ 下的坐标依次为 $(1,-1,0)^{\mathrm{T}},(2,1,3)^{\mathrm{T}},(3,1,2)^{\mathrm{T}}$，故从基 $\{\boldsymbol{e}_1,\boldsymbol{e}_2,\boldsymbol{e}_3\}$ 到 $\{\boldsymbol{\alpha}_1,\boldsymbol{\alpha}_2,\boldsymbol{\alpha}_3\}$ 的过渡矩阵为 $\boldsymbol{P}=\begin{pmatrix}1&2&3\\-1&1&1\\0&3&2\end{pmatrix}$. 设 $\boldsymbol{\beta}$ 在 $\{\boldsymbol{\alpha}_1,\boldsymbol{\alpha}_2,\boldsymbol{\alpha}_3\}$ 下的坐标为 $\boldsymbol{x}=(x_1,x_2,x_3)^{\mathrm{T}}$，$\boldsymbol{\beta}$ 在基 $\{\boldsymbol{e}_1,\boldsymbol{e}_2,\boldsymbol{e}_3\}$ 下的坐标为 $(5,0,7)^{\mathrm{T}}$，故

$$\begin{pmatrix}5\\0\\7\end{pmatrix}=\begin{pmatrix}1&2&3\\-1&1&1\\0&3&2\end{pmatrix}\begin{pmatrix}x_1\\x_2\\x_3\end{pmatrix}. \tag{$*$}$$

由(*)可得 $\boldsymbol{\beta}$ 在 $\{\boldsymbol{\alpha}_1,\boldsymbol{\alpha}_2,\boldsymbol{\alpha}_3\}$ 下的坐标为 $(2,3,-1)^{\mathrm{T}}$.

注　设 $\boldsymbol{\beta}$ 在 $\{\boldsymbol{\alpha}_1,\boldsymbol{\alpha}_2,\boldsymbol{\alpha}_3\}$ 下的坐标为 $\boldsymbol{x}=(x_1,x_2,x_3)^{\mathrm{T}}$，由坐标定义可知 $x_1\boldsymbol{\alpha}_1+x_2\boldsymbol{\alpha}_2+x_3\boldsymbol{\alpha}_3=\boldsymbol{\beta}$，这事实上就是(*).

三、练习题分析

练习 2.1　$\mathbb{R}^2$ 关于通常的向量的加法和如下定义的数乘运算

$$k\circ\boldsymbol{\alpha}=\boldsymbol{\alpha},\quad \boldsymbol{\alpha}\in\mathbb{R}^2,\quad k\in\mathbb{R}$$

是不是线性空间？

提示　只需验证数乘是否满足定义的(5)—(8):

注意到当 $\boldsymbol{\alpha}\neq\boldsymbol{0}$ 时，$(k+l)\circ\boldsymbol{\alpha}=\boldsymbol{\alpha}\neq\boldsymbol{\alpha}+\boldsymbol{\alpha}=k\circ\boldsymbol{\alpha}+l\circ\boldsymbol{\alpha}$，这表明(7)不成立，故它不是线性空间！

练习 2.2 设向量

$$\boldsymbol{\alpha}_1=\begin{pmatrix}1\\1\\1\end{pmatrix},\quad \boldsymbol{\alpha}_2=\begin{pmatrix}1\\2\\3\end{pmatrix},\quad \boldsymbol{\alpha}_3=\begin{pmatrix}1\\3\\t\end{pmatrix}.$$

(1) 当 t 为何值时，$\boldsymbol{\alpha}_1,\boldsymbol{\alpha}_2,\boldsymbol{\alpha}_3$ 线性无关?

(2) 当 $\boldsymbol{\alpha}_1,\boldsymbol{\alpha}_2,\boldsymbol{\alpha}_3$ 线性相关时，将 $\boldsymbol{\alpha}_3$ 表示为 $\boldsymbol{\alpha}_1,\boldsymbol{\alpha}_2$ 的线性组合.

提示 $\boldsymbol{\alpha}_1,\boldsymbol{\alpha}_2,\boldsymbol{\alpha}_3$ 线性无关，当且仅当 $\begin{vmatrix}1&1&1\\1&2&3\\1&3&t\end{vmatrix}=t-5\neq 0$，即 $t\neq 5$ 时，$\boldsymbol{\alpha}_1,\boldsymbol{\alpha}_2,\boldsymbol{\alpha}_3$ 线性无关. 当 $\boldsymbol{\alpha}_1,\boldsymbol{\alpha}_2,\boldsymbol{\alpha}_3$ 线性相关时，$t=5$，令 $\boldsymbol{\alpha}_3=x\boldsymbol{\alpha}_1+y\boldsymbol{\alpha}_2$，即 $\begin{cases}x+y=1,\\x+2y=1,\\x+3y=5,\end{cases}$ 得 $x=-1,y=2$. 从而 $\boldsymbol{\alpha}_3=-\boldsymbol{\alpha}_1+2\boldsymbol{\alpha}_2$.

练习 2.3 设向量组 $\boldsymbol{\alpha}_1,\boldsymbol{\alpha}_2,\boldsymbol{\alpha}_3$ 线性无关，试问常数 l,m 满足什么条件时，$l\boldsymbol{\alpha}_1+\boldsymbol{\alpha}_2,\boldsymbol{\alpha}_2+\boldsymbol{\alpha}_3,m\boldsymbol{\alpha}_3+\boldsymbol{\alpha}_1$ 线性无关?

提示 由

$$(l\boldsymbol{\alpha}_1+\boldsymbol{\alpha}_2,\boldsymbol{\alpha}_2+\boldsymbol{\alpha}_3,m\boldsymbol{\alpha}_3+\boldsymbol{\alpha}_1)=(\boldsymbol{\alpha}_1,\boldsymbol{\alpha}_2,\boldsymbol{\alpha}_3)\begin{pmatrix}l&0&1\\1&1&0\\0&1&m\end{pmatrix},$$

令 $\boldsymbol{K}=\begin{pmatrix}l&0&1\\1&1&0\\0&1&m\end{pmatrix}$. 当 $\boldsymbol{K}$ 可逆，即 $|\boldsymbol{K}|=ml+1\neq 0$ 时，$l\boldsymbol{\alpha}_1+\boldsymbol{\alpha}_2,\boldsymbol{\alpha}_2+\boldsymbol{\alpha}_3,m\boldsymbol{\alpha}_3+\boldsymbol{\alpha}_1$ 线性无关.

练习 2.4 若向量组 $\boldsymbol{\alpha},\boldsymbol{\beta},\boldsymbol{\gamma}$ 线性无关，$\boldsymbol{\alpha},\boldsymbol{\beta},\boldsymbol{\delta}$ 线性相关，则(　　).

(A) $\boldsymbol{\alpha}$ 一定能由 $\boldsymbol{\beta},\boldsymbol{\gamma},\boldsymbol{\delta}$ 线性表示;

(B) $\boldsymbol{\beta}$ 一定不能由 $\boldsymbol{\alpha},\boldsymbol{\gamma},\boldsymbol{\delta}$ 线性表示;

(C) $\boldsymbol{\delta}$ 一定不能由 $\boldsymbol{\alpha},\boldsymbol{\beta},\boldsymbol{\gamma}$ 线性表示;

(D) $\boldsymbol{\delta}$ 一定能由 $\boldsymbol{\alpha},\boldsymbol{\beta},\boldsymbol{\gamma}$ 线性表示.

提示 由 $\boldsymbol{\alpha},\boldsymbol{\beta},\boldsymbol{\gamma}$ 线性无关，知 $\boldsymbol{\alpha},\boldsymbol{\beta}$ 线性无关. 而 $\boldsymbol{\alpha},\boldsymbol{\beta},\boldsymbol{\delta}$ 线性相关，必有 $\boldsymbol{\delta}$ 一定能由 $\boldsymbol{\alpha},\boldsymbol{\beta}$ 线性表示，从而 $\boldsymbol{\delta}$ 一定能由 $\boldsymbol{\alpha},\boldsymbol{\beta},\boldsymbol{\gamma}$ 线性表示. 选(D).

练习 2.5 设向量组

$$\begin{pmatrix}a\\3\\1\end{pmatrix},\quad \begin{pmatrix}2\\b\\3\end{pmatrix},\quad \begin{pmatrix}1\\2\\1\end{pmatrix},\quad \begin{pmatrix}2\\3\\1\end{pmatrix}$$

的秩为 2, 求 a,b.

提示 向量组的秩为 2, 则任意三个向量线性相关. 于是

$$\begin{vmatrix}1&2&a\\2&3&3\\1&1&1\end{vmatrix}=2-a=0,\quad \begin{vmatrix}1&2&2\\2&3&b\\1&1&3\end{vmatrix}=b-5=0.$$

从而 $a=2,b=5$.

练习 2.6 证明: $\mathbb{R}^n$ 中任意 $n+1$ 个向量 $\boldsymbol{\alpha}_1,\boldsymbol{\alpha}_2,\boldsymbol{\alpha}_3,\cdots,\boldsymbol{\alpha}_{n+1}$ 一定线性相关.

提示 矩阵 $\boldsymbol{A}=(\boldsymbol{\alpha}_1,\boldsymbol{\alpha}_2,\boldsymbol{\alpha}_3,\cdots,\boldsymbol{\alpha}_{n+1})$ 为 $n\times(n+1)$ 矩阵, 从而 $\operatorname{rank}(\boldsymbol{A})\leqslant n$, 因此向量组的秩 $\operatorname{rank}\{\boldsymbol{\alpha}_1,\boldsymbol{\alpha}_2,\boldsymbol{\alpha}_3,\cdots,\boldsymbol{\alpha}_{n+1}\}\leqslant n$, 所以 $\boldsymbol{\alpha}_1,\boldsymbol{\alpha}_2,\boldsymbol{\alpha}_3,\cdots,\boldsymbol{\alpha}_{n+1}$ 一定线性相关.

事实上, 在任何线性空间里向量组中向量个数超过了空间的维数, 这个向量组必然是线性相关的.

练习 2.7 设 $\begin{cases}\boldsymbol{\beta}_1=\boldsymbol{\alpha}_2+\boldsymbol{\alpha}_3+\cdots+\boldsymbol{\alpha}_n,\\ \boldsymbol{\beta}_2=\boldsymbol{\alpha}_1+\boldsymbol{\alpha}_3+\cdots+\boldsymbol{\alpha}_n,\\ \quad\cdots\cdots\\ \boldsymbol{\beta}_n=\boldsymbol{\alpha}_1+\boldsymbol{\alpha}_2+\cdots+\boldsymbol{\alpha}_{n-1},\end{cases}$ 证明向量组 $\boldsymbol{\alpha}_1,\boldsymbol{\alpha}_2,\cdots,\boldsymbol{\alpha}_n$ 与 $\boldsymbol{\beta}_1,\boldsymbol{\beta}_2,\cdots,\boldsymbol{\beta}_n$ 等价.

提示 只需证明两个向量组能相互线性表示即可. 由已知得

$$(\boldsymbol{\beta}_1,\boldsymbol{\beta}_2,\cdots,\boldsymbol{\beta}_n)=(\boldsymbol{\alpha}_1,\boldsymbol{\alpha}_2,\cdots,\boldsymbol{\alpha}_n)\boldsymbol{A},$$

其中 $\boldsymbol{A}=\begin{pmatrix}0&1&\cdots&1\\1&0&\cdots&1\\\vdots&\vdots&&\vdots\\1&1&\cdots&0\end{pmatrix}$(主对角线元素为 0, 其余为 1 的 n 阶方阵), 这只需证明 $|\boldsymbol{A}|\neq 0$.

练习 2.8 求三阶实对称矩阵的全体 $\mathbb{S}_{3\times3}(\mathbb{R})$ 关于矩阵的加法与数乘成为实线性空间的一个基, 并求实对称矩阵 $\begin{pmatrix}a_{11}&a_{12}&a_{13}\\a_{12}&a_{22}&a_{23}\\a_{13}&a_{23}&a_{33}\end{pmatrix}$ 在该基下的坐标.

提示 易知 $\begin{pmatrix}1&0&0\\0&0&0\\0&0&0\end{pmatrix},\begin{pmatrix}0&0&0\\0&1&0\\0&0&0\end{pmatrix},\begin{pmatrix}0&0&0\\0&0&0\\0&0&1\end{pmatrix},\begin{pmatrix}0&1&0\\1&0&0\\0&0&0\end{pmatrix},\begin{pmatrix}0&0&1\\0&0&0\\1&0&0\end{pmatrix},\begin{pmatrix}0&0&0\\0&0&1\\0&1&0\end{pmatrix}$ 是空间的基, 题目中的矩阵在该基下坐标为 $(a_{11},a_{22},a_{33},a_{12},a_{13},a_{23})^{\mathrm{T}}$.

练习 2.9 将 $\boldsymbol{\alpha}_1=(1,1,1,1)^{\mathrm{T}},\boldsymbol{\alpha}_2=(1,0,1,0)^{\mathrm{T}}$ 扩充成为 $\mathbb{R}^4$ 的一个基.

提示　注意到n元齐次方程组系数矩阵的行向量极大无关组与解空间的基形成$\mathbb{R}^n$的基. 于是解齐次线性方程组$\boldsymbol{Ax}=\boldsymbol{0}$, 选两个线性无关的解$\boldsymbol{\alpha}_3,\boldsymbol{\alpha}_4$, 则$\boldsymbol{\alpha}_1,\boldsymbol{\alpha}_2,\boldsymbol{\alpha}_3,\boldsymbol{\alpha}_4$是$\mathbb{R}^4$的一个基, 其中$\boldsymbol{A}=\begin{pmatrix}\boldsymbol{\alpha}_1^{\mathrm{T}}\\ \boldsymbol{\alpha}_2^{\mathrm{T}}\end{pmatrix}$.

练习 2.10　在$\mathbb{R}^3$中从基$\{\boldsymbol{\alpha}_1,\boldsymbol{\alpha}_2,\boldsymbol{\alpha}_3\}$到基$\{\boldsymbol{\eta}_1,\boldsymbol{\eta}_2,\boldsymbol{\eta}_3\}$的过渡矩阵为

$$\boldsymbol{P}=\begin{pmatrix}1&2&3\\0&1&4\\0&0&1\end{pmatrix},$$

求基$\{\boldsymbol{\alpha}_1,\boldsymbol{\alpha}_2,\boldsymbol{\alpha}_3\}$, 其中$\boldsymbol{\eta}_1=\begin{pmatrix}2\\0\\-1\end{pmatrix}$, $\boldsymbol{\eta}_1=\begin{pmatrix}1\\3\\2\end{pmatrix}$, $\boldsymbol{\eta}_3=\begin{pmatrix}-2\\1\\1\end{pmatrix}$.

提示　注意到有矩阵等式: $(\boldsymbol{\eta}_1,\boldsymbol{\eta}_2,\boldsymbol{\eta}_3)=(\boldsymbol{\alpha}_1,\boldsymbol{\alpha}_2,\boldsymbol{\alpha}_3)\boldsymbol{P}$, 从而有$(\boldsymbol{\alpha}_1,\boldsymbol{\alpha}_2,\boldsymbol{\alpha}_3)=(\boldsymbol{\eta}_1,\boldsymbol{\eta}_2,\boldsymbol{\eta}_3)\boldsymbol{P}^{-1}$, 从而可求基$\{\boldsymbol{\alpha}_1,\boldsymbol{\alpha}_2,\boldsymbol{\alpha}_3\}$.

练习 2.11　已知向量$\boldsymbol{\gamma}$在$\mathbb{R}^3$的两个基$\{\boldsymbol{\alpha}_1,\boldsymbol{\alpha}_2,\boldsymbol{\alpha}_3\},\{\boldsymbol{\beta}_1,\boldsymbol{\beta}_2,\boldsymbol{\beta}_3\}$的坐标分别为$\boldsymbol{x}=\begin{pmatrix}x_1\\x_2\\x_3\end{pmatrix}$, $\boldsymbol{y}=\begin{pmatrix}y_1\\y_2\\y_3\end{pmatrix}$, 求这两个坐标的关系, 其中$\boldsymbol{\alpha}_1=\begin{pmatrix}1\\2\\1\end{pmatrix}$, $\boldsymbol{\alpha}_2=\begin{pmatrix}2\\3\\3\end{pmatrix}$, $\boldsymbol{\alpha}_3=\begin{pmatrix}3\\7\\1\end{pmatrix}$, $\boldsymbol{\beta}_1=\begin{pmatrix}3\\1\\4\end{pmatrix}$, $\boldsymbol{\beta}_2=\begin{pmatrix}5\\2\\1\end{pmatrix}$, $\boldsymbol{\beta}_3=\begin{pmatrix}1\\1\\-6\end{pmatrix}$.

提示　这只需要求出从基$\{\boldsymbol{\alpha}_1,\boldsymbol{\alpha}_2,\boldsymbol{\alpha}_3\}$到基$\{\boldsymbol{\beta}_1,\boldsymbol{\beta}_2,\boldsymbol{\beta}_3\}$的过渡矩阵$\boldsymbol{P}$, 则有$\boldsymbol{x}=\boldsymbol{Py}$. 作矩阵$\boldsymbol{A}=(\boldsymbol{\alpha}_1,\boldsymbol{\alpha}_2,\boldsymbol{\alpha}_3)$, $\boldsymbol{B}=(\boldsymbol{\beta}_1,\boldsymbol{\beta}_2,\boldsymbol{\beta}_3)$, 则有$\boldsymbol{B}=\boldsymbol{AP}$, 于是$\boldsymbol{P}=\boldsymbol{A}^{-1}\boldsymbol{B}$.

四、第 2 章单元测验题

1. 下列命题是否正确?

(1) 若$\boldsymbol{\alpha}_1,\boldsymbol{\alpha}_2,\cdots,\boldsymbol{\alpha}_n$线性无关, 则$\boldsymbol{\alpha}_1,\boldsymbol{\alpha}_2,\cdots,\boldsymbol{\alpha}_{n-1}$线性无关.　(　　)

(2) 若$\boldsymbol{\alpha}_1,\boldsymbol{\alpha}_2,\cdots,\boldsymbol{\alpha}_n$线性相关, 则$\boldsymbol{\alpha}_1,\boldsymbol{\alpha}_2,\cdots,\boldsymbol{\alpha}_{n-1}$线性相关.　(　　)

(3) 若$\begin{pmatrix}a_1\\a_2\\a_3\end{pmatrix},\begin{pmatrix}b_1\\b_2\\b_3\end{pmatrix},\begin{pmatrix}c_1\\c_2\\c_3\end{pmatrix}$线性相关, 则$\begin{pmatrix}a_1\\a_2\\a_3\\a\end{pmatrix},\begin{pmatrix}b_1\\b_2\\b_3\\b\end{pmatrix},\begin{pmatrix}c_1\\c_2\\c_3\\c\end{pmatrix}$线性相关.　(　　)

(4) 若 $\begin{pmatrix} a_1 \\ a_2 \\ a_3 \end{pmatrix}, \begin{pmatrix} b_1 \\ b_2 \\ b_3 \end{pmatrix}, \begin{pmatrix} c_1 \\ c_2 \\ c_3 \end{pmatrix}$ 线性无关, 则 $\begin{pmatrix} a_1 \\ a_2 \\ a_3 \\ a \end{pmatrix}, \begin{pmatrix} b_1 \\ b_2 \\ b_3 \\ b \end{pmatrix}, \begin{pmatrix} c_1 \\ c_2 \\ c_3 \\ c \end{pmatrix}$ 线性无关.　　(　　)

2. 设 $\boldsymbol{\alpha}_1,\boldsymbol{\alpha}_2,\cdots,\boldsymbol{\alpha}_n$ 线性无关, $\boldsymbol{\alpha}_1,\boldsymbol{\alpha}_2,\cdots,\boldsymbol{\alpha}_n,\boldsymbol{\beta}$ 线性相关, 证明 $\boldsymbol{\beta}$ 一定可以被 $\boldsymbol{\alpha}_1,\boldsymbol{\alpha}_2,\cdots,\boldsymbol{\alpha}_n$ 唯一线性表示.

3. 设向量组 $\boldsymbol{\alpha}_1 = \begin{pmatrix} 1 \\ 1 \\ 0 \\ 1 \end{pmatrix}, \boldsymbol{\alpha}_2 = \begin{pmatrix} 1 \\ 0 \\ 1 \\ 2 \end{pmatrix}, \boldsymbol{\alpha}_3 = \begin{pmatrix} 3 \\ x \\ 1 \\ 2x \end{pmatrix}$ 的秩为 2, 求 x 的值.

4. 已知向量组

$$\boldsymbol{\alpha}_1 = \begin{pmatrix} 1 \\ 1 \\ 1 \\ 1 \end{pmatrix}, \quad \boldsymbol{\alpha}_2 = \begin{pmatrix} 1 \\ 2 \\ 0 \\ 1 \end{pmatrix}, \quad \boldsymbol{\alpha}_3 = \begin{pmatrix} 3 \\ 4 \\ 2 \\ 3 \end{pmatrix}, \quad \boldsymbol{\alpha}_4 = \begin{pmatrix} 2 \\ 1 \\ 3 \\ 2 \end{pmatrix}.$$

(1) 求 $\boldsymbol{\alpha}_1,\boldsymbol{\alpha}_2,\boldsymbol{\alpha}_3,\boldsymbol{\alpha}_4$ 的秩, 并判断 $\boldsymbol{\alpha}_1,\boldsymbol{\alpha}_2,\boldsymbol{\alpha}_3,\boldsymbol{\alpha}_4$ 是否线性相关;

(2) 给出 $\boldsymbol{\alpha}_1,\boldsymbol{\alpha}_2,\boldsymbol{\alpha}_3,\boldsymbol{\alpha}_4$ 的一个极大无关组, 并把其余向量表示为极大无关组的线性组合.

5. 设 $\operatorname{rank}\{\boldsymbol{\alpha}_1,\boldsymbol{\alpha}_2,\boldsymbol{\alpha}_3\}=3, \operatorname{rank}\{\boldsymbol{\alpha}_1,\boldsymbol{\alpha}_2,\boldsymbol{\alpha}_3,\boldsymbol{\alpha}_4\}=3, \operatorname{rank}\{\boldsymbol{\alpha}_1,\boldsymbol{\alpha}_2,\boldsymbol{\alpha}_3,\boldsymbol{\alpha}_5\}=4$. λ, μ 为任意常数, 讨论 $\boldsymbol{\alpha}_1,\boldsymbol{\alpha}_2,\boldsymbol{\alpha}_3,\lambda\boldsymbol{\alpha}_4+\mu\boldsymbol{\alpha}_5$ 的线性相关性.

6. 已知任意四维向量都可由向量组 $\boldsymbol{\alpha}_1 = \begin{pmatrix} 1 \\ 0 \\ 1 \\ 0 \end{pmatrix}, \boldsymbol{\alpha}_2 = \begin{pmatrix} 2 \\ 1 \\ 3 \\ 1 \end{pmatrix}, \boldsymbol{\alpha}_3 = \begin{pmatrix} 1 \\ 2 \\ 0 \\ 1 \end{pmatrix}, \boldsymbol{\alpha}_4 = \begin{pmatrix} 1 \\ 1 \\ 1 \\ t \end{pmatrix}$ 线性表示, 求 t.

7. 已知 $\mathbb{R}^n$ 中的向量组 $\{\boldsymbol{\alpha}_1,\boldsymbol{\alpha}_2,\cdots,\boldsymbol{\alpha}_s\}$ 线性无关, $\boldsymbol{\beta}_j=\sum\limits_{i=1}^{s} a_{ij}\boldsymbol{\alpha}_i, j=1,2,\cdots,t$, 记 $\boldsymbol{A}=(a_{ij})_{s\times t}$, 证明 $\operatorname{rank}\{\boldsymbol{\beta}_1,\boldsymbol{\beta}_2,\cdots,\boldsymbol{\beta}_t\}=R(\boldsymbol{A})$.

8. 设有 $\mathbb{R}^n$ 中的向量组 $\{\boldsymbol{\alpha}_1,\boldsymbol{\alpha}_2,\cdots,\boldsymbol{\alpha}_r\}$, 记 $M=\{\boldsymbol{\beta} \mid \boldsymbol{\beta}\perp\boldsymbol{\alpha}_i, i=1,2,\cdots,r\}$. 证明:

(1) 若 $\operatorname{rank}(M)=n-r$, 则 $\boldsymbol{\alpha}_1,\boldsymbol{\alpha}_2,\cdots,\boldsymbol{\alpha}_r$ 线性无关.

(2) 若 $\operatorname{rank}(M)>n-r$, 则 $\boldsymbol{\alpha}_1,\boldsymbol{\alpha}_2,\cdots,\boldsymbol{\alpha}_r$ 线性相关.

9. 设 $\boldsymbol{A}$ 是 n 阶矩阵, $\boldsymbol{\alpha}$ 为 n 阶向量, 对 $2\leqslant k<n$, 有 $\boldsymbol{A}^{k-1}\boldsymbol{\alpha}\neq\boldsymbol{0}$ 但 $\boldsymbol{A}^k\boldsymbol{\alpha}=\boldsymbol{0}$, 证明 $\boldsymbol{\alpha},\boldsymbol{A}\boldsymbol{\alpha},\cdots,\boldsymbol{A}^{k-1}\boldsymbol{\alpha}$ 线性无关.

10. 设$\boldsymbol{\alpha}_1,\boldsymbol{\alpha}_2,\cdots,\boldsymbol{\alpha}_r$为$\mathbb{R}^n$中的向量, $\boldsymbol{A}$是n阶矩阵. 若$\boldsymbol{A\alpha}_1=\boldsymbol{A\alpha}_2=\cdots=\boldsymbol{A\alpha}_r=\boldsymbol{0}$, 而$\boldsymbol{A\alpha}\neq\boldsymbol{0}$. 证明$\operatorname{rank}\{\boldsymbol{\alpha}_1,\boldsymbol{\alpha}_2,\cdots,\boldsymbol{\alpha}_r\}<\operatorname{rank}\{\boldsymbol{\alpha}_1,\boldsymbol{\alpha}_2,\cdots,\boldsymbol{\alpha}_r,\boldsymbol{\alpha}\}$.

11. 设$\boldsymbol{A},\boldsymbol{B}$是$n$阶非零矩阵, $\boldsymbol{AB}=\boldsymbol{0}$, $\boldsymbol{\alpha}_1,\boldsymbol{\alpha}_2,\cdots,\boldsymbol{\alpha}_r$是齐次方程组$\boldsymbol{Ax}=\boldsymbol{0}$的基础解系. 证明: 对任意$n$维向量$\boldsymbol{\alpha}$, $\boldsymbol{B\alpha}$可由$\boldsymbol{\alpha}_1,\boldsymbol{\alpha}_2,\cdots,\boldsymbol{\alpha}_r$线性表示.

12. 设U,W均是线性空间V的子空间, 记$U+W=\{\boldsymbol{\alpha}+\boldsymbol{\beta}\mid\boldsymbol{\alpha}\in U,\boldsymbol{\beta}\in W\}$, 证明$U+W$与$U\cap W$均是$V$的子空间.

13. 设$\mathrm{e}^{\lambda_1 x},\mathrm{e}^{\lambda_2 x},\cdots,\mathrm{e}^{\lambda_m x}$是函数空间的$m$个向量, 且$\lambda_1,\lambda_2,\cdots,\lambda_m$两两不同, 证明$\mathrm{e}^{\lambda_1 x},\mathrm{e}^{\lambda_2 x},\cdots,\mathrm{e}^{\lambda_m x}$线性无关.

14. 设$\mathbb{R}_4[x]$表示次数小于等于3的实系数多项式形成的集合, $\mathbb{R}_4[x]$关于多项式的加法与数乘多项式成为一个实线性空间, 证明:

(1) $\{1,1-x,(1-x)^2,(1-x)^3\}$是$\mathbb{R}_4[x]$的一个基;

(2) 求从基$\{1,x,x^2,x^3\}$到$\{1,1-x,(1-x)^2,(1-x)^3\}$的过渡矩阵;

(3) 求多项式$1+x+x^3$在基$\{1,1-x,(1-x)^2,(1-x)^3\}$下的坐标.

第3章 线性映射

一、基础知识导学

1. 基本概念

(1) 线性映射和线性变换的定义.

设$\mathscr{T}:V\to W$是线性空间V到线性空间W的映射. 称$\mathscr{T}$为线性映射, 如果对任意的$\boldsymbol{v}_1,\boldsymbol{v}_2\in V$, $c\in\mathbb{R}$,

$$\mathscr{T}(\boldsymbol{v}_1+\boldsymbol{v}_2)=\mathscr{T}(\boldsymbol{v}_1)+\mathscr{T}(\boldsymbol{v}_2),\qquad \mathscr{T}(c\boldsymbol{v}_1)=c\mathscr{T}(\boldsymbol{v}_1).$$

特别地, 从线性空间V映到V自身的线性映射称为V上的线性变换.

(2) 设$\mathscr{T}:V\to W$是线性空间V到W的线性映射,

$$\mathrm{Ker}\mathscr{T}=\left\{\boldsymbol{v}\in V\,\middle|\,\mathscr{T}(\boldsymbol{v})=\boldsymbol{0}\right\},$$

$$\mathrm{Im}\mathscr{T}=\left\{\boldsymbol{w}\in W\,\middle|\,\boldsymbol{w}=\mathscr{T}(\boldsymbol{v}),\boldsymbol{v}\in V\right\}.$$

前者称为线性映射的核, 后者称为线性映射的像. 核是V的子空间, 像是W的子空间.

(3) n元齐次线性方程组$\boldsymbol{Ax}=\boldsymbol{0}$的所有解构成$\mathbb{R}^n$的一个子空间, 它的一组基称为该齐次线性方程组的一个基础解系.

(4) 设$\boldsymbol{A}$, $\boldsymbol{L}$是n阶方阵, 若存在可逆矩阵$\boldsymbol{P}$使得$\boldsymbol{L}=\boldsymbol{P}^{-1}\boldsymbol{AP}$, 则称$\boldsymbol{L}$与$\boldsymbol{A}$相似.

(5) 称一个非零向量$\boldsymbol{v}$是线性变换$\mathscr{A}$的特征向量, 如果存在实数$\lambda\in\mathbb{R}$使得

$$\mathscr{A}(\boldsymbol{v})=\lambda\boldsymbol{v},$$

同时, 上式中的λ称为$\mathscr{A}$的**特征值**. 特别地, 设$\boldsymbol{A}$是$n\times n$矩阵, 如果存在实数λ与n维非零向量$\boldsymbol{x}\in\mathbb{R}^n$使得

$$\boldsymbol{Ax}=\lambda\boldsymbol{x},$$

则称λ是$\boldsymbol{A}$的一个特征值, $\boldsymbol{x}$是$\boldsymbol{A}$的属于特征值λ的特征向量.

(6) 多项式

$$\det(\lambda\boldsymbol{E}-\boldsymbol{A})=\begin{vmatrix}\lambda-a_{11} & -a_{12} & \cdots & -a_{1n}\\ -a_{21} & \lambda-a_{22} & \cdots & -a_{2n}\\ \vdots & \vdots & & \vdots\\ -a_{n1} & -a_{n2} & \cdots & \lambda-a_{nn}\end{vmatrix}$$

称为线性变换$\mathscr{A}$ 的**特征多项式**, 其中$\boldsymbol{A}$是线性变换$\mathscr{A}$ 在某组基$\boldsymbol{B}$下的矩阵.

2. 主要定理与结论

(1) 维数公式.

设$\mathscr{T}:V\to W$是n维线性空间V到m维线性空间W的线性映射, 则

$$\dim(\operatorname{Ker}\mathscr{T})+\dim(\operatorname{Im}\mathscr{T})=\dim V.$$

(2) 对任意$m\times n$矩阵$\boldsymbol{A}$, 对应$\boldsymbol{\alpha}\mapsto \boldsymbol{A\alpha}$给出了一个线性映射$\mathbb{R}^n\xrightarrow{\mathscr{T}}\mathbb{R}^m$ (通常称为"左乘"映射); 反过来, 任给一个从n维线性空间V到m维线性空间W的线性映射$V\xrightarrow{\mathscr{T}}W$, 给定$V$的一组基$\boldsymbol{B}$和$W$的一组基$\boldsymbol{C}$后, 我们有唯一的$m\times n$的矩阵$\boldsymbol{A}$与之对应.

(3) "左乘"映射$\mathscr{T}:\mathbb{R}^n\to\mathbb{R}^m$, $\boldsymbol{\alpha}\mapsto\boldsymbol{A\alpha}$的核$\operatorname{Ker}\mathscr{T}$为齐次线性方程组$\boldsymbol{Ax}=\boldsymbol{0}$的解空间, 它的像$\operatorname{Im}\mathscr{T}$是由矩阵$\boldsymbol{A}$的列向量组$(\boldsymbol{A}_1,\boldsymbol{A}_2,\cdots,\boldsymbol{A}_n)$张成的线性子空间. 因此子空间$\operatorname{Im}\mathscr{T}$的维数$\dim(\operatorname{Im}\mathscr{T})=R(\boldsymbol{A})$, 由维数公式可知$\dim(\operatorname{Ker}\mathscr{T})=n-R(\boldsymbol{A})$, 亦即齐次线性方程组$\boldsymbol{Ax}=\boldsymbol{0}$的基础解系所包含向量的个数为$n-R(\boldsymbol{A})$.

(4) 线性方程组解的结构定理.

如果$\boldsymbol{\gamma}_0$是方程组$\boldsymbol{Ax}=\boldsymbol{\beta}$的一个特解, 那么方程组的任一个解都可以表示成

$$\boldsymbol{\gamma}=\boldsymbol{\gamma}_0+k_1\boldsymbol{\eta}_1+k_2\boldsymbol{\eta}_2+\cdots+k_{n-r}\boldsymbol{\eta}_{n-r},$$

其中$k_1,\cdots,k_{n-r}\in\mathbb{R}$, $\boldsymbol{\eta}_1,\cdots,\boldsymbol{\eta}_{n-r}$是其导出组$\boldsymbol{Ax}=\boldsymbol{0}$的一个基础解系.

(5) 设$\mathscr{T}:V\to W$是线性空间V到线性空间W的线性映射, $\boldsymbol{B}=(\boldsymbol{v}_1,\cdots,\boldsymbol{v}_n)$是$V$的一组基, $\boldsymbol{C}=(\boldsymbol{w}_1,\cdots,\boldsymbol{w}_m)$是$W$的一组基, 由向量$\mathscr{T}(\boldsymbol{v}_1),\cdots,\mathscr{T}(\boldsymbol{v}_n)$在基$\boldsymbol{C}$下的坐标作为列向量构成的$m\times n$矩阵$\boldsymbol{A}$称为线性映射$\mathscr{T}$在基$\boldsymbol{B}$和$\boldsymbol{C}$下的矩阵, 亦即

$$\mathscr{T}(\boldsymbol{B})=(\mathscr{T}(\boldsymbol{v}_1),\cdots,\mathscr{T}(\boldsymbol{v}_n))=(\boldsymbol{w}_1,\cdots,\boldsymbol{w}_m)\begin{pmatrix}a_{11}&\cdots&a_{1n}\\ \vdots&&\vdots\\ a_{m1}&\cdots&a_{mn}\end{pmatrix}=\boldsymbol{CA}.$$

此时对于任意$\boldsymbol{v}\in V$, $\boldsymbol{x}\in\mathbb{R}^n$是$\boldsymbol{v}$在基$\boldsymbol{B}$下的坐标, $\boldsymbol{y}\in\mathbb{R}^m$是$\mathscr{T}(\boldsymbol{v})$在基$\boldsymbol{C}$下的坐标, 则

$$\boldsymbol{y}=\boldsymbol{Ax}.$$

(6) 设$\mathscr{A}:V\to V$是线性空间V上的线性变换, $\boldsymbol{B}=(\boldsymbol{v}_1,\cdots,\boldsymbol{v}_n)$是$V$的一组基, 由向量$\mathscr{A}(\boldsymbol{v}_1),\cdots,\mathscr{A}(\boldsymbol{v}_n)$在基$\boldsymbol{B}$下的坐标作为列向量构成的$n\times n$矩阵$\boldsymbol{A}$称为线性映射$\mathscr{A}$在基$\boldsymbol{B}$下的矩阵. 设$\boldsymbol{B}'=(\boldsymbol{v}_1',\cdots,\boldsymbol{v}_n')=\boldsymbol{BP}$是$V$的另一组基, $\boldsymbol{P}$是过渡矩阵, 则$\mathscr{A}$在$\boldsymbol{B}'$下的矩阵$\boldsymbol{A}'$与$\boldsymbol{A}$是相似的:

$$\boldsymbol{A}'=\boldsymbol{P}^{-1}\boldsymbol{AP}.$$

(7) 由于矩阵的相似体现的是同一个线性变换在不同基下的矩阵的关系, 因此相似矩阵具有相同的特征值.

(8) 线性变换 $\mathscr{A}:V\to V$ 在基 $\boldsymbol{B}=(\boldsymbol{v}_1,\cdots,\boldsymbol{v}_n)$ 下的矩阵是对角矩阵的充分必要条件是每一个基向量 $\boldsymbol{v}_j$ 都是 $\mathscr{A}$ 的特征向量. 特别地, $n\times n$ 矩阵 $\boldsymbol{A}$ 相似于一个对角矩阵(也称 $\boldsymbol{A}$ 为**可对角化**的) 的充分必要条件是 $\boldsymbol{A}$ 有 n 个线性无关的特征向量. 这 n 个线性无关的特征向量作为列向量构成过渡矩阵 $\boldsymbol{P}$, 使得

$$\boldsymbol{P}^{-1}\boldsymbol{AP}=\begin{pmatrix}\lambda_1 & & \\ & \ddots & \\ & & \lambda_n\end{pmatrix},$$

其中 λ_i 是对应于第 i 个特征向量的特征值.

(9) 属于不同特征值的特征向量是线性无关的.

3. 主要问题与方法

(1) 要写出 n 元齐次线性方程组 $\boldsymbol{Ax}=\boldsymbol{0}$ 的通解就只需要给出它的 $n-R(\boldsymbol{A})$ 个线性无关的解. 具体来说,

(a) 通过初等行变换将系数矩阵 $\boldsymbol{A}$ 化为阶梯形, 阶梯形中主元的个数 r 即为系数矩阵的秩;

(b) 没有主元的那些列所对应的 $n-r$ 个未知量就是一组自由未知量, 那么轮流让某个自由未知量取值为 1, 其他的取为 0, 确定的这 $n-r$ 个线性方程组的解向量是线性无关的, 即得到了齐次线性方程组的一个基础解系.

(2) 确定一个线性变换 $\mathscr{A}$ 的特征值与特征向量的方法可以分成下面几步:

(a) 在线性空间 V 中取一组基 $\boldsymbol{B}=(\boldsymbol{v}_1,\cdots,\boldsymbol{v}_n)$, 写出 $\mathscr{A}$ 在这组基下的矩阵 $\boldsymbol{A}$;

(b) 通过 $\det(\lambda\boldsymbol{E}-\boldsymbol{A})=0$ 求出线性变换 $\mathscr{A}$ 的全部特征值;

(c) 把所求得的特征值逐个代入方程组 $(\lambda\boldsymbol{E}-\boldsymbol{A})\boldsymbol{x}=\boldsymbol{0}$, 对于每一个特征值, 解方程组 $(\lambda_j\boldsymbol{E}-\boldsymbol{A})\boldsymbol{x}=\boldsymbol{0}$, 求出一组基础解系, 它们就是属于这个特征值 λ_j 的线性无关的特征向量在这组基 $\boldsymbol{B}=(\boldsymbol{v}_1,\cdots,\boldsymbol{v}_n)$ 下的坐标, 这样, 我们就求出了属于每个特征值的全部线性无关的特征向量.

(3) "对角化"问题.

求出属于每个特征值的线性无关的特征向量后, 把它们合在一起还是线性无关的. 如果它们的个数等于空间的维数, 那么这个线性变换可以对角化; 如果它们的个数少于空间的维数, 那么这个线性变换不能对角化. 具体来说,

(a) 如果 $\lambda_1,\cdots,\lambda_k$ 是 n 维线性空间 V 上的线性变换 $\mathscr{A}$ (或者 n 阶方阵 $\boldsymbol{A}$)的不同的特征值, 而 $\boldsymbol{\alpha}_{i1},\cdots,\boldsymbol{\alpha}_{ir_i}$ 是属于特征值 λ_i 的线性无关的特征向量, $i=1,2,\cdots,k$, 那么向量组 $\boldsymbol{\alpha}_{11},\cdots,\boldsymbol{\alpha}_{1r_1},\cdots,\boldsymbol{\alpha}_{k1},\cdots,\boldsymbol{\alpha}_{kr_k}$ 也是线性无关的.

(b) 如果$r_1+\cdots+r_k=n$，则线性变换$\mathscr{A}$ (n阶方阵$\boldsymbol{A}$)可以对角化，这n个线性无关的特征向量作为列向量构成过渡矩阵$\boldsymbol{P}$；否则，线性变换$\mathscr{A}$ (n阶方阵$\boldsymbol{A}$)不可以对角化.

二、典型例题解析

例 3.1 定义线性空间$\mathbb{R}^4$到$\mathbb{R}^3$的映射如下:

$$\mathscr{T}\begin{pmatrix}x_1\\x_2\\x_3\\x_4\end{pmatrix}=\begin{pmatrix}-x_1+x_2+2x_3+x_4\\-2x_2+x_3\\-x_1-x_2+3x_3+x_4\end{pmatrix}.$$

(1) 证明：$\mathscr{T}$ 是一个线性映射.

(2) 求$\mathscr{T}$ 在下列基下的矩阵.

$\mathbb{R}^4$中的基$\boldsymbol{B}$：$\boldsymbol{\eta}_1=\begin{pmatrix}1\\0\\1\\1\end{pmatrix},\boldsymbol{\eta}_2=\begin{pmatrix}0\\1\\0\\1\end{pmatrix},\boldsymbol{\eta}_3=\begin{pmatrix}0\\0\\1\\0\end{pmatrix},\boldsymbol{\eta}_4=\begin{pmatrix}0\\0\\2\\1\end{pmatrix}$；

$\mathbb{R}^3$中的基$\boldsymbol{C}$：$\boldsymbol{\gamma}_1=\begin{pmatrix}1\\1\\1\end{pmatrix},\boldsymbol{\gamma}_2=\begin{pmatrix}1\\0\\-1\end{pmatrix},\boldsymbol{\gamma}_3=\begin{pmatrix}0\\1\\0\end{pmatrix}$.

分析 线性映射$\mathscr{T}$ 在基$\boldsymbol{B}$和$\boldsymbol{C}$下对应的矩阵$\boldsymbol{A}$由$\mathscr{T}(\boldsymbol{\eta}_i)$在基$\boldsymbol{C}$下的坐标作为列向量构成:

$$\mathscr{T}(\boldsymbol{B})=\boldsymbol{C}\boldsymbol{A}.$$

(1) 请读者按定义自行验证

$$\mathscr{T}\left(c_1\begin{pmatrix}x_1\\x_2\\x_3\\x_4\end{pmatrix}+c_2\begin{pmatrix}y_1\\y_2\\y_3\\y_4\end{pmatrix}\right)=c_1\mathscr{T}\left(\begin{pmatrix}x_1\\x_2\\x_3\\x_4\end{pmatrix}\right)+c_2\mathscr{T}\left(\begin{pmatrix}y_1\\y_2\\y_3\\y_4\end{pmatrix}\right).$$

(2) **解** 由题目定义可求出

$$\mathscr{T}(\boldsymbol{\eta}_1)=\begin{pmatrix}2\\1\\3\end{pmatrix},\quad \mathscr{T}(\boldsymbol{\eta}_2)=\begin{pmatrix}2\\-2\\0\end{pmatrix},\quad \mathscr{T}(\boldsymbol{\eta}_3)=\begin{pmatrix}2\\1\\3\end{pmatrix},\quad \mathscr{T}(\boldsymbol{\eta}_4)=\begin{pmatrix}5\\2\\7\end{pmatrix}.$$

由$\mathscr{T}(\boldsymbol{B})=\boldsymbol{C}\boldsymbol{A}$得

$$\begin{pmatrix} 2 & 2 & 2 & 5 \\ 1 & -2 & 1 & 2 \\ 3 & 0 & 3 & 7 \end{pmatrix} = \begin{pmatrix} 1 & 1 & 0 \\ 1 & 0 & 1 \\ 1 & -1 & 0 \end{pmatrix} \boldsymbol{A}.$$

进而可求得矩阵

$$\boldsymbol{A} = \begin{pmatrix} \frac{5}{2} & 1 & \frac{5}{2} & 6 \\ -\frac{1}{2} & 1 & -\frac{1}{2} & -1 \\ -\frac{3}{2} & -3 & -\frac{3}{2} & -4 \end{pmatrix}.$$

例 3.2 已知下列两个齐次线性方程组同解:

$$\begin{cases} x_1 + 2x_2 + 3x_3 = 0, \\ 2x_1 + 3x_2 + 5x_3 = 0, \\ x_1 + x_2 + ax_3 = 0, \end{cases} \quad \begin{cases} x_1 + bx_2 + cx_3 = 0, \\ 2x_1 + b^2 x_2 + (c+1) x_3 = 0. \end{cases}$$

求 a, b, c 的值.

分析 注意到第二方程组未知量的个数大于方程个数, 故有非零解, 从而第一个方程组也有非零解.

解 由题意可知第一个方程组有非零解, 由克拉默法则

$$\begin{vmatrix} 1 & 2 & 3 \\ 2 & 3 & 5 \\ 1 & 1 & a \end{vmatrix} = 0,$$

解得 $a = 2$. 代入第一个方程组可求得通解为 $\lambda \begin{pmatrix} 1 \\ 1 \\ -1 \end{pmatrix}$, $\lambda \in \mathbb{R}$. 由题意知 $\begin{pmatrix} 1 \\ 1 \\ -1 \end{pmatrix}$ 是第二个方程组的解, 代入第二个方程组有

$$\begin{cases} 1 + b - c = 0, \\ 2 + b^2 - (c+1) = 0, \end{cases}$$

从而有

$$\begin{cases} b = 0, \\ c = 1, \end{cases} \text{或} \begin{cases} b = 1, \\ c = 2. \end{cases}$$

注意到当 $b = 0, c = 1$ 时, 第二个线性方程组的系数矩阵的秩为 1, 因此其解空间的维数为 2, 不与第一个线性方程组同解. 综上所述,

$$a = 2, \quad b = 1, \quad c = 2.$$

例 3.3 线性方程组

$$\begin{cases} x_1+x_2+x_3=0, \\ x_1+2x_2+ax_3=0, \\ x_1+4x_2+a^2x_3=0 \end{cases}$$

与方程

$$x_1+2x_2+x_3=a-1$$

有公共解, 求 a 的值及所有的公共解.

分析 两个方程组有公共解意味着可以将它们合在一起构成一个新的方程组.

解 已知条件 $\begin{cases} x_1+x_2+x_3=0, \\ x_1+2x_2+ax_3=0, \\ x_1+4x_2+a^2x_3=0, \\ x_1+2x_2+x_3=a-1 \end{cases}$ 有解, 且

$$\left(\begin{array}{ccc:c} 1 & 1 & 1 & 0 \\ 1 & 2 & a & 0 \\ 1 & 4 & a^2 & 0 \\ 1 & 2 & 1 & a-1 \end{array}\right) \to \left(\begin{array}{ccc:c} 1 & 1 & 1 & 0 \\ 0 & 1 & a-1 & 0 \\ 0 & 3 & a^2-1 & 0 \\ 0 & 1 & 0 & a-1 \end{array}\right) \to \left(\begin{array}{ccc:c} 1 & 1 & 1 & 0 \\ 0 & 1 & a-1 & 0 \\ 0 & 0 & a^2-3a+2 & 0 \\ 0 & 0 & 1-a & a-1 \end{array}\right)$$

$$\to \left(\begin{array}{ccc:c} 1 & 1 & 1 & 0 \\ 0 & 1 & a-1 & 0 \\ 0 & 0 & 1-a & a-1 \\ 0 & 0 & (a-1)(a-2) & 0 \end{array}\right) \to \left(\begin{array}{ccc:c} 1 & 1 & 1 & 0 \\ 0 & 1 & a-1 & 0 \\ 0 & 0 & 1-a & a-1 \\ 0 & 0 & 0 & (a-2)(a-1) \end{array}\right),$$

所以

$$a=2 \quad 或 \quad a=1.$$

当 $a=2$ 时, 有唯一的公共解: $\begin{cases} x_1=0, \\ x_2=1, \\ x_3=-1. \end{cases}$

当 $a=1$ 时, 公共解为: $\lambda(1,0,-1)^{\mathrm{T}}, \lambda \in \mathbb{R}$.

例 3.4 设线性方程组 $\boldsymbol{Ax}=\boldsymbol{\beta}$ 存在两个不同的解, 其中

$$\boldsymbol{A}=\begin{pmatrix} \lambda & 1 & 1 \\ 0 & \lambda-1 & 0 \\ 1 & 1 & \lambda \end{pmatrix}, \quad \boldsymbol{\beta}=\begin{pmatrix} a \\ 1 \\ 1 \end{pmatrix}.$$

(1) 求 λ, a;

(2) 求解线性方程组 $\boldsymbol{Ax}=\boldsymbol{\beta}$.

分析 注意到方程组的系数矩阵是方阵，运用克拉默法则较为简便.

解 (1) 由于 $\boldsymbol{Ax}=\boldsymbol{\beta}$ 有超过一个的解，由克拉默法则知

$$\begin{vmatrix} \lambda & 1 & 1 \\ 0 & \lambda-1 & 0 \\ 1 & 1 & \lambda \end{vmatrix}=0.$$

从而有

$$\lambda=1 \quad \text{或} \quad \lambda=-1.$$

当 $\lambda=1$ 时，$\boldsymbol{Ax}=\boldsymbol{\beta}$ 的第二个方程变成 $0=1$，从而 $\boldsymbol{Ax}=\boldsymbol{\beta}$ 在这种情况下无解.

当 $\lambda=-1$ 时，解这个方程组如下：

$$\left(\begin{array}{ccc|c} -1 & 1 & 1 & a \\ 0 & -2 & 0 & 1 \\ 1 & 1 & -1 & 1 \end{array}\right) \to \left(\begin{array}{ccc|c} 1 & 1 & -1 & 1 \\ 0 & -2 & 0 & 1 \\ -1 & 1 & 1 & a \end{array}\right) \to \left(\begin{array}{ccc|c} 1 & 1 & -1 & 1 \\ 0 & -2 & 0 & 1 \\ 0 & 2 & 0 & 1+a \end{array}\right)$$

$$\to \left(\begin{array}{ccc|c} 1 & 1 & -1 & 1 \\ 0 & -2 & 0 & 1 \\ 0 & 0 & 0 & 2+a \end{array}\right).$$

所以

$$a=-2.$$

(2) 上述方程组的所有解为

$$\begin{pmatrix} \frac{3}{2} \\ -\frac{1}{2} \\ 0 \end{pmatrix}+\lambda\begin{pmatrix} 1 \\ 0 \\ 1 \end{pmatrix}, \quad \lambda\in\mathbb{R}.$$

例 3.5 设四元非齐次线性方程组系数矩阵的秩为 3，已知 $\boldsymbol{\eta}_1,\boldsymbol{\eta}_2,\boldsymbol{\eta}_3$ 是它的三个解向量，其中

$$\boldsymbol{\eta}_1=(2,0,5,-1)^{\mathrm{T}}, \quad \boldsymbol{\eta}_2+\boldsymbol{\eta}_3=(1,9,8,8)^{\mathrm{T}}.$$

求方程组的通解.

分析 要写出非齐次线性方程组的通解需要求出一个特解和导出组的基础解系；题中特解已经给出，故只需求出其导出组的一个基础解系即可. 注意到系数矩阵的秩为 3，因此其导出组的解空间维数为 $4-3=1$，也就是说，任意一个非零解都构成其基础解系.

解 由于系数矩阵的秩为 3，该方程组对应的齐次线性方程组的基础解系中所含向量个数为 1. 设该方程组为 $\boldsymbol{Ax}=\boldsymbol{\beta}$，则有

$$A\left(\frac{1}{2}(\boldsymbol{\eta}_2+\boldsymbol{\eta}_3)\right)=\frac{1}{2}A\boldsymbol{\eta}_2+\frac{1}{2}A\boldsymbol{\eta}_3=\frac{1}{2}\boldsymbol{\beta}+\frac{1}{2}\boldsymbol{\beta}=\boldsymbol{\beta}.$$

从而 $\frac{1}{2}(\boldsymbol{\eta}_2+\boldsymbol{\eta}_3)$ 是 $\boldsymbol{Ax}=\boldsymbol{\beta}$ 的一个解，所以 $\boldsymbol{\eta}_1-\frac{1}{2}(\boldsymbol{\eta}_2+\boldsymbol{\eta}_3)=\left(\frac{3}{2},-\frac{9}{2},1,-5\right)^{\mathrm{T}}$ 是 $\boldsymbol{Ax}=\boldsymbol{0}$ 的一个非零解. 故 $\boldsymbol{Ax}=\boldsymbol{\beta}$ 的通解为

$$\begin{pmatrix}2\\0\\5\\-1\end{pmatrix}+\lambda\begin{pmatrix}3\\-9\\2\\-10\end{pmatrix},\quad \lambda\in\mathbb{R}.$$

例 3.6　已知 $\boldsymbol{\alpha}_1,\boldsymbol{\alpha}_2,\boldsymbol{\alpha}_3,\boldsymbol{\alpha}_4$ 是齐次线性方程组 $\boldsymbol{Ax}=\boldsymbol{0}$ 的一个基础解系, 令

$$\boldsymbol{\beta}_1=\boldsymbol{\alpha}_1+t\boldsymbol{\alpha}_2,\quad \boldsymbol{\beta}_2=\boldsymbol{\alpha}_2+t\boldsymbol{\alpha}_3,\quad \boldsymbol{\beta}_3=\boldsymbol{\alpha}_3+t\boldsymbol{\alpha}_4,\quad \boldsymbol{\beta}_4=\boldsymbol{\alpha}_4+t\boldsymbol{\alpha}_1.$$

试讨论当 t 满足什么条件时, $\boldsymbol{\beta}_1,\boldsymbol{\beta}_2,\boldsymbol{\beta}_3,\boldsymbol{\beta}_4$ 也构成齐次线性方程组 $\boldsymbol{Ax}=\boldsymbol{0}$ 的一个基础解系.

分析　与基础解系等价的线性无关向量组也是基础解系.

解　$\boldsymbol{\beta}_1,\boldsymbol{\beta}_2,\boldsymbol{\beta}_3,\boldsymbol{\beta}_4$ 也是基础解系当且仅当 $\boldsymbol{\beta}_1,\boldsymbol{\beta}_2,\boldsymbol{\beta}_3,\boldsymbol{\beta}_4$ 线性无关. 注意到

$$(\boldsymbol{\beta}_1,\boldsymbol{\beta}_2,\boldsymbol{\beta}_3,\boldsymbol{\beta}_4)=(\boldsymbol{\alpha}_1,\boldsymbol{\alpha}_2,\boldsymbol{\alpha}_3,\boldsymbol{\alpha}_4)\begin{pmatrix}1&0&0&t\\t&1&0&0\\0&t&1&0\\0&0&t&1\end{pmatrix}.$$

又 $\boldsymbol{\beta}_1,\boldsymbol{\beta}_2,\boldsymbol{\beta}_3,\boldsymbol{\beta}_4$ 线性无关当且仅当

$$\begin{vmatrix}1&0&0&t\\t&1&0&0\\0&t&1&0\\0&0&t&1\end{vmatrix}\neq 0,$$

即

$$1-t^4\neq 0.$$

故 $t\neq\pm 1$.

例 3.7　设矩阵 $\boldsymbol{A}=(\boldsymbol{\alpha}_1,\boldsymbol{\alpha}_2,\boldsymbol{\alpha}_3,\boldsymbol{\alpha}_4)$, 其中 $\boldsymbol{\alpha}_2,\boldsymbol{\alpha}_3,\boldsymbol{\alpha}_4$ 线性无关, $\boldsymbol{\alpha}_1=2\boldsymbol{\alpha}_2-\boldsymbol{\alpha}_3$, 又向量 $\boldsymbol{\beta}=\boldsymbol{\alpha}_1+\boldsymbol{\alpha}_2+\boldsymbol{\alpha}_3+\boldsymbol{\alpha}_4$. 求方程组 $\boldsymbol{Ax}=\boldsymbol{\beta}$ 的通解.

分析　由题意可知系数矩阵的秩为 3, 因此其导出组的任意一个非零解向量都将构成其基础解系.

解　由已知条件，$\boldsymbol{\eta}_0=(1,1,1,1)^{\mathrm{T}}$ 是 $\boldsymbol{Ax}=\boldsymbol{\beta}$ 的一个解，$\boldsymbol{\eta}_1=(1,-2,1,0)^{\mathrm{T}}$ 是 $\boldsymbol{Ax}=\boldsymbol{0}$ 的一个解. 又 $R(\boldsymbol{A})=3$，所以 $\boldsymbol{\eta}_1$ 是 $\boldsymbol{Ax}=\boldsymbol{0}$ 的一个基础解系. 所以 $\boldsymbol{Ax}=\boldsymbol{\beta}$ 的通解为

$$\boldsymbol{\eta}_0+\lambda\boldsymbol{\eta}_1=\begin{pmatrix}1\\1\\1\\1\end{pmatrix}+\lambda\begin{pmatrix}1\\-2\\1\\0\end{pmatrix},\quad \lambda\in\mathbb{R}.$$

例 3.8　(1) 设 $\boldsymbol{A}\in M_{m,n}(K)$，$\boldsymbol{B}\in M_{n,s}(K)$ 且 $\boldsymbol{AB}=\boldsymbol{O}$. 证明：$R(\boldsymbol{A})+R(\boldsymbol{B})\leqslant n$.

(2) 设 $\boldsymbol{A}$ 是 n 阶方阵，$\boldsymbol{A}^2=\boldsymbol{E}$，证明：$R(\boldsymbol{A}+\boldsymbol{E})+R(\boldsymbol{A}-\boldsymbol{E})=n$.

(3) 设 $\boldsymbol{A}$ 是 n 阶方阵，$\boldsymbol{A}^2=\boldsymbol{A}$，证明：$R(\boldsymbol{A})+R(\boldsymbol{A}-\boldsymbol{E})=n$.

分析　两个矩阵的乘积为零说明后一个矩阵的列向量都属于以前一个矩阵为系数矩阵的齐次线性方程组的解空间.

证　(1) 由已知条件，$\boldsymbol{B}$ 的列向量都是 $\boldsymbol{Ax}=\boldsymbol{0}$ 的解，则有

$$R(\boldsymbol{B})\leqslant n-R(\boldsymbol{A}),$$

即

$$R(\boldsymbol{A})+R(\boldsymbol{B})\leqslant n.$$

(2) 由已知条件有 $(\boldsymbol{A}+\boldsymbol{E})(\boldsymbol{A}-\boldsymbol{E})=\boldsymbol{O}$，所以由(1)有

$$R(\boldsymbol{A}+\boldsymbol{E})+R(\boldsymbol{A}-\boldsymbol{E})\leqslant n.$$

又

$$n=R(\boldsymbol{E})=R(2\boldsymbol{E})=R((\boldsymbol{A}+\boldsymbol{E})-(\boldsymbol{A}-\boldsymbol{E}))\leqslant R(\boldsymbol{A}+\boldsymbol{E})+R(\boldsymbol{A}-\boldsymbol{E}),$$

所以

$$R(\boldsymbol{A}+\boldsymbol{E})+R(\boldsymbol{A}-\boldsymbol{E})=n.$$

(3) 与(2)类似可得.

例 3.9　设 $\boldsymbol{A},\boldsymbol{B}$ 是实数域 $\mathbb{R}$ 上的 n 阶方阵，$W_1=\left\{\boldsymbol{x}\in\mathbb{R}^n\,\middle|\,\boldsymbol{Ax}=\boldsymbol{0}\right\}$，$W_2=\left\{\boldsymbol{x}\in\mathbb{R}^n\,\middle|\,\boldsymbol{Bx}=\boldsymbol{0}\right\}$ 且 $\dim W_1=l,\dim W_2=m$. 若 $l+m>n$，证明：齐次线性方程组 $(\boldsymbol{A}+\boldsymbol{B})\boldsymbol{x}=\boldsymbol{0}$ 必有非零解.

证　因为 $\dim W_1=l=n-R(\boldsymbol{A}),\dim W_2=m=n-R(\boldsymbol{B})$，由

$$l+m=n-R(\boldsymbol{A})+n-R(\boldsymbol{B})=2n-(R(\boldsymbol{A})+R(\boldsymbol{B}))>n$$

得

$$R(\boldsymbol{A})+R(\boldsymbol{B})<n.$$

而 $R(\boldsymbol{A}+\boldsymbol{B})\leqslant R(\boldsymbol{A})+R(\boldsymbol{B})<n$，因此齐次线性方程组 $(\boldsymbol{A}+\boldsymbol{B})\boldsymbol{x}=\boldsymbol{0}$ 的系数矩阵

$\boldsymbol{A}+\boldsymbol{B}$ 的秩小于 n, 从而必有非零解.

例 3.10 设 $\boldsymbol{\eta}_1,\boldsymbol{\eta}_2,\cdots,\boldsymbol{\eta}_s$ 是非齐次线性方程组 $\boldsymbol{Ax}=\boldsymbol{\beta}$ 的 s 个解, $k_1,k_2,\cdots,k_s$ 为实数, 满足 $k_1+k_2+\cdots+k_s=1$, 证明: $\boldsymbol{\gamma}=k_1\boldsymbol{\eta}_1+k_2\boldsymbol{\eta}_2+\cdots+k_s\boldsymbol{\eta}_s$ 也是 $\boldsymbol{Ax}=\boldsymbol{\beta}$ 的解.

分析 要证明一个向量是一个线性方程组的解只需将其代入方程组验证即可.

证

$$\begin{aligned}\boldsymbol{A\gamma}&=\boldsymbol{A}(k_1\boldsymbol{\eta}_1+k_2\boldsymbol{\eta}_2+\cdots+k_s\boldsymbol{\eta}_s)\\&=\boldsymbol{A}(k_1\boldsymbol{\eta}_1)+\boldsymbol{A}(k_2\boldsymbol{\eta}_2)+\cdots+\boldsymbol{A}(k_s\boldsymbol{\eta}_s)\\&=k_1(\boldsymbol{A\eta}_1)+k_2(\boldsymbol{A\eta}_2)+\cdots+k_s(\boldsymbol{A\eta}_s)\\&=k_1\boldsymbol{\beta}+k_2\boldsymbol{\beta}+\cdots+k_s\boldsymbol{\beta}\\&=(k_1+k_2+\cdots+k_s)\boldsymbol{\beta}\\&=\boldsymbol{\beta}.\end{aligned}$$

所以, $\boldsymbol{\gamma}$ 是 $\boldsymbol{Ax}=\boldsymbol{\beta}$ 的解.

例 3.11 设非齐次线性方程组 $\boldsymbol{Ax}=\boldsymbol{\beta}$ 的系数矩阵的秩为 r, $\boldsymbol{\eta}_1,\boldsymbol{\eta}_2,\cdots,\boldsymbol{\eta}_{n-r+1}$ 是它的 $n-r+1$ 个线性无关的解, 证明: 它的任一解可表示为

$$\boldsymbol{\gamma}=k_1\boldsymbol{\eta}_1+k_2\boldsymbol{\eta}_2+\cdots+k_{n-r+1}\boldsymbol{\eta}_{n-r+1},$$

其中 $k_1+k_2+\cdots+k_{n-r+1}=1$.

分析 利用非齐次线性方程组解的结构定理, 只需求出其导出组的基础解系即可. 本题值得注意的是 $k_1+k_2+\cdots+k_{n-r+1}=1$ 是需要证明的, 而并不是题目的条件.

证 由已知条件, $\boldsymbol{\eta}_1-\boldsymbol{\eta}_{n-r+1},\boldsymbol{\eta}_2-\boldsymbol{\eta}_{n-r+1},\cdots,\boldsymbol{\eta}_{n-r}-\boldsymbol{\eta}_{n-r+1}$ 是 $\boldsymbol{Ax}=\boldsymbol{0}$ 的解. 设

$$\lambda_1(\boldsymbol{\eta}_1-\boldsymbol{\eta}_{n-r+1})+\lambda_2(\boldsymbol{\eta}_2-\boldsymbol{\eta}_{n-r+1})+\cdots+\lambda_{n-r}(\boldsymbol{\eta}_{n-r}-\boldsymbol{\eta}_{n-r+1})=\boldsymbol{0},$$

则有

$$\lambda_1\boldsymbol{\eta}_1+\lambda_2\boldsymbol{\eta}_2+\cdots+\lambda_{n-r}\boldsymbol{\eta}_{n-r}-(\lambda_1+\cdots+\lambda_{n-r})\boldsymbol{\eta}_{n-r+1}=\boldsymbol{0}.$$

由 $\boldsymbol{\eta}_1,\boldsymbol{\eta}_2,\cdots,\boldsymbol{\eta}_{n-r+1}$ 线性无关, 有

$$\lambda_1=\lambda_2=\cdots=\lambda_{n-r}=0.$$

所以 $\boldsymbol{\eta}_1-\boldsymbol{\eta}_{n-r+1},\boldsymbol{\eta}_2-\boldsymbol{\eta}_{n-r+1},\cdots,\boldsymbol{\eta}_{n-r}-\boldsymbol{\eta}_{n-r+1}$ 线性无关, 是 $\boldsymbol{Ax}=\boldsymbol{0}$ 的一个基础解系. 从而, $\boldsymbol{Ax}=\boldsymbol{\beta}$ 的任一解可表示为

$$\begin{aligned}\boldsymbol{\gamma}&=k_1(\boldsymbol{\eta}_1-\boldsymbol{\eta}_{n-r+1})+k_2(\boldsymbol{\eta}_2-\boldsymbol{\eta}_{n-r+1})+\cdots+k_{n-r}(\boldsymbol{\eta}_{n-r}-\boldsymbol{\eta}_{n-r+1})+\boldsymbol{\eta}_{n-r+1}\\&=k_1\boldsymbol{\eta}_1+k_2\boldsymbol{\eta}_2+\cdots+k_{n-r}\boldsymbol{\eta}_{n-r}+(1-k_1-k_2-\cdots-k_{n-r})\boldsymbol{\eta}_{n-r+1}.\end{aligned}$$

令 $k_{n-r+1}=1-k_1-k_2-\cdots-k_{n-r}$ 即可.

例 3.12 设向量组 $\boldsymbol{v}_1,\boldsymbol{v}_2,\cdots,\boldsymbol{v}_r$ 能由向量组 $\boldsymbol{w}_1,\boldsymbol{w}_2,\cdots,\boldsymbol{w}_s$ 线性表出为

$$(\boldsymbol{v}_1,\boldsymbol{v}_2,\cdots,\boldsymbol{v}_r)=(\boldsymbol{w}_1,\boldsymbol{w}_2,\cdots,\boldsymbol{w}_s)\boldsymbol{K},$$

其中, $\boldsymbol{K}$ 为 $s\times r$ 矩阵. 若向量组 $\boldsymbol{w}_1,\boldsymbol{w}_2,\cdots,\boldsymbol{w}_s$ 线性无关, 证明: 向量组 $\boldsymbol{v}_1,\boldsymbol{v}_2,\cdots,\boldsymbol{v}_r$ 线性无关当且仅当矩阵 $\boldsymbol{K}$ 的秩为 r .

分析 充分利用向量组线性相关性与齐次线性方程组是否只有零解的关系.

证

$$
\begin{aligned}
&\boldsymbol{v}_1,\boldsymbol{v}_2,\cdots,\boldsymbol{v}_r \text{ 线性无关}\\
\Leftrightarrow\ & x_1\boldsymbol{v}_1+x_2\boldsymbol{v}_2+\cdots+x_r\boldsymbol{v}_r=\boldsymbol{0} \text{ 只有零解}\\
\Leftrightarrow\ & (\boldsymbol{v}_1,\boldsymbol{v}_2,\cdots,\boldsymbol{v}_r)\begin{pmatrix}x_1\\x_2\\\vdots\\x_r\end{pmatrix}=\boldsymbol{0} \text{ 只有零解}\\
\Leftrightarrow\ & (\boldsymbol{w}_1,\boldsymbol{w}_2,\cdots,\boldsymbol{w}_s)\boldsymbol{K}\begin{pmatrix}x_1\\x_2\\\vdots\\x_r\end{pmatrix}=\boldsymbol{0} \text{ 只有零解}\\
\Leftrightarrow\ & \boldsymbol{K}\begin{pmatrix}x_1\\x_2\\\vdots\\x_r\end{pmatrix}=\boldsymbol{0} \text{ 只有零解}\\
\Leftrightarrow\ & R(\boldsymbol{K})=r .
\end{aligned}
$$

例 3.13 在 $\mathbb{R}^3$ 中定义线性变换

$$
\mathscr{A}\begin{pmatrix}x_1\\x_2\\x_3\end{pmatrix}=\begin{pmatrix}2x_1-x_2+3x_3\\x_2+x_3\\x_2-x_3\end{pmatrix}.
$$

(1) 求 $\mathscr{A}$ 在标准基

$$
\boldsymbol{\varepsilon}_1=\begin{pmatrix}1\\0\\0\end{pmatrix},\quad \boldsymbol{\varepsilon}_2=\begin{pmatrix}0\\1\\0\end{pmatrix},\quad \boldsymbol{\varepsilon}_3=\begin{pmatrix}0\\0\\1\end{pmatrix}
$$

下的矩阵;

(2) 求 $\mathscr{A}$ 在另一组基

$$
\boldsymbol{\eta}_1=\boldsymbol{\varepsilon}_1,
$$

$$
\boldsymbol{\eta}_2=\boldsymbol{\varepsilon}_1+\boldsymbol{\varepsilon}_2,
$$

$$
\boldsymbol{\eta}_3=\boldsymbol{\varepsilon}_1+\boldsymbol{\varepsilon}_2+\boldsymbol{\varepsilon}_3
$$

下的矩阵.

分析 线性变换在某组基下的矩阵由基向量的像在这组基下的坐标作为列向量构成.

解 (1)
$$\mathscr{A}(\boldsymbol{\varepsilon}_1)=\begin{pmatrix}2\\0\\0\end{pmatrix}=2\boldsymbol{\varepsilon}_1,$$

$$\mathscr{A}(\boldsymbol{\varepsilon}_2)=\begin{pmatrix}-1\\1\\1\end{pmatrix}=-\boldsymbol{\varepsilon}_1+\boldsymbol{\varepsilon}_2+\boldsymbol{\varepsilon}_3,$$

$$\mathscr{A}(\boldsymbol{\varepsilon}_3)=\begin{pmatrix}3\\1\\-1\end{pmatrix}=3\boldsymbol{\varepsilon}_1+\boldsymbol{\varepsilon}_2-\boldsymbol{\varepsilon}_3.$$

于是

$$\mathscr{A}(\boldsymbol{\varepsilon}_1,\boldsymbol{\varepsilon}_2,\boldsymbol{\varepsilon}_3)=(\boldsymbol{\varepsilon}_1,\boldsymbol{\varepsilon}_2,\boldsymbol{\varepsilon}_3)\begin{pmatrix}2&-1&3\\0&1&1\\0&1&-1\end{pmatrix}.$$

故 $\mathscr{A}$ 在标准基下的矩阵为

$$\begin{pmatrix}2&-1&3\\0&1&1\\0&1&-1\end{pmatrix}.$$

(2) 由于

$$(\boldsymbol{\eta}_1,\boldsymbol{\eta}_2,\boldsymbol{\eta}_3)=(\boldsymbol{\varepsilon}_1,\boldsymbol{\varepsilon}_2,\boldsymbol{\varepsilon}_3)\begin{pmatrix}1&1&1\\0&1&1\\0&0&1\end{pmatrix},$$

因此, 从基 $\boldsymbol{\varepsilon}_1,\boldsymbol{\varepsilon}_2,\boldsymbol{\varepsilon}_3$ 到 $\boldsymbol{\eta}_1,\boldsymbol{\eta}_2,\boldsymbol{\eta}_3$ 的过渡矩阵为 $\boldsymbol{P}=\begin{pmatrix}1&1&1\\0&1&1\\0&0&1\end{pmatrix}$. 所以, $\mathscr{A}$ 在基 $\boldsymbol{\eta}_1,\boldsymbol{\eta}_2,\boldsymbol{\eta}_3$ 下的矩阵为

$$\begin{pmatrix}1&1&1\\0&1&1\\0&0&1\end{pmatrix}^{-1}\begin{pmatrix}2&-1&3\\0&1&1\\0&1&-1\end{pmatrix}\begin{pmatrix}1&1&1\\0&1&1\\0&0&1\end{pmatrix}=\begin{pmatrix}1&-1&0\\0&1&-1\\0&0&1\end{pmatrix}\begin{pmatrix}2&1&4\\0&1&2\\0&1&0\end{pmatrix}=\begin{pmatrix}2&0&2\\0&0&2\\0&1&0\end{pmatrix}.$$

例 3.14 设 $\mathbb{R}^3$ 上的线性变换 $\mathscr{A}$ 在基

$$\boldsymbol{\eta}_1=\begin{pmatrix}-1\\1\\1\end{pmatrix},\quad \boldsymbol{\eta}_2=\begin{pmatrix}1\\0\\-1\end{pmatrix},\quad \boldsymbol{\eta}_3=\begin{pmatrix}0\\1\\1\end{pmatrix}$$

下的矩阵为

$$\boldsymbol{A}=\begin{pmatrix}1&1&-1\\0&1&2\\1&0&0\end{pmatrix}.$$

求 $\mathscr{A}$ 在标准基

$$\boldsymbol{\varepsilon}_1=\begin{pmatrix}1\\0\\0\end{pmatrix},\quad \boldsymbol{\varepsilon}_2=\begin{pmatrix}0\\1\\0\end{pmatrix},\quad \boldsymbol{\varepsilon}_3=\begin{pmatrix}0\\0\\1\end{pmatrix}$$

下的矩阵.

分析 线性变换在不同基下的矩阵是相似的.

解 $(\boldsymbol{\eta}_1,\boldsymbol{\eta}_2,\boldsymbol{\eta}_3)=(\boldsymbol{\varepsilon}_1,\boldsymbol{\varepsilon}_2,\boldsymbol{\varepsilon}_3)\begin{pmatrix}-1&1&0\\1&0&1\\1&-1&1\end{pmatrix}$. 记 $\boldsymbol{P}=\begin{pmatrix}-1&1&0\\1&0&1\\1&-1&1\end{pmatrix}$, 则

$$\mathscr{A}(\boldsymbol{\varepsilon}_1,\boldsymbol{\varepsilon}_2,\boldsymbol{\varepsilon}_3)=\mathscr{A}(\boldsymbol{\eta}_1,\boldsymbol{\eta}_2,\boldsymbol{\eta}_3)\boldsymbol{P}^{-1}=(\boldsymbol{\eta}_1,\boldsymbol{\eta}_2,\boldsymbol{\eta}_3)\boldsymbol{A}\boldsymbol{P}^{-1}=(\boldsymbol{\varepsilon}_1,\boldsymbol{\varepsilon}_2,\boldsymbol{\varepsilon}_3)\boldsymbol{P}\boldsymbol{A}\boldsymbol{P}^{-1}.$$

所以, $\mathscr{A}$ 在 $\boldsymbol{\varepsilon}_1,\boldsymbol{\varepsilon}_2,\boldsymbol{\varepsilon}_3$ 下的矩阵为

$$\begin{aligned}\boldsymbol{P}\boldsymbol{A}\boldsymbol{P}^{-1}&=\begin{pmatrix}-1&1&0\\1&0&1\\1&-1&1\end{pmatrix}\begin{pmatrix}1&1&-1\\0&1&2\\1&0&0\end{pmatrix}\begin{pmatrix}-1&1&0\\1&0&1\\1&-1&1\end{pmatrix}^{-1}\\&=\begin{pmatrix}-1&0&3\\2&1&-1\\2&0&-3\end{pmatrix}\begin{pmatrix}-1&1&-1\\0&1&-1\\1&0&1\end{pmatrix}\\&=\begin{pmatrix}4&-1&4\\-3&3&-4\\-5&2&-5\end{pmatrix}.\end{aligned}$$

例 3.15 给定 $\mathbb{R}^3$ 中的两组基

$$\boldsymbol{\varepsilon}_1=\begin{pmatrix}1\\0\\1\end{pmatrix},\quad \boldsymbol{\varepsilon}_2=\begin{pmatrix}2\\1\\0\end{pmatrix},\quad \boldsymbol{\varepsilon}_3=\begin{pmatrix}1\\1\\1\end{pmatrix};$$

$$\boldsymbol{\eta}_1=\begin{pmatrix}1\\2\\-1\end{pmatrix},\quad \boldsymbol{\eta}_2=\begin{pmatrix}2\\2\\-1\end{pmatrix},\quad \boldsymbol{\eta}_3=\begin{pmatrix}2\\-1\\-1\end{pmatrix}.$$

定义线性变换

$$\mathscr{A}\boldsymbol{\varepsilon}_i=\boldsymbol{\eta}_i,\quad i=1,2,3.$$

(1) 求$\mathscr{A}$ 在基$\boldsymbol{\varepsilon}_1,\boldsymbol{\varepsilon}_2,\boldsymbol{\varepsilon}_3$下的矩阵;

(2) 求$\mathscr{A}$ 在基$\boldsymbol{\eta}_1,\boldsymbol{\eta}_2,\boldsymbol{\eta}_3$下的矩阵.

分析 线性变换在某组基下的矩阵由基向量的像在这组基下的坐标作为列向量构成.

解 对$(\boldsymbol{\varepsilon}_1,\boldsymbol{\varepsilon}_2,\boldsymbol{\varepsilon}_3,\boldsymbol{\eta}_1,\boldsymbol{\eta}_2,\boldsymbol{\eta}_3)$作初等行变换有

$$\begin{pmatrix}1&2&1&1&2&2\\0&1&1&2&2&-1\\1&0&1&-1&-1&-1\end{pmatrix}\to\begin{pmatrix}1&2&1&1&2&2\\0&1&1&2&2&-1\\0&-2&0&-2&-3&-3\end{pmatrix}\to\begin{pmatrix}1&2&1&1&2&2\\0&1&1&2&2&-1\\0&0&2&2&1&-5\end{pmatrix}$$

$$\to\begin{pmatrix}1&2&1&1&2&2\\0&1&1&2&2&-1\\0&0&1&1&\frac{1}{2}&-\frac{5}{2}\end{pmatrix}\to\begin{pmatrix}1&2&0&0&\frac{3}{2}&\frac{9}{2}\\0&1&0&1&\frac{3}{2}&\frac{3}{2}\\0&0&1&1&\frac{1}{2}&-\frac{5}{2}\end{pmatrix}$$

$$\to\begin{pmatrix}1&0&0&-2&-\frac{3}{2}&\frac{3}{2}\\0&1&0&1&\frac{3}{2}&\frac{3}{2}\\0&0&1&1&\frac{1}{2}&-\frac{5}{2}\end{pmatrix}.$$

所以, $(\boldsymbol{\eta}_1,\boldsymbol{\eta}_2,\boldsymbol{\eta}_3)=(\boldsymbol{\varepsilon}_1,\boldsymbol{\varepsilon}_2,\boldsymbol{\varepsilon}_3)\boldsymbol{P}$, 因此

$$\boldsymbol{P}=\begin{pmatrix}-2&-\frac{3}{2}&\frac{3}{2}\\1&\frac{3}{2}&\frac{3}{2}\\1&\frac{1}{2}&-\frac{5}{2}\end{pmatrix}.$$

(1) 因为$\mathscr{A}(\boldsymbol{\varepsilon}_1,\boldsymbol{\varepsilon}_2,\boldsymbol{\varepsilon}_3)=(\boldsymbol{\eta}_1,\boldsymbol{\eta}_2,\boldsymbol{\eta}_3)=(\boldsymbol{\varepsilon}_1,\boldsymbol{\varepsilon}_2,\boldsymbol{\varepsilon}_3)\boldsymbol{P}$, 所以, $\mathscr{A}$ 在基$\boldsymbol{\varepsilon}_1,\boldsymbol{\varepsilon}_2,\boldsymbol{\varepsilon}_3$下的矩阵为

$$P=\begin{pmatrix}-2 & -\frac{3}{2} & \frac{3}{2}\\ 1 & \frac{3}{2} & \frac{3}{2}\\ 1 & \frac{1}{2} & -\frac{5}{2}\end{pmatrix}.$$

(2) 因为 $\mathscr{A}(\boldsymbol{\eta}_1,\boldsymbol{\eta}_2,\boldsymbol{\eta}_3)=\mathscr{A}(\boldsymbol{\varepsilon}_1,\boldsymbol{\varepsilon}_2,\boldsymbol{\varepsilon}_3)\boldsymbol{P}=(\boldsymbol{\eta}_1,\boldsymbol{\eta}_2,\boldsymbol{\eta}_3)\boldsymbol{P}$, 所以, $\mathscr{A}$ 在基 $\boldsymbol{\eta}_1,\boldsymbol{\eta}_2,\boldsymbol{\eta}_3$ 下的矩阵也为

$$P=\begin{pmatrix}-2 & -\frac{3}{2} & \frac{3}{2}\\ 1 & \frac{3}{2} & \frac{3}{2}\\ 1 & \frac{1}{2} & -\frac{5}{2}\end{pmatrix}.$$

例 3.16　记全体 n 阶实对称方阵的集合为 V, 证明

(1) V 是一个线性空间;

(2) 映射 $\mathscr{T}\boldsymbol{X}=\boldsymbol{A}^{\mathrm{T}}\boldsymbol{X}\boldsymbol{A}$ 是 V 上的一个线性变换, 其中 $\boldsymbol{A}$ 是一个固定的 n 阶方阵.

分析　利用定义.

证　(1) $M_n(\mathbb{R})$ 是一个线性空间. 设 $\boldsymbol{A}, \boldsymbol{B}\in V$, 则

$$(\boldsymbol{A}+\boldsymbol{B})^{\mathrm{T}}=\boldsymbol{A}^{\mathrm{T}}+\boldsymbol{B}^{\mathrm{T}}=\boldsymbol{A}+\boldsymbol{B}.$$

设 $\boldsymbol{A}\in V$, $\lambda\in\mathbb{R}$, 则

$$(\lambda\boldsymbol{A})^{\mathrm{T}}=\lambda\boldsymbol{A}^{\mathrm{T}}=\lambda\boldsymbol{A},$$

所以, V 对于矩阵加法和数乘封闭. 从而 V 是 $M_n(\mathbb{R})$ 的子空间. 特别地, V 是一个线性空间.

(2) 首先, 注意到对任意的 $\boldsymbol{X}\in V$, $(\boldsymbol{A}^{\mathrm{T}}\boldsymbol{X}\boldsymbol{A})^{\mathrm{T}}=\boldsymbol{A}^{\mathrm{T}}\boldsymbol{X}^{\mathrm{T}}(\boldsymbol{A}^{\mathrm{T}})^{\mathrm{T}}=\boldsymbol{A}^{\mathrm{T}}\boldsymbol{X}^{\mathrm{T}}\boldsymbol{A}=\boldsymbol{A}^{\mathrm{T}}\boldsymbol{X}\boldsymbol{A}$, 从而 $\mathscr{T}(\boldsymbol{X})\in V$, $\mathscr{T}$ 是 V 到 V 的一个映射. 且有

$$\mathscr{T}(\boldsymbol{X}+\boldsymbol{Y})=\boldsymbol{A}^{\mathrm{T}}(\boldsymbol{X}+\boldsymbol{Y})\boldsymbol{A}=\boldsymbol{A}^{\mathrm{T}}\boldsymbol{X}\boldsymbol{A}+\boldsymbol{A}^{\mathrm{T}}\boldsymbol{Y}\boldsymbol{A}=\mathscr{T}(\boldsymbol{X})+\mathscr{T}(\boldsymbol{Y}),$$

$$\mathscr{T}(\lambda\boldsymbol{X})=\boldsymbol{A}^{\mathrm{T}}(\lambda\boldsymbol{X})\boldsymbol{A}=\lambda(\boldsymbol{A}^{\mathrm{T}}\boldsymbol{X}\boldsymbol{A})=\lambda\mathscr{T}(\boldsymbol{X}).$$

所以, $\mathscr{T}$ 是一个线性变换.

例 3.17　(1) 证明

$$\boldsymbol{E}_{11}=\begin{pmatrix}1&0\\0&0\end{pmatrix},\quad \boldsymbol{E}_{12}=\begin{pmatrix}0&1\\0&0\end{pmatrix},\quad \boldsymbol{E}_{21}=\begin{pmatrix}0&0\\1&0\end{pmatrix},\quad \boldsymbol{E}_{22}=\begin{pmatrix}0&0\\0&1\end{pmatrix}$$

是全体二阶实方阵组成的线性空间 $M_2(\mathbb{R})$ 的一组基;

(2) 设 $\boldsymbol{A}$ 是一个固定的实矩阵, 定义

$$\mathscr{L}(\boldsymbol{X})=\boldsymbol{AX}-\boldsymbol{XA},\quad \boldsymbol{X}\in M_2(\mathbb{R}),$$

证明: $\mathscr{L}$ 是 $M_2(\mathbb{R})$ 上的一个线性变换;

(3) 求(2)中的线性变换 $\mathscr{L}$ 在(1)中的基下的矩阵.

分析 线性变换在某组基下的矩阵由基向量的像在这组基下的坐标作为列向量构成.

(1) **证** 先证 $\boldsymbol{E}_{11},\boldsymbol{E}_{12},\boldsymbol{E}_{21},\boldsymbol{E}_{22}$ 线性无关. 设

$$\lambda_1\boldsymbol{E}_{11}+\lambda_2\boldsymbol{E}_{12}+\lambda_3\boldsymbol{E}_{21}+\lambda_4\boldsymbol{E}_{22}=\boldsymbol{O}.$$

则有

$$\begin{pmatrix}\lambda_1 & \lambda_2\\ \lambda_3 & \lambda_4\end{pmatrix}=\boldsymbol{O}.$$

从而

$$\lambda_1=\lambda_2=\lambda_3=\lambda_4=0.$$

所以, $\boldsymbol{E}_{11},\boldsymbol{E}_{12},\boldsymbol{E}_{21},\boldsymbol{E}_{22}$ 线性无关.

又对任意的 $\boldsymbol{A}=\begin{pmatrix}a_{11} & a_{12}\\ a_{21} & a_{22}\end{pmatrix}\in M_2(\mathbb{R})$, $\boldsymbol{A}=a_{11}\boldsymbol{E}_{11}+a_{12}\boldsymbol{E}_{12}+a_{21}\boldsymbol{E}_{21}+a_{22}\boldsymbol{E}_{22}$,

所以, $M_2(\mathbb{R})$ 中任意元素可由 $\boldsymbol{E}_{11},\boldsymbol{E}_{12},\boldsymbol{E}_{21},\boldsymbol{E}_{22}$ 线性表示.

总之, $\boldsymbol{E}_{11},\boldsymbol{E}_{12},\boldsymbol{E}_{21},\boldsymbol{E}_{22}$ 是 $M_2(\mathbb{R})$ 的一组基.

(2) **证** 对于 $\forall \boldsymbol{X},\boldsymbol{Y}\in M_2(\mathbb{R})$, $\forall\lambda\in\mathbb{R}$, 有

$$\mathscr{L}(\boldsymbol{X}+\boldsymbol{Y})=\boldsymbol{A}(\boldsymbol{X}+\boldsymbol{Y})-(\boldsymbol{X}+\boldsymbol{Y})\boldsymbol{A}=\boldsymbol{AX}-\boldsymbol{XA}+\boldsymbol{AY}-\boldsymbol{YA}=\mathscr{L}(\boldsymbol{X})+\mathscr{L}(\boldsymbol{Y}),$$

$$\mathscr{L}(\lambda\boldsymbol{X})=\boldsymbol{A}(\lambda\boldsymbol{X})-(\lambda\boldsymbol{X})\boldsymbol{A}=\lambda(\boldsymbol{AX}-\boldsymbol{XA})=\lambda\mathscr{L}(\boldsymbol{X}).$$

所以, $\mathscr{L}$ 是一个线性变换.

(3) **解** 设 $\boldsymbol{A}=\begin{pmatrix}a_{11} & a_{12}\\ a_{21} & a_{22}\end{pmatrix}$, 则

$$\mathscr{L}(\boldsymbol{E}_{11})=\boldsymbol{AE}_{11}-\boldsymbol{E}_{11}\boldsymbol{A}=\begin{pmatrix}0 & -a_{12}\\ a_{21} & 0\end{pmatrix}=-a_{12}\boldsymbol{E}_{12}+a_{21}\boldsymbol{E}_{21},$$

$$\mathscr{L}(\boldsymbol{E}_{12})=\boldsymbol{AE}_{12}-\boldsymbol{E}_{12}\boldsymbol{A}=\begin{pmatrix}-a_{21} & a_{11}-a_{12}\\ 0 & a_{21}\end{pmatrix}=-a_{21}\boldsymbol{E}_{11}+(a_{11}-a_{12})\boldsymbol{E}_{12}+a_{21}\boldsymbol{E}_{22},$$

$$\mathscr{L}(\boldsymbol{E}_{21})=\boldsymbol{AE}_{21}-\boldsymbol{E}_{21}\boldsymbol{A}=\begin{pmatrix}a_{12} & 0\\ a_{22}-a_{11} & -a_{12}\end{pmatrix}=a_{12}\boldsymbol{E}_{11}+(a_{22}-a_{11})\boldsymbol{E}_{21}-a_{12}\boldsymbol{E}_{22},$$

$$\mathscr{L}(\boldsymbol{E}_{22})=\boldsymbol{A}\boldsymbol{E}_{22}-\boldsymbol{E}_{22}\boldsymbol{A}=\begin{pmatrix}0 & a_{12}\\ -a_{21} & 0\end{pmatrix}=a_{12}\boldsymbol{E}_{12}-a_{21}\boldsymbol{E}_{21}.$$

所以, $\mathscr{L}$ 在 $\boldsymbol{E}_{11},\boldsymbol{E}_{12},\boldsymbol{E}_{21},\boldsymbol{E}_{22}$ 下的矩阵为

$$\begin{pmatrix}0 & -a_{21} & a_{12} & 0\\ -a_{12} & a_{11}-a_{22} & 0 & a_{12}\\ a_{21} & 0 & a_{22}-a_{11} & -a_{21}\\ 0 & a_{21} & -a_{12} & 0\end{pmatrix}.$$

例 3.18 设 $\mathscr{A}$ 是线性空间 V 上的线性变换, $\boldsymbol{v}\in V$, d 是一个正整数, 若

$$\mathscr{A}^{d-1}\boldsymbol{v}\neq\boldsymbol{0},\quad \mathscr{A}^{d}\boldsymbol{v}=\boldsymbol{0},$$

证明: $\boldsymbol{v},\mathscr{A}\boldsymbol{v},\cdots,\mathscr{A}^{d-1}\boldsymbol{v}$ 线性无关.

分析 利用线性无关的定义.

证 设 $\lambda_0,\lambda_1,\cdots,\lambda_{d-1}\in\mathbb{R}$, 使得

$$\lambda_0\boldsymbol{v}+\lambda_1\mathscr{A}\boldsymbol{v}+\cdots+\lambda_{d-1}\mathscr{A}^{d-1}\boldsymbol{v}=\boldsymbol{0}.$$

两边作用 $\mathscr{A}^{d-1}$ 有

$$\lambda_0\mathscr{A}^{d-1}\boldsymbol{v}=\boldsymbol{0}.$$

由 $\mathscr{A}^{d-1}\boldsymbol{v}\neq\boldsymbol{0}$, 有 $\lambda_0=0$. 于是

$$\lambda_1\mathscr{A}\boldsymbol{v}+\cdots+\lambda_{d-1}\mathscr{A}^{d-1}\boldsymbol{v}=\boldsymbol{0}.$$

两边作用 $\mathscr{A}^{d-2}$ 有

$$\lambda_1\mathscr{A}^{d-1}\boldsymbol{v}=\boldsymbol{0}.$$

又由 $\mathscr{A}^{d-1}\boldsymbol{v}\neq\boldsymbol{0}$, 有 $\lambda_1=0$. 依次下去有

$$\lambda_0=\lambda_1=\cdots=\lambda_{d-1}=0.$$

所以, $\boldsymbol{v},\mathscr{A}\boldsymbol{v},\cdots,\mathscr{A}^{d-1}\boldsymbol{v}$ 线性无关.

例 3.19 设 n 维线性空间 V 中有线性变换 $\mathscr{A}$ 与向量 $\boldsymbol{v}$ 使得

$$\mathscr{A}^{n-1}\boldsymbol{v}\neq\boldsymbol{0},\quad \mathscr{A}^{n}\boldsymbol{v}=\boldsymbol{0},$$

证明: $\mathscr{A}$ 在某组基下的矩阵为

$$\boldsymbol{A}=\begin{pmatrix}0 & & & & \\ 1 & 0 & & & \\ & 1 & 0 & & \\ & & \ddots & \ddots & \\ & & & 1 & 0\end{pmatrix}.$$

分析 利用上一题的结果.

证 由例 3.18 知, $\boldsymbol{v}, \mathscr{A}\boldsymbol{v}, \cdots, \mathscr{A}^{n-1}\boldsymbol{v}$ 是 V 的一组基. 易得 $\mathscr{A}$ 在这组基下的矩阵就是 $\boldsymbol{A}$.

例 3.20 设 $\boldsymbol{A},\boldsymbol{B}$ 都是 n 阶方阵且 $\boldsymbol{A}$ 可逆. 证明: $\boldsymbol{AB}$ 与 $\boldsymbol{BA}$ 相似.

分析 按定义.

证 由于 $\boldsymbol{A}^{-1}(\boldsymbol{AB})\boldsymbol{A}=\boldsymbol{BA}$, 所以 $\boldsymbol{AB}$ 与 $\boldsymbol{BA}$ 相似.

例 3.21 若 $\boldsymbol{A}$ 与 $\boldsymbol{B}$ 相似, 证明 $\boldsymbol{A}^{\mathrm{T}}$ 与 $\boldsymbol{B}^{\mathrm{T}}$ 相似.

分析 按定义.

证 设存在可逆矩阵 $\boldsymbol{P}$ 使得 $\boldsymbol{P}^{-1}\boldsymbol{AP}=\boldsymbol{B}$. 则 $\boldsymbol{P}^{\mathrm{T}}$ 可逆且 $(\boldsymbol{P}^{\mathrm{T}})^{-1}=(\boldsymbol{P}^{-1})^{\mathrm{T}}$. 从而有

$$\boldsymbol{P}^{\mathrm{T}}\boldsymbol{A}^{\mathrm{T}}(\boldsymbol{P}^{\mathrm{T}})^{-1}=\boldsymbol{P}^{\mathrm{T}}\boldsymbol{A}^{\mathrm{T}}(\boldsymbol{P}^{-1})^{\mathrm{T}}=(\boldsymbol{P}^{-1}\boldsymbol{AP})^{\mathrm{T}}=\boldsymbol{B}^{\mathrm{T}}.$$

所以, $\boldsymbol{A}^{\mathrm{T}}$ 与 $\boldsymbol{B}^{\mathrm{T}}$ 相似.

例 3.22 若方阵 $\boldsymbol{A}$ 和 $\boldsymbol{B}$ 相似, $\boldsymbol{C}$ 和 $\boldsymbol{D}$ 相似, 证明下面两矩阵相似:

$$\begin{pmatrix} \boldsymbol{A} & \boldsymbol{O} \\ \boldsymbol{O} & \boldsymbol{C} \end{pmatrix}, \quad \begin{pmatrix} \boldsymbol{B} & \boldsymbol{O} \\ \boldsymbol{O} & \boldsymbol{D} \end{pmatrix}.$$

分析 按定义.

证 由已知条件, 存在可逆矩阵 $\boldsymbol{P}, \boldsymbol{Q}$ 使得

$$\boldsymbol{P}^{-1}\boldsymbol{AP}=\boldsymbol{B}, \quad \boldsymbol{Q}^{-1}\boldsymbol{CQ}=\boldsymbol{D}.$$

于是有

$$\begin{aligned}\begin{pmatrix} \boldsymbol{P} & \boldsymbol{O} \\ \boldsymbol{O} & \boldsymbol{Q} \end{pmatrix}^{-1}\begin{pmatrix} \boldsymbol{A} & \boldsymbol{O} \\ \boldsymbol{O} & \boldsymbol{C} \end{pmatrix}\begin{pmatrix} \boldsymbol{P} & \boldsymbol{O} \\ \boldsymbol{O} & \boldsymbol{Q} \end{pmatrix} &= \begin{pmatrix} \boldsymbol{P}^{-1} & \boldsymbol{O} \\ \boldsymbol{O} & \boldsymbol{Q}^{-1} \end{pmatrix}\begin{pmatrix} \boldsymbol{A} & \boldsymbol{O} \\ \boldsymbol{O} & \boldsymbol{C} \end{pmatrix}\begin{pmatrix} \boldsymbol{P} & \boldsymbol{O} \\ \boldsymbol{O} & \boldsymbol{Q} \end{pmatrix} \\ &= \begin{pmatrix} \boldsymbol{P}^{-1}\boldsymbol{AP} & \boldsymbol{O} \\ \boldsymbol{O} & \boldsymbol{Q}^{-1}\boldsymbol{CQ} \end{pmatrix} \\ &= \begin{pmatrix} \boldsymbol{B} & \boldsymbol{O} \\ \boldsymbol{O} & \boldsymbol{D} \end{pmatrix},\end{aligned}$$

所以, $\begin{pmatrix} \boldsymbol{A} & \boldsymbol{O} \\ \boldsymbol{O} & \boldsymbol{C} \end{pmatrix}$ 与 $\begin{pmatrix} \boldsymbol{B} & \boldsymbol{O} \\ \boldsymbol{O} & \boldsymbol{D} \end{pmatrix}$ 相似.

例 3.23 设 $\mathbb{R}^3$ 上的线性变换 $\mathscr{A}$ 在标准基

$$\boldsymbol{\varepsilon}_1=\begin{pmatrix} 1 \\ 0 \\ 0 \end{pmatrix}, \quad \boldsymbol{\varepsilon}_2=\begin{pmatrix} 0 \\ 1 \\ 0 \end{pmatrix}, \quad \boldsymbol{\varepsilon}_3=\begin{pmatrix} 0 \\ 0 \\ 1 \end{pmatrix}$$

下的矩阵为

$$A=\begin{pmatrix}1&0&3\\-1&1&0\\-3&1&-6\end{pmatrix}.$$

求 $\mathscr{A}$ 的核 $\mathrm{Ker}\mathscr{A}$.

分析 注意到核对应的就是齐次线性方程组的解空间.

解 设 $\boldsymbol{\alpha}=a_1\boldsymbol{\varepsilon}_1+a_2\boldsymbol{\varepsilon}_2+a_3\boldsymbol{\varepsilon}_3=(\boldsymbol{\varepsilon}_1,\boldsymbol{\varepsilon}_2,\boldsymbol{\varepsilon}_3)\begin{pmatrix}a_1\\a_2\\a_3\end{pmatrix}\in \mathrm{Ker}\mathscr{A}$, 则有

$$\mathbf{0}=\mathscr{A}\boldsymbol{\alpha}=\mathscr{A}(\boldsymbol{\varepsilon}_1,\boldsymbol{\varepsilon}_2,\boldsymbol{\varepsilon}_3)\begin{pmatrix}a_1\\a_2\\a_3\end{pmatrix}=(\boldsymbol{\varepsilon}_1,\boldsymbol{\varepsilon}_2,\boldsymbol{\varepsilon}_3)\boldsymbol{A}\begin{pmatrix}a_1\\a_2\\a_3\end{pmatrix}.$$

由于 $\boldsymbol{\varepsilon}_1,\boldsymbol{\varepsilon}_2,\boldsymbol{\varepsilon}_3$ 线性无关, 所以上式等价于 $\boldsymbol{A}\begin{pmatrix}a_1\\a_2\\a_3\end{pmatrix}=\mathbf{0}$.

因此, $\boldsymbol{\alpha}=(\boldsymbol{\varepsilon}_1,\boldsymbol{\varepsilon}_2,\boldsymbol{\varepsilon}_3)\begin{pmatrix}a_1\\a_2\\a_3\end{pmatrix}$ 在 $\mathrm{Ker}\mathscr{A}$ 中当且仅当 $\begin{pmatrix}a_1\\a_2\\a_3\end{pmatrix}$ 是 $\boldsymbol{Ax}=\mathbf{0}$ 的解. 求解 $\boldsymbol{Ax}=\mathbf{0}$ 如下:

$$\begin{pmatrix}1&0&3\\-1&1&0\\-3&1&-6\end{pmatrix}\to\begin{pmatrix}1&0&3\\0&1&3\\0&1&3\end{pmatrix}\to\begin{pmatrix}1&0&3\\0&1&3\\0&0&0\end{pmatrix}.$$

所以, $\boldsymbol{Ax}=\mathbf{0}$ 的全部解为 $\lambda(3,3,-1)^{\mathrm{T}}$, $\lambda\in\mathbb{R}$.

所以, $\mathrm{Ker}\mathscr{A}=\left\{\lambda(3,3,-1)^{\mathrm{T}}\middle|\lambda\in\mathbb{R}\right\}$.

例 3.24 已知向量 $(1,1,1)^{\mathrm{T}}$, $(1,0,-1)^{\mathrm{T}}$, $(1,-1,0)^{\mathrm{T}}$ 是矩阵

$$A=\begin{pmatrix}1&1&1\\a&b&c\\d&e&f\end{pmatrix}$$

的特征向量, 求 a,b,c,d,e,f 的值.

分析 按定义.

解

$$A\begin{pmatrix}1\\1\\1\end{pmatrix}=\begin{pmatrix}3\\a+b+c\\d+e+f\end{pmatrix}\Rightarrow\begin{cases}a+b+c=3,\\d+e+f=3.\end{cases}$$

$$A\begin{pmatrix}1\\0\\-1\end{pmatrix}=\begin{pmatrix}0\\a-c\\d-f\end{pmatrix}\Rightarrow\begin{cases}a-c=0,\\d-f=0.\end{cases}$$

$$A\begin{pmatrix}1\\-1\\0\end{pmatrix}=\begin{pmatrix}0\\a-b\\d-e\end{pmatrix}\Rightarrow\begin{cases}a-b=0,\\d-e=0.\end{cases}$$

所以，$a=b=c=d=e=f=1$.

例 3.25　设矩阵 $\boldsymbol{A},\boldsymbol{B}$ 相似，其中

$$\boldsymbol{A}=\begin{pmatrix}-2&0&0\\2&x&2\\3&1&1\end{pmatrix},\quad \boldsymbol{B}=\begin{pmatrix}-1&0&0\\0&2&0\\0&0&y\end{pmatrix}.$$

(1) 求 x,y；

(2) 求可逆矩阵 $\boldsymbol{P}$，使得 $\boldsymbol{P}^{-1}\boldsymbol{AP}=\boldsymbol{B}$.

分析　相似矩阵具有相同的特征多项式.

解　(1) 由于

$$|\lambda\boldsymbol{E}-\boldsymbol{A}|=\begin{vmatrix}\lambda+2&0&0\\-2&\lambda-x&-2\\-3&-1&\lambda-1\end{vmatrix}=(\lambda+2)\begin{vmatrix}\lambda-x&-2\\-1&\lambda-1\end{vmatrix}=(\lambda+2)(\lambda^2-(x+1)\lambda+x-2),$$

$$|\lambda\boldsymbol{E}-\boldsymbol{B}|=(\lambda+1)(\lambda-2)(\lambda-y),$$

由 $\boldsymbol{A},\boldsymbol{B}$ 相似知，它们的特征多项式应相同，从而

$$x=0,\quad y=-2.$$

(2) $\boldsymbol{P}=\begin{pmatrix}0&0&1\\2&1&0\\-1&1&-1\end{pmatrix}$.

例 3.26　(1) 设 $\boldsymbol{A}=\begin{pmatrix}-8&5&0\\-10&7&0\\20&-10&2\end{pmatrix}$，求 $\boldsymbol{A}^n$.

(2) 设三阶方阵 $\boldsymbol{A}$ 的特征值为 1, 0, −1，对应的特征向量分别为

$$(1,2,2)^{\mathrm{T}},\quad (2,-2,1)^{\mathrm{T}},\quad (-2,-1,2)^{\mathrm{T}}.$$

求 $\boldsymbol{A}^n$.

(3) 设三阶方阵 $\boldsymbol{A}$ 的特征值为 1, 2, 3, 对应的特征向量分别为

$$(1,-1,0)^{\mathrm{T}},\ (-1,1,1)^{\mathrm{T}},\ (1,1,1)^{\mathrm{T}}.$$

又设 $\boldsymbol{\beta}=(1,1,2)^{\mathrm{T}}$, 求 $\boldsymbol{A}^n\boldsymbol{\beta}$.

分析　注意到对角矩阵的高次幂非常容易求, 利用矩阵的对角化以及矩阵乘法的结合律可解.

解　(1) 将 $\boldsymbol{A}$ 对角化, 可得 $\boldsymbol{P}=\begin{pmatrix}1&0&1\\2&0&1\\0&1&-2\end{pmatrix}$, 使得

$$\boldsymbol{P}^{-1}\boldsymbol{A}\boldsymbol{P}=\begin{pmatrix}2&0&0\\0&2&0\\0&0&-3\end{pmatrix}.$$

所以,

$$\boldsymbol{A}^n=\left(\boldsymbol{P}\begin{pmatrix}2&&\\&2&\\&&-3\end{pmatrix}\boldsymbol{P}^{-1}\right)^n=\boldsymbol{P}\begin{pmatrix}2&&\\&2&\\&&-3\end{pmatrix}^n\boldsymbol{P}^{-1}=\boldsymbol{P}\begin{pmatrix}2^n&&\\&2^n&\\&&(-3)^n\end{pmatrix}\boldsymbol{P}^{-1}.$$

又 $\boldsymbol{P}^{-1}=\begin{pmatrix}-1&1&0\\4&-2&1\\2&-1&0\end{pmatrix}$, 从而,

$$\boldsymbol{A}^n=\begin{pmatrix}-2^n+2\cdot(-3)^n&2^n-(-3)^n&0\\-2^{n+1}+2\cdot(-3)^n&2^{n+1}-(-3)^n&0\\2^{n+2}-4\cdot(-3)^n&-2^{n+1}+2\cdot(-3)^n&2^n\end{pmatrix}.$$

(2) 由已知条件有

$$\begin{pmatrix}1&2&-2\\2&-2&-1\\2&1&2\end{pmatrix}^{-1}\boldsymbol{A}\begin{pmatrix}1&2&-2\\2&-2&-1\\2&1&2\end{pmatrix}=\begin{pmatrix}1&&\\&0&\\&&-1\end{pmatrix}.$$

则

$$\boldsymbol{A}^n=\begin{pmatrix}1&2&-2\\2&-2&-1\\2&1&2\end{pmatrix}\begin{pmatrix}1&&\\&0&\\&&(-1)^n\end{pmatrix}\begin{pmatrix}1&2&-2\\2&-2&-1\\2&1&2\end{pmatrix}^{-1}$$

$$=\begin{pmatrix}1&2&-2\\2&-2&-1\\2&1&2\end{pmatrix}\begin{pmatrix}1&&\\&0&\\&&(-1)^n\end{pmatrix}\frac{1}{9}\begin{pmatrix}1&2&2\\2&-2&1\\-2&-1&2\end{pmatrix}$$

$$=\frac{1}{9}\begin{pmatrix}1+4\cdot(-1)^n&2+2\cdot(-1)^n&2-4\cdot(-1)^n\\2+2\cdot(-1)^n&4+(-1)^n&4-2\cdot(-1)^n\\2-4\cdot(-1)^n&4-2\cdot(-1)^n&4+4\cdot(-1)^n\end{pmatrix}.$$

(3) 由已知条件有

$$\begin{pmatrix}1&-1&1\\-1&1&1\\0&1&1\end{pmatrix}^{-1}A\begin{pmatrix}1&-1&1\\-1&1&1\\0&1&1\end{pmatrix}=\begin{pmatrix}1&&\\&2&\\&&3\end{pmatrix},$$

所以,

$$A^n\boldsymbol{\beta}=\begin{pmatrix}1&-1&1\\-1&1&1\\0&1&1\end{pmatrix}\begin{pmatrix}1&&\\&2&\\&&3\end{pmatrix}^n\begin{pmatrix}1&-1&1\\-1&1&1\\0&1&1\end{pmatrix}^{-1}\begin{pmatrix}1\\1\\2\end{pmatrix}.$$

$$=\begin{pmatrix}1&-1&1\\-1&1&1\\0&1&1\end{pmatrix}\begin{pmatrix}1&&\\&2^n&\\&&3^n\end{pmatrix}\begin{pmatrix}0&-1&1\\-\frac{1}{2}&-\frac{1}{2}&1\\\frac{1}{2}&\frac{1}{2}&0\end{pmatrix}\begin{pmatrix}1\\1\\2\end{pmatrix}$$

$$=\begin{pmatrix}1-2^n+3^n\\-1+2^n+3^n\\2^n+3^n\end{pmatrix}.$$

例 3.27　设二阶矩阵 A 的特征值为-1 和 1, 求 A^{2018}.

分析　同上一题.

解　由已知存在可逆矩阵 P 使得 $P^{-1}AP=\begin{pmatrix}-1&\\&1\end{pmatrix}$. 所以,

$$A^{2018}=\left(P\begin{pmatrix}-1&\\&1\end{pmatrix}P^{-1}\right)^{2018}=P\begin{pmatrix}-1&\\&1\end{pmatrix}^{2018}P^{-1}=PE_2P^{-1}=E_2.$$

例 3.28　设 v_1,v_2 是方阵 A 的对应于不同特征值 λ_1,λ_2 的特征向量, 证明: 当 k_1,k_2 都不为 0 时, $k_1v_1+k_2v_2$ 不是 A 的特征向量.

分析　按定义.

证　(反证法) 假设 $k_1\boldsymbol{v}_1+k_2\boldsymbol{v}_2$ 是 $\boldsymbol{A}$ 的属于特征值 λ 的特征向量, 则

$$\boldsymbol{A}(k_1\boldsymbol{v}_1+k_2\boldsymbol{v}_2)=\lambda(k_1\boldsymbol{v}_1+k_2\boldsymbol{v}_2).$$

左边 $=k_1\boldsymbol{A}\boldsymbol{v}_1+k_2\boldsymbol{A}\boldsymbol{v}_2=\lambda_1k_1\boldsymbol{v}_1+\lambda_2k_2\boldsymbol{v}_2$, 从而有

$$(\lambda-\lambda_1)k_1\boldsymbol{v}_1+(\lambda-\lambda_2)k_2\boldsymbol{v}_2=\boldsymbol{0}.$$

但 $\boldsymbol{A}$ 的属于不同特征值的特征向量线性无关, 从而,

$$(\lambda-\lambda_1)k_1=(\lambda-\lambda_2)k_2=0.$$

而 $k_1\neq0$, $k_2\neq0$, 所以 $\lambda=\lambda_1=\lambda_2$. 矛盾.

例 3.29　设 $\boldsymbol{A}$ 是方阵, 证明 $\boldsymbol{A}^{\mathrm{T}}$ 与 $\boldsymbol{A}$ 有相同的特征值.

分析　特征值是特征多项式的根, 利用矩阵的转置不改变行列式可证.

证　$\boldsymbol{A}$ 的特征多项式为 $|\lambda\boldsymbol{E}-\boldsymbol{A}|$, $\boldsymbol{A}^{\mathrm{T}}$ 的特征多项式为

$$\left|\lambda\boldsymbol{E}-\boldsymbol{A}^{\mathrm{T}}\right|=\left|(\lambda\boldsymbol{E}-\boldsymbol{A})^{\mathrm{T}}\right|=|\lambda\boldsymbol{E}-\boldsymbol{A}|,$$

所以, $\boldsymbol{A}$ 与 $\boldsymbol{A}^{\mathrm{T}}$ 的特征多项式相同, 从而有相同的特征向量.

例 3.30　设 $\boldsymbol{A}$ 是方阵且满足 $\boldsymbol{A}^{\mathrm{T}}\boldsymbol{A}=\boldsymbol{E}$ 和 $|\boldsymbol{A}|=-1$, 则 -1 是 $\boldsymbol{A}$ 的特征值.

分析　按定义.

证　因为

$$|-\boldsymbol{E}-\boldsymbol{A}|=\left|-\boldsymbol{A}^{\mathrm{T}}\boldsymbol{A}-\boldsymbol{A}\right|=\left|(-\boldsymbol{A}^{\mathrm{T}}-\boldsymbol{E})\boldsymbol{A}\right|=\left|(-\boldsymbol{A}\ -\boldsymbol{E})^{\mathrm{T}}\right||\boldsymbol{A}|=-|-\boldsymbol{E}-\boldsymbol{A}|,$$

所以, $|-\boldsymbol{E}-\boldsymbol{A}|=0$. 因此, -1 是 $\boldsymbol{A}$ 的特征值.

例 3.31　求 $\boldsymbol{A}=\begin{pmatrix}1&1&\cdots&1\\1&1&\cdots&1\\\vdots&\vdots&&\vdots\\1&1&\cdots&1\end{pmatrix}$ 的特征值和特征向量.

分析　利用行列式技巧.

解
$$|\lambda\boldsymbol{E}-\boldsymbol{A}|=\begin{vmatrix}\lambda-1&-1&\cdots&-1\\-1&\lambda-1&\cdots&-1\\\vdots&\vdots&&\vdots\\-1&-1&\cdots&\lambda-1\end{vmatrix}=\begin{vmatrix}\lambda-n&-1&\cdots&-1\\\lambda-n&\lambda-1&\cdots&-1\\\vdots&\vdots&&\vdots\\\lambda-n&-1&\cdots&\lambda-1\end{vmatrix}$$

$$=\begin{vmatrix}\lambda-n&-1&\cdots&-1\\0&\lambda&\cdots&0\\\vdots&\vdots&&\vdots\\0&0&\cdots&\lambda\end{vmatrix}$$

$$=(\lambda-n)\lambda^{n-1}.$$

所以, $\boldsymbol{A}$ 的特征值为 $n, 0\,(n-1$重).

解方程 $(n\boldsymbol{E}-\boldsymbol{A})\boldsymbol{x}=\boldsymbol{0}$ 得特征向量为 $\lambda(1,1,\cdots,1)^{\mathrm{T}}$, $0\neq\lambda\in\mathbb{R}$.

解方程 $\boldsymbol{Ax}=\boldsymbol{0}$ 得属于特征值 0 的特征向量为

$$\lambda_1\begin{pmatrix}1\\-1\\0\\\vdots\\0\end{pmatrix}+\lambda_2\begin{pmatrix}1\\0\\-1\\\vdots\\0\end{pmatrix}+\cdots+\lambda_{n-1}\begin{pmatrix}1\\0\\0\\\vdots\\-1\end{pmatrix},$$

其中 $\lambda_1,\lambda_2,\cdots,\lambda_{n-1}\in\mathbb{R}$, 且不全为 0.

例 3.32　设 λ 是方阵 $\boldsymbol{A}$ 的一个特征值, $f(x)=a_mx^m+a_{m-1}x^{m-1}+\cdots+a_1x+a_0$ 是一个多项式.

(1) $f(\lambda)=a_m\lambda^m+a_{m-1}\lambda^{m-1}+\cdots+a_1\lambda+a_0$ 是方阵 $f(\boldsymbol{A})=a_m\boldsymbol{A}^m+a_{m-1}\boldsymbol{A}^{m-1}+\cdots+a_1\boldsymbol{A}+a_0\boldsymbol{E}$ 的一个特征值;

(2) 若 $f(\boldsymbol{A})=\boldsymbol{O}$, 则 $f(\lambda)=0$;

(3) 若方阵 $\boldsymbol{A}$ 满足 $\boldsymbol{A}^2=\boldsymbol{A}$, 则 $\boldsymbol{A}$ 的特征值只可能是 0 或 1.

分析　按定义.

证　(1) 见教材的例 3.4.9.

(2) 由(1), $f(\lambda)$ 是 $f(\boldsymbol{A})=\boldsymbol{O}$ 的一个特征值, 而显然 $\boldsymbol{O}$ 的特征值只有 0.

(3) 由(2)可得, 若 λ 是 $\boldsymbol{A}$ 的特征值, 则 $\lambda^2-\lambda=0$. 于是 $\lambda=0$ 或 $\lambda=1$.

另可直接证明: 设 λ 是 $\boldsymbol{A}$ 的特征值, 则存在非零向量 $\boldsymbol{v}$ 满足 $\boldsymbol{Av}=\lambda\boldsymbol{v}$. 于是

$$\boldsymbol{0}=(\boldsymbol{A}^2-\boldsymbol{A})\boldsymbol{v}=\boldsymbol{A}^2\boldsymbol{v}-\boldsymbol{Av}=\boldsymbol{A}(\lambda\boldsymbol{v})-\lambda\boldsymbol{v}=\lambda\boldsymbol{Av}-\lambda\boldsymbol{v}=\lambda^2\boldsymbol{v}-\lambda\boldsymbol{v}=(\lambda^2-\lambda)\boldsymbol{v}.$$

而 $\boldsymbol{v}\neq\boldsymbol{0}$, 从而 $\lambda^2-\lambda=0$. 于是

$$\lambda=0\ \text{或}\ \lambda=1.$$

例 3.33　(1) 设 n 阶方阵 $\boldsymbol{A}$ 可对角化且其全部特征值为 $\lambda_1,\lambda_2,\cdots,\lambda_n$, $f(x)=a_mx^m+a_{m-1}x^{m-1}+\cdots+a_1x+a_0$ 是一个多项式, 则 $\det f(\boldsymbol{A})=f(\lambda_1)f(\lambda_2)\cdots f(\lambda_n)$.

(2) 设三阶方阵 $\boldsymbol{A}$ 的特征值为 1,2,–3, 求 $\det(\boldsymbol{A}^2-\boldsymbol{A}+3\boldsymbol{E})$.

(3) 设 n 阶方阵 $\boldsymbol{A}$ 的特征值为 $0,1,2,\cdots,n-1$, 方阵 $\boldsymbol{B}$ 与 $\boldsymbol{A}$ 相似, 求 $|\boldsymbol{B}+\boldsymbol{E}|$.

分析　方阵的行列式等于其特征值的乘积.

证　(1) 由已知, 存在可逆矩阵 $\boldsymbol{P}$ 使得 $\boldsymbol{P}^{-1}\boldsymbol{AP}=\mathrm{diag}(\lambda_1,\lambda_2,\cdots,\lambda_n)$, 即

$$\boldsymbol{A}=\boldsymbol{P}\mathrm{diag}(\lambda_1,\lambda_2,\cdots,\lambda_n)\boldsymbol{P}^{-1}.$$

所以, $f(\boldsymbol{A})=\boldsymbol{P}f(\operatorname{diag}(\lambda_1,\lambda_2,\cdots,\lambda_n))\boldsymbol{P}^{-1}=\boldsymbol{P}\operatorname{diag}(f(\lambda_1),f(\lambda_2),\cdots,f(\lambda_n))\boldsymbol{P}^{-1}$. 因此

$$\begin{aligned}|f(\boldsymbol{A})|&=|\boldsymbol{P}||\operatorname{diag}(f(\lambda_1),f(\lambda_2),\cdots,f(\lambda_n))||\boldsymbol{P}^{-1}|\\&=|\boldsymbol{P}|f(\lambda_1)f(\lambda_2)\cdots f(\lambda_n)|\boldsymbol{P}|^{-1}=f(\lambda_1)f(\lambda_2)\cdots f(\lambda_n).\end{aligned}$$

(2) 由(1) 有 $\det(\boldsymbol{A}^2-\boldsymbol{A}+3\boldsymbol{E})=(1^2-1+3)(2^2-2+3)((-3)^2-(-3)+3)=225$.

或者直接证明: 由已知存在可逆矩阵 $\boldsymbol{P}$ 使得 $\boldsymbol{P}^{-1}\boldsymbol{A}\boldsymbol{P}=\begin{pmatrix}1&&\\&2&\\&&-3\end{pmatrix}$. 所以,

$$\boldsymbol{A}=\boldsymbol{P}\begin{pmatrix}1&&\\&2&\\&&-3\end{pmatrix}\boldsymbol{P}^{-1}.$$

于是

$$\begin{aligned}\boldsymbol{A}^2-\boldsymbol{A}+3\boldsymbol{E}&=\boldsymbol{P}\begin{pmatrix}1&&\\&2^2&\\&&3^2\end{pmatrix}\boldsymbol{P}^{-1}-\boldsymbol{P}\begin{pmatrix}1&&\\&2&\\&&-3\end{pmatrix}\boldsymbol{P}^{-1}+3\boldsymbol{E}\\&=\boldsymbol{P}\begin{pmatrix}3&&\\&5&\\&&15\end{pmatrix}\boldsymbol{P}^{-1}.\end{aligned}$$

因此 $\det(\boldsymbol{A}^2-\boldsymbol{A}+3\boldsymbol{E})=3\times5\times15=225$.

(3) 由已知条件, $\boldsymbol{B}$ 的特征值为 $0,1,2,\cdots,n-1$, 从而可以对角化. 于是存在可逆矩阵 $\boldsymbol{P}$ 使得 $\boldsymbol{P}^{-1}\boldsymbol{B}\boldsymbol{P}=\operatorname{diag}(0,1,2,\cdots,n-1)$. 从而,

$$\begin{aligned}|\boldsymbol{B}+\boldsymbol{E}|&=|\boldsymbol{P}\operatorname{diag}(0,1,2,\cdots,n-1)\boldsymbol{P}^{-1}+\boldsymbol{E}|\\&=|\boldsymbol{P}(\operatorname{diag}(0,1,2,\cdots,n-1)+\boldsymbol{E})\boldsymbol{P}^{-1}|\\&=|\boldsymbol{P}||\operatorname{diag}(1,2,3,\cdots,n)||\boldsymbol{P}|^{-1}\\&=n!.\end{aligned}$$

例 3.34 (1) 设 n 阶可逆方阵 $\boldsymbol{A}$ 的一个特征值为 λ, 则 λ^{-1} 是 $\boldsymbol{A}^{-1}$ 的一个特征值, $|\boldsymbol{A}|\lambda^{-1}$ 是 $\boldsymbol{A}^*$ 的一个特征值.

(2) 设三阶方阵 $\boldsymbol{A}$ 的全部特征值为 2,3,5, 求 $|\boldsymbol{A}|,|\boldsymbol{A}^{-1}|,|\boldsymbol{A}^*|$.

分析　方阵的行列式等于特征值的乘积.

(1) **证**　设 $\boldsymbol{v}$ 是 $\boldsymbol{A}$ 的属于 λ 的特征向量, 即 $\boldsymbol{A}\boldsymbol{v}=\lambda\boldsymbol{v}$. 由于 $\boldsymbol{A}$ 可逆, 所以,

$\lambda \neq 0$, 在 $\boldsymbol{A}\boldsymbol{v} = \lambda\boldsymbol{v}$ 两边左乘 $\boldsymbol{A}^{-1}$ 有

$$\boldsymbol{A}^{-1}\boldsymbol{v} = \lambda^{-1}\boldsymbol{v}.$$

所以, λ^{-1} 是 $\boldsymbol{A}^{-1}$ 的一个特征值.

由于 $\boldsymbol{A}^* = |\boldsymbol{A}|\boldsymbol{A}^{-1}$, 从而有 $\boldsymbol{A}^*\boldsymbol{v} = |\boldsymbol{A}|\boldsymbol{A}^{-1}\boldsymbol{v} = |\boldsymbol{A}|\lambda^{-1}\boldsymbol{v}$. 所以, $|\boldsymbol{A}|\lambda^{-1}$ 是 $\boldsymbol{A}^*$ 的一个特征值.

(2) **解** $|\boldsymbol{A}| = 2\times 3\times 5 = 30$. 由(1)知, $\frac{1}{2},\frac{1}{3},\frac{1}{5}$ 是 $\boldsymbol{A}^{-1}$ 的特征值, 从而是全部的特征值. 于是 $|\boldsymbol{A}^{-1}| = \frac{1}{30}$.

同理, 15, 10, 6 是 $\boldsymbol{A}^*$ 的全部特征值, 从而 $|\boldsymbol{A}^*| = 15\times 10\times 6 = 900$.

例 3.35 设 $\mathbb{R}^3$ 上线性变换 $\mathscr{A}$ 在基 $\boldsymbol{\alpha}_1,\boldsymbol{\alpha}_2,\boldsymbol{\alpha}_3$ 下的矩阵为

$$\boldsymbol{A} = \begin{pmatrix} 2 & -1 & 2 \\ 5 & -3 & 3 \\ -1 & 0 & -2 \end{pmatrix}.$$

(1) 求 $\mathscr{A}$ 的特征值和特征向量;

(2) $\mathscr{A}$ 能否对角化?

分析 对角化后得到的对角矩阵由矩阵的特征值构成.

解 (1) $|\lambda\boldsymbol{E} - \boldsymbol{A}| = \begin{vmatrix} \lambda-2 & 1 & -2 \\ -5 & \lambda+3 & -3 \\ 1 & 0 & \lambda+2 \end{vmatrix} = (\lambda+1)^3$.

所以, $\mathscr{A}$ 的特征值只有-1.

解方程组 $(-\boldsymbol{E} - \boldsymbol{A})\boldsymbol{x} = \boldsymbol{0}$ 得 $\boldsymbol{A}$ 的特征向量为 $\lambda\begin{pmatrix} 1 \\ 1 \\ -1 \end{pmatrix}$, $0 \neq \lambda \in \mathbb{R}$.

所以, $\mathscr{A}$ 的特征向量为: $\lambda(\boldsymbol{\alpha}_1 + \boldsymbol{\alpha}_2 - \boldsymbol{\alpha}_3)$, $0 \neq \lambda \in \mathbb{R}$.

(2) $\mathscr{A}$ 不能对角化.

若 $\mathscr{A}$ 能对角化, 则 $\boldsymbol{A}$ 能对角化. 由(1)知, $\boldsymbol{A}$ 的全部特征值为-1, 则存在可逆矩阵 $\boldsymbol{P}$ 使得

$$\boldsymbol{P}^{-1}\boldsymbol{A}\boldsymbol{P} = \begin{pmatrix} -1 & & \\ & -1 & \\ & & -1 \end{pmatrix} = -\boldsymbol{E}.$$

所以, $\boldsymbol{A} = \boldsymbol{P}(-\boldsymbol{E})\boldsymbol{P}^{-1} = -\boldsymbol{E}$. 矛盾.

三、练习题分析

练习 3.1　$\boldsymbol{A}$ 为 $m\times n$ 的矩阵, 齐次线性方程组 $\boldsymbol{Ax}=\boldsymbol{0}$ 有无数个解, 则必有(　　).

(A) $m<n$;　　(B) $R(\boldsymbol{A})<m$;

(C) $\boldsymbol{A}$ 中有两列对应元素成比例;　　(D) $\boldsymbol{A}$ 的列向量组线性相关.

提示　依题意, 线性方程组有 n 个未知量, 系数矩阵的秩 $R(\boldsymbol{A})<n$.

练习 3.2　$\boldsymbol{A}$ 为 $m\times n$ 矩阵, 非齐次线性方程组 $\boldsymbol{Ax}=\boldsymbol{b}$ 的解不唯一, 则下列结论正确的是(　　).

(A) $m<n$;　　(B) $R(\boldsymbol{A})<m$;

(C) $\boldsymbol{A}$ 为零矩阵;　　(D) $\boldsymbol{Ax}=\boldsymbol{0}$ 的解不唯一.

提示　线性方程组解的结构定理.

练习 3.3　已知 $\boldsymbol{\beta}_1,\boldsymbol{\beta}_2$ 是非齐次线性方程组 $\boldsymbol{Ax}=\boldsymbol{b}$ 的两个不同的解, $\boldsymbol{\alpha}_1,\boldsymbol{\alpha}_2$ 是非齐次线性方程组 $\boldsymbol{Ax}=\boldsymbol{b}$ 导出方程组的基础解系, $k_1,k_2\in\mathbb{R}$, 则方程组 $\boldsymbol{Ax}=\boldsymbol{b}$ 的通解必是(　　).

(A) $k_1\boldsymbol{\alpha}_1+k_2(\boldsymbol{\alpha}_1+\boldsymbol{\alpha}_2)+\dfrac{\boldsymbol{\beta}_1-\boldsymbol{\beta}_2}{2}$;　　(B) $k_1\boldsymbol{\alpha}_1+k_2(\boldsymbol{\alpha}_1-\boldsymbol{\alpha}_2)+\dfrac{\boldsymbol{\beta}_1+\boldsymbol{\beta}_2}{2}$;

(C) $k_1\boldsymbol{\alpha}_1+k_2(\boldsymbol{\beta}_1+\boldsymbol{\beta}_2)+\dfrac{\boldsymbol{\beta}_1-\boldsymbol{\beta}_2}{2}$;　　(D) $k_1\boldsymbol{\alpha}_1+k_2(\boldsymbol{\beta}_1-\boldsymbol{\beta}_2)+\dfrac{\boldsymbol{\beta}_1+\boldsymbol{\beta}_2}{2}$.

提示　线性方程组解的结构定理.

练习 3.4　设 $\boldsymbol{\alpha}_1,\boldsymbol{\alpha}_2,\boldsymbol{\alpha}_3$ 是四元非齐次非线性方程组 $\boldsymbol{Ax}=\boldsymbol{b}$ 的 3 个解向量, 且 $R(\boldsymbol{A})=3$, $\boldsymbol{\alpha}_1=(1,2,3,4)^{\mathrm{T}}$, $\boldsymbol{\alpha}_2+\boldsymbol{\alpha}_3=(0,1,2,3)^{\mathrm{T}}$, c 表示任意常数, 则线性方程组 $\boldsymbol{Ax}=\boldsymbol{b}$ 的通解为(　　).

(A) $(1,2,3,4)^{\mathrm{T}}+c(1,1,1,1)^{\mathrm{T}}$;　　(B) $(1,2,3,3)^{\mathrm{T}}+c(0,1,2,3)^{\mathrm{T}}$;

(C) $(1,2,3,4)^{\mathrm{T}}+c(2,3,4,5)^{\mathrm{T}}$;　　(D) $(1,2,3,4)^{\mathrm{T}}+c(3,4,5,6)^{\mathrm{T}}$.

提示　$R(\boldsymbol{A})=3$ 意味着导出组的解空间的维数为 1, 求出导出组的 1 个非零解即可.

练习 3.5　设 n 元 m 个方程的非齐次线性方程组 $\boldsymbol{Ax}=\boldsymbol{b}$ 的系数矩阵 $\boldsymbol{A}$ 的秩为 r, 则(　　).

(A) $r=m$ 时, $\boldsymbol{Ax}=\boldsymbol{b}$ 必有解;　　(B) $r=n$ 时, $\boldsymbol{Ax}=\boldsymbol{b}$ 有唯一解;

(C) $m=n$ 时, $\boldsymbol{Ax}=\boldsymbol{b}$ 有唯一解;　　(D) $r<n$ 时, $\boldsymbol{Ax}=\boldsymbol{b}$ 有无穷多解.

提示　方程组有解的充分必要条件是系数矩阵的秩与增广矩阵的秩一致.

练习 3.6　求齐次线性方程组 $\begin{cases}x_1+x_2+2x_3-x_4=0,\\ 2x_1+x_2+x_3-x_4=0,\\ 2x_1+2x_2+x_3+2x_4=0\end{cases}$ 的通解.

提示　对系数矩阵做初等行变换, 转化为同解方程组求解.

练习 3.7　已知 $\boldsymbol{\beta}_1=(-3,2,0)^{\mathrm{T}},\boldsymbol{\beta}_2=(-1,0,-2)^{\mathrm{T}}$ 是线性方程组

$$\begin{cases} a_1x_1+a_2x_2+a_3x_3=a_4, \\ x_1+2x_2-x_3=a_5, \\ 2x_1+x_2+x_3=-4 \end{cases}$$

的两个解, 求该线性方程组的通解.

提示　利用系数矩阵、增广矩阵的秩与线性方程组的解之间的关系.

练习 3.8　已知下列两个线性方程组有非零公共解, 求 a 以及所有公共解.

(1) $\begin{cases} x_1+x_2+x_3=0, \\ x_1+2x_2+ax_3=0, \\ x_1+4x_2+a^2x_3=0; \end{cases}$　　(2) $x_1+2x_2+x_3=a-1$.

提示　参照上题.

练习 3.9　设 $\boldsymbol{A},\boldsymbol{B}$ 是实数域 $\mathbb{R}$ 上的两个 $m\times n$ 矩阵. 如果 $\boldsymbol{A}$ 的秩 $R(\boldsymbol{A})<\frac{n}{2}$, $\boldsymbol{B}$ 的秩 $R(\boldsymbol{B})<\frac{n}{2}$, 证明: 存在 $\mathbb{R}$ 上的 $n\times s$ 矩阵 $\boldsymbol{C}$, $\boldsymbol{C}\neq\boldsymbol{O}$, 使 $(\boldsymbol{A}+\boldsymbol{B})\boldsymbol{C}=\boldsymbol{O}$.

提示　利用 $R(\boldsymbol{A}+\boldsymbol{B})\leqslant R(\boldsymbol{A})+R(\boldsymbol{B})$.

练习 3.10　设 $\boldsymbol{A},\boldsymbol{B}$ 是实数域 $\mathbb{R}$ 上的两个 n 阶方阵. 已知存在 $\mathbb{R}$ 上非零的 n 阶方阵 $\boldsymbol{C}$, 使 $\boldsymbol{AC}=\boldsymbol{O}$. 证明: 存在 $\mathbb{R}$ 上非零的 n 阶矩阵 $\boldsymbol{D}$, 使 $\boldsymbol{ABD}=\boldsymbol{O}$.

提示　利用 $R(\boldsymbol{AB})\leqslant R(\boldsymbol{A})$.

练习 3.11　已知三阶方阵 $\boldsymbol{B}\neq\boldsymbol{O}$, 且 $\boldsymbol{B}$ 的每个列向量都是方程组

$$\begin{cases} x_1+2x_2-2x_3=0, \\ 2x_1-x_2+\lambda x_3=0, \\ 3x_1+x_2-x_3=0 \end{cases}$$

的解.

(1) 求 λ 的值;　　(2) 证明: $|\boldsymbol{B}|=0$.

提示　$\boldsymbol{B}$ 不等于零矩阵, 说明线性方程组有非零解, 由克拉默法则可知其系数矩阵的行列式为零.

练习 3.12　设 $\boldsymbol{\alpha}_1,\boldsymbol{\alpha}_2,\boldsymbol{\alpha}_3$ 是齐次线性方程组 $\boldsymbol{Ax}=\mathbf{0}$ 的基础解系, 证明 $\boldsymbol{\alpha}_1+\boldsymbol{\alpha}_2$, $\boldsymbol{\alpha}_2+\boldsymbol{\alpha}_3$, $\boldsymbol{\alpha}_3+\boldsymbol{\alpha}_1$ 也是基础解系.

提示　向量组所含向量个数为 3, 因此只需证明两个向量组等价即可.

练习 3.13　设矩阵 $\boldsymbol{A}=(\boldsymbol{\alpha}_1,\boldsymbol{\alpha}_2,\boldsymbol{\alpha}_3)$, 线性方程组 $\boldsymbol{Ax}=\boldsymbol{b}$ 的通解是 $(1,-2,0)^{\mathrm{T}}+k(2,1,1)^{\mathrm{T}}$, 若矩阵 $\boldsymbol{B}=(\boldsymbol{\alpha}_1,\boldsymbol{\alpha}_2,\boldsymbol{\alpha}_3,\boldsymbol{\beta}-5\boldsymbol{\alpha}_3)$, 求方程组 $\boldsymbol{Bx}=\boldsymbol{\beta}+\boldsymbol{\alpha}_3$ 的通解.

提示　同练习 3.4.

练习 3.14　设 $\boldsymbol{\alpha}=(1,2,-1)^{\mathrm{T}}$, $\boldsymbol{\beta}=(1,2,a)^{\mathrm{T}}$, $\boldsymbol{r}=(0,-2,1)^{\mathrm{T}}$, 若 $\boldsymbol{\alpha\beta}^{\mathrm{T}}\boldsymbol{x}=\boldsymbol{\beta r}^{\mathrm{T}}\boldsymbol{x}+3\boldsymbol{\beta}$, 求此方程组的通解.

提示　利用线性方程组解的结构.

练习 3.15　给定实数域 $\mathbb{R}$ 上 n 维实向量空间 $\mathbb{R}^n$ 内的一个线性无关向量组 $\boldsymbol{\xi}_1,\boldsymbol{\xi}_2,\cdots,\boldsymbol{\xi}_s$. 证明: 存在 $\mathbb{R}$ 上的一个齐次线性方程组, 以此线性无关向量组为一个基础解系.

提示　利用齐次线性方程组的解的结构.

练习 3.16　求一个齐次线性方程组, 使它的基础解系为

$$\boldsymbol{\xi}_1=(0,1,2,3)^{\mathrm{T}},\quad \boldsymbol{\xi}_2(3,2,1,0)^{\mathrm{T}}.$$

提示　利用练习 3.15.

练习 3.17　设 $\mathbb{R}^3$ 的线性变换 $\mathscr{T}$ 在标准基 $\boldsymbol{\varepsilon}_1=\begin{pmatrix}1\\0\\0\end{pmatrix}$, $\boldsymbol{\varepsilon}_2=\begin{pmatrix}0\\1\\0\end{pmatrix}$, $\boldsymbol{\varepsilon}_3=\begin{pmatrix}0\\0\\1\end{pmatrix}$ 下的矩阵是

$$\boldsymbol{A}=\begin{pmatrix}1&3&3\\-1&0&3\\2&1&5\end{pmatrix}.$$

求 $\mathscr{T}$ 的核 $\mathrm{Ker}\mathscr{T}$.

提示　$\mathscr{T}$ 的核中的向量在基下的坐标构成线性方程组 $\boldsymbol{Ax}=\boldsymbol{0}$ 的解空间.

练习 3.18　设 $\boldsymbol{A}=\begin{pmatrix}7&4&-1\\4&7&7\\-4&-4&a\end{pmatrix}$, 已知它的特征值为 $\lambda_1=\lambda_2=3$, $\lambda_3=12$, 求 a.

提示　$|\boldsymbol{A}|=$ 特征值的乘积.

练习 3.19　设 $\boldsymbol{A}$ 是 n 阶方阵, 且 $\boldsymbol{A}^2=\boldsymbol{E}$, 其中 $\boldsymbol{E}$ 为 n 阶单位矩阵. 判断 n 阶方阵 $\boldsymbol{A}$ 能否对角化, 请说明理由.

提示　利用 n 阶方阵可对角化的充要条件.

练习 3.20　证明: 若 $\boldsymbol{A}^2=\boldsymbol{E}$, 则 $\boldsymbol{A}$ 的特征值只能是 1 或 -1.

提示　考虑特征多项式.

练习 3.21　证明: $\boldsymbol{A}^{\mathrm{T}}$ 与 $\boldsymbol{A}$ 有相同的特征值.

提示　考虑特征多项式.

练习 3.22　三阶方阵 $\boldsymbol{A}$ 的特征值分别为 $\lambda_1=1$, $\lambda_2=0$, $\lambda_3=-1$, 对应的特征向

量为 $\boldsymbol{p}_1=\begin{pmatrix}1\\2\\2\end{pmatrix},\boldsymbol{p}_2=\begin{pmatrix}2\\-2\\1\end{pmatrix},\boldsymbol{p}_3=\begin{pmatrix}-2\\-1\\2\end{pmatrix}$. 求 $\boldsymbol{A}$.

提示　由 $\boldsymbol{A}$ 相似于对角矩阵反解 $\boldsymbol{A}$.

练习 3.23　设 $\boldsymbol{A},\boldsymbol{B}$ 是 n 阶矩阵, 证明: $|\lambda\boldsymbol{E}_n-\boldsymbol{AB}|=|\lambda\boldsymbol{E}_n-\boldsymbol{BA}|$.

提示　利用分块矩阵的运算.

四、第 3 章单元测验题

1. 单项选择题.

(1) 若 n 阶非奇异矩阵 $\boldsymbol{A}$ 的各行元素之和均为常数 a, 则 $\left(\dfrac{1}{2}\boldsymbol{A}^2\right)^{-1}$ 有一特征值为(　　).

(A) $2a^2$;　　(B) $-2a^2$;　　(C) $2a^{-2}$;　　(D) $-2a^{-2}$.

(2) 若 λ 为四阶矩阵 $\boldsymbol{A}$ 的特征多项式的三重根, 则 $\boldsymbol{A}$ 对应于 λ 的特征向量最多有(　　)个线性无关.

(A) 3 个;　　(B) 1 个;　　(C) 2 个;　　(D) 4 个.

(3) 设 $\boldsymbol{\alpha}$ 是矩阵 $\boldsymbol{A}$ 对应于其特征值 λ 的特征向量, 则 $\boldsymbol{P}^{-1}\boldsymbol{AP}$ 对应于 λ 的特征向量为(　　).

(A) $\boldsymbol{P}^{-1}\boldsymbol{\alpha}$;　　(B) $\boldsymbol{P\alpha}$;　　(C) $\boldsymbol{P}^{\mathrm{T}}\boldsymbol{\alpha}$;　　(D) $\boldsymbol{\alpha}$.

(4) 设 $\boldsymbol{A}$ 为 $n(\geqslant 2)$ 阶方阵, 且 $R(\boldsymbol{A})=n-1$, $\boldsymbol{\alpha}_1,\boldsymbol{\alpha}_2$ 是 $\boldsymbol{Ax}=\boldsymbol{0}$ 的两个不同的解向量, k 为任意常数, 则 $\boldsymbol{Ax}=\boldsymbol{0}$ 的通解为(　　).

(A) $k\boldsymbol{\alpha}_1$;　　(B) $k\boldsymbol{\alpha}_2$;　　(C) $k(\boldsymbol{\alpha}_1-\boldsymbol{\alpha}_2)$;　　(D) $k(\boldsymbol{\alpha}_1+\boldsymbol{\alpha}_2)$.

(5) 当(　　)时, 齐次线性方程组 $\boldsymbol{A}_{m\times n}\boldsymbol{x}=\boldsymbol{0}$ 一定有非零解.

(A) $m\neq n$;　　(B) $m=n$;　　(C) $m>n$;　　(D) $m<n$.

(6) 方程组 $\begin{cases}\lambda x_1+x_2+\lambda^2x_3=0,\\x_1+\lambda x_2+x_3=0,\\x_1+x_2+\lambda x_3=0\end{cases}$ 的系数矩阵记为 $\boldsymbol{A}$, 若存在三阶方阵 $\boldsymbol{B}\neq\boldsymbol{O}$, 使得 $\boldsymbol{AB}=\boldsymbol{O}$, 则(　　).

(A) $\lambda=1$, 且 $|\boldsymbol{B}|=0$;　　(B) $\lambda\neq1$, 且 $|\boldsymbol{B}|\neq0$;

(C) $\lambda\neq1$, 且 $|\boldsymbol{B}|=0$;　　(D) $\lambda=1$, 且 $|\boldsymbol{B}|\neq0$.

(7) 设 $\boldsymbol{A}$ 为 $n(\geqslant 2)$ 阶奇异方阵, $\boldsymbol{A}$ 中有一元素 a_{ij} 的代数余子式 $A_{ij}\neq0$, 则方程组 $\boldsymbol{Ax}=\boldsymbol{0}$ 的基础解系所含向量的个数为(　　).

(A) i;　　(B) 1;　　(C) j;　　(D) n.

(8) 下列四个矩阵中，与$\begin{bmatrix}2&1\\0&3\end{bmatrix}$相似的是(　　).

(A) $\begin{pmatrix}-2&0\\0&-3\end{pmatrix}$;　(B) $\begin{pmatrix}2&2\\3&3\end{pmatrix}$;　(C) $\begin{pmatrix}1&2\\3&0\end{pmatrix}$;　(D) $\begin{pmatrix}2&0\\1&3\end{pmatrix}$.

2. 填空题.

(1) 已知$\boldsymbol{A}=\begin{pmatrix}2&0&0\\0&1&1\\0&0&x\end{pmatrix}$的伴随矩阵$\boldsymbol{A}^*$有一特征值为$-2$，则$x=$__________.

(2) 若二阶矩阵$\boldsymbol{A}$的特征值为1和-1，则$\boldsymbol{A}^{2004}=$__________.

(3) n阶方阵$\boldsymbol{A}$的特征值均非负，且$\boldsymbol{A}^2=\boldsymbol{E}$，则其特征值必为__________.

(4) 设四阶方阵$\boldsymbol{A}=(\boldsymbol{\alpha}_1,\boldsymbol{\alpha}_2,\boldsymbol{\alpha}_3,\boldsymbol{\alpha}_4)$，且$\boldsymbol{\beta}=\boldsymbol{\alpha}_1-\boldsymbol{\alpha}_2+\boldsymbol{\alpha}_3-\boldsymbol{\alpha}_4$，则方程组$\boldsymbol{Ax}=\boldsymbol{\beta}$的一个解向量为__________.

(5) 已知方程组$\begin{pmatrix}1&2&1\\2&3&a+2\\1&a&-2\end{pmatrix}\begin{pmatrix}x_1\\x_2\\x_3\end{pmatrix}=\begin{pmatrix}1\\3\\0\end{pmatrix}$无解，则$a=$__________.

3. 判断题(正确打√，错误打×).

(1) 若$\boldsymbol{A}_{n\times n}\boldsymbol{x}_{n\times 1}=2\boldsymbol{x}_{n\times 1}$，则2是$\boldsymbol{A}_{n\times n}$的一个特征值.　(　　)

(2) 若$\boldsymbol{\alpha}_1,\boldsymbol{\alpha}_2,\boldsymbol{\alpha}_3,\boldsymbol{\alpha}_4,\boldsymbol{\alpha}_5$都是$\boldsymbol{Ax}=\boldsymbol{b}$的解，则$\boldsymbol{\alpha}_1+4\boldsymbol{\alpha}_2-3\boldsymbol{\alpha}_3+6\boldsymbol{\alpha}_4-8\boldsymbol{\alpha}_5$是$\boldsymbol{Ax}=\boldsymbol{0}$的一个解.　(　　)

(3) 方程组$\boldsymbol{A}_{m\times n}\boldsymbol{x}=\boldsymbol{0}$基础解系的个数等于$n-R(\boldsymbol{A}_{m\times n})$.　(　　)

(4) 若方程组$\boldsymbol{Ax}=\boldsymbol{0}$有非零解，则方程组$\boldsymbol{Ax}=\boldsymbol{b}$必有无穷多解.　(　　)

(5) $\boldsymbol{Ax}=\boldsymbol{0}$与$\boldsymbol{A}^{\mathrm{T}}\boldsymbol{Ax}=\boldsymbol{0}$为同解方程组.　(　　)

(6) 方程组$\boldsymbol{Ax}=\boldsymbol{b}$有无穷多个解的充分必要条件是$\boldsymbol{Ax}=\boldsymbol{b}$有两个不同的解.　(　　)

4. 解答题.

(1) 若矩阵$\boldsymbol{A}$满足$\boldsymbol{A}^2-3\boldsymbol{A}+2\boldsymbol{E}=\boldsymbol{O}$，证明：$\boldsymbol{A}$的特征值只能是1或2.

(2) 证明$\boldsymbol{A}=\begin{pmatrix}2&0&0\\0&0&1\\0&1&0\end{pmatrix}$与$\boldsymbol{B}=\begin{pmatrix}1&0&0\\0&-1&0\\0&-6&2\end{pmatrix}$相似.

(3) 设$\boldsymbol{A}=\begin{pmatrix}0&0&1\\x&1&y\\1&0&0\end{pmatrix}$与对角阵相似，求$x$和$y$应满足的条件.

(4) 设 $\boldsymbol{A}=\begin{pmatrix} 1 & 2 & -3 \\ -1 & 4 & -3 \\ 1 & a & 5 \end{pmatrix}$，若 A 的特征方程 $|\lambda \boldsymbol{E}-\boldsymbol{A}|=0$ 有一个二重根.

① 求 a 的值;

② 讨论矩阵 $\boldsymbol{A}$ 是否可以相似对角化, 若可以, 求出可逆矩阵 $\boldsymbol{P}$ 和对角阵 $\boldsymbol{\Lambda}$，使得 $\boldsymbol{P}^{-1}\boldsymbol{A}\boldsymbol{P}=\boldsymbol{\Lambda}$.

(5) 若矩阵 $\boldsymbol{A}=\begin{pmatrix} -8 & 5 & 0 \\ -10 & 7 & 0 \\ 20 & -10 & 2 \end{pmatrix}$，求 $\boldsymbol{A}^{2020}$.

(6) 设 V 是实数域 $\mathbb{R}$ 上的 $n(n\geqslant 2)$ 维线性空间. $\mathscr{A}$, $\mathscr{B}$ 是其上的两个线性变换, 并且它们在基 $\boldsymbol{\eta}_1,\cdots,\boldsymbol{\eta}_n$ 下的矩阵分别是 $\boldsymbol{A},\boldsymbol{A}^*$ ($\boldsymbol{A}$ 的伴随矩阵).

① 证明: $\mathscr{A}\mathscr{B}=\mathscr{B}\mathscr{A}$.

② 如果 $\mathscr{A}$ 有特征值 0，求 $\mathscr{B}$ 的核的维数和一组基.

第 4 章　欧几里得空间与二次型

一、基础知识导学

1. 基本概念

(1) 内积: 线性空间 V 的一个二元实函数 $(\boldsymbol{\alpha},\boldsymbol{\beta})$, 满足条件

① 对称性　$(\boldsymbol{\alpha},\boldsymbol{\beta})=(\boldsymbol{\beta},\boldsymbol{\alpha})$.

② 线性性　$(k_1\boldsymbol{\alpha}_1+k_2\boldsymbol{\alpha}_2,\boldsymbol{\beta})=k_1(\boldsymbol{\alpha}_1,\boldsymbol{\beta})+k_2(\boldsymbol{\alpha}_2,\boldsymbol{\beta})$.

③ 非负性　$(\boldsymbol{\alpha},\boldsymbol{\alpha})\geqslant 0$, 且 $(\boldsymbol{\alpha},\boldsymbol{\alpha})=0 \Leftrightarrow \boldsymbol{\alpha}=\mathbf{0}$.

内积空间: 具有内积的线性空间. 有限维的内积空间称为欧几里得空间, 简称欧氏空间.

(2) 向量 $\boldsymbol{\alpha}$ 的长度: $|\boldsymbol{\alpha}|=\sqrt{(\boldsymbol{\alpha},\boldsymbol{\alpha})}$. 长度为 1 的向量称为单位向量. 零向量长度为 0.

(3) 度量矩阵: 设 $\boldsymbol{\varepsilon}_1,\cdots,\boldsymbol{\varepsilon}_n$ 是 n 维欧氏空间的一组基, 称矩阵

$$\begin{pmatrix} (\boldsymbol{\varepsilon}_1,\boldsymbol{\varepsilon}_1) & (\boldsymbol{\varepsilon}_1,\boldsymbol{\varepsilon}_2) & \cdots & (\boldsymbol{\varepsilon}_1,\boldsymbol{\varepsilon}_n) \\ (\boldsymbol{\varepsilon}_2,\boldsymbol{\varepsilon}_1) & (\boldsymbol{\varepsilon}_2,\boldsymbol{\varepsilon}_2) & \cdots & (\boldsymbol{\varepsilon}_2,\boldsymbol{\varepsilon}_n) \\ \vdots & \vdots & & \vdots \\ (\boldsymbol{\varepsilon}_n,\boldsymbol{\varepsilon}_1) & (\boldsymbol{\varepsilon}_n,\boldsymbol{\varepsilon}_2) & \cdots & (\boldsymbol{\varepsilon}_n,\boldsymbol{\varepsilon}_n) \end{pmatrix}$$

为基 $\boldsymbol{\varepsilon}_1,\cdots,\boldsymbol{\varepsilon}_n$ 的度量矩阵.

(4) 合同: $\boldsymbol{A},\boldsymbol{B}$ 是 n 阶实矩阵, $\boldsymbol{P}$ 是可逆矩阵, 满足 $\boldsymbol{P}^{\mathrm{T}}\boldsymbol{A}\boldsymbol{P}=\boldsymbol{B}$, 称 $\boldsymbol{A}$ 合同于 $\boldsymbol{B}$.

(5) 正交组: $\boldsymbol{\alpha}_1,\cdots,\boldsymbol{\alpha}_n$ 满足 $\boldsymbol{\alpha}_i\neq\mathbf{0},(\boldsymbol{\alpha}_i,\boldsymbol{\alpha}_j)=0,i\neq j$. 正交组中向量均为单位向量时, 向量组称为标准正交组(正交规范组). 含 n 个向量的标准正交组是 n 维欧氏空间的一个标准正交基.

(6) 正交矩阵: n 阶实方阵 $\boldsymbol{A}$ 满足 $\boldsymbol{A}^{\mathrm{T}}=\boldsymbol{A}^{-1}$.

(7) 正交变换: 欧氏空间中保持向量内积不变的线性变换.

(8) 二次型及其矩阵: 称满足 $a_{ij}=a_{ji}$ 的二次齐次函数 $f=\sum\limits_{i,j=1}^{n}a_{ij}x_ix_j$ 为 n 元二次型, 对称矩阵 $A=(a_{ij})$ 称为二次型 f 的矩阵.

(9) 对角二次型或对角型: 形为 $f=\sum\limits_{i=1}^{n}a_{ii}x_i^2$ 的二次型.

(10) 二次型 f 的标准形：f 经过可逆线性变换化为只含平方项，得到的对角二次型.

(11) 实二次型的正(负)惯性指数：实二次型的标准形中，正(负)系数的个数称为此二次型的正(负)惯性指数.

(12) 正定(半正定)二次型 f：对任意一组不全为零的实数 $c_1,c_2,\cdots,c_n$，都有 $f(c_1,\cdots,c_n)>0(\geqslant 0)$，则称 f 为正(半正)定二次型，相应的对称阵 $\boldsymbol{A}$ 称为正(半正)定矩阵.

(13) 负定(半负定)二次型 f：对任意一组不全为零的实数 $c_1,c_2,\cdots,c_n$，都有 $f(c_1,\cdots,c_n)<0(\leqslant 0)$，则称 f 为负(半负)定二次型，相应的对称阵 $\boldsymbol{A}$ 称为负(半负)定矩阵.

2. 主要定理与结论(下面的矩阵都是指 n 阶实矩阵)

(1) 欧氏空间 V 中任意向量 $\boldsymbol{\alpha},\boldsymbol{\beta}$：$|(\boldsymbol{\alpha},\boldsymbol{\beta})|\leqslant|\boldsymbol{\alpha}||\boldsymbol{\beta}|$，等号成立当且仅当 $\boldsymbol{\alpha},\boldsymbol{\beta}$ 线性相关.

(2) 设 $\boldsymbol{\alpha},\boldsymbol{\beta}\in V$，$\boldsymbol{\alpha},\boldsymbol{\beta}$ 在基 $\boldsymbol{\varepsilon}_1,\cdots,\boldsymbol{\varepsilon}_n$ 下的坐标分别为 x,y，那么 $(\boldsymbol{\alpha},\boldsymbol{\beta})=\boldsymbol{x}^{\mathrm{T}}\boldsymbol{A}\boldsymbol{y}$，其中 $\boldsymbol{A}$ 为基 $\boldsymbol{\varepsilon}_1,\cdots,\boldsymbol{\varepsilon}_n$ 的度量矩阵.

(3) 一组基的度量矩阵是可逆矩阵.

(4) 正交向量组线性无关.

(5) 两组标准正交基的过渡矩阵是正交矩阵.

(6) 矩阵 $\boldsymbol{A}$ 为正交矩阵的充要条件是 $\boldsymbol{A}$ 的行(列)向量组是正交规范向量组.

(7) 设 $\boldsymbol{A}$ 是正交矩阵，$\boldsymbol{x},\boldsymbol{y}\in\mathbb{R}^n$，则 $(\boldsymbol{A}\boldsymbol{x},\boldsymbol{A}\boldsymbol{y})=(\boldsymbol{x},\boldsymbol{y})$.

(8) 欧氏空间的一组基为标准正交基的充分必要条件是它的度量矩阵是单位矩阵.

(9) 设 $\mathscr{A}$ 是 n 维欧氏空间 V 的一个线性变换，以下命题等价：

①$\mathscr{A}$ 是正交变换；②$\mathscr{A}$ 保持向量的长度不变；③如果 $\boldsymbol{\varepsilon}_1,\cdots,\boldsymbol{\varepsilon}_n$ 是标准正交基，那么 $\mathscr{A}\boldsymbol{\varepsilon}_1,\cdots,\mathscr{A}\boldsymbol{\varepsilon}_n$ 也是标准正交基；④$\mathscr{A}$ 在任意一组标准正交基下的矩阵是正交矩阵.

(10) 实对称阵的特征值都是实数且对应于不同特征值的特征向量是相互正交的.

(11) $\boldsymbol{A}$ 为实对称矩阵，λ 为 $f(\lambda)=|\boldsymbol{A}-\lambda\boldsymbol{E}|=0$ 的 k 重根，则 $R(\boldsymbol{A}-\lambda\boldsymbol{E})=n-k$，齐次线性方程组 $(\boldsymbol{A}-\lambda\boldsymbol{E})\boldsymbol{x}=\boldsymbol{0}$ 的解空间维数是 k.

(12) 设 $\boldsymbol{A}$ 是实对称矩阵，$\boldsymbol{\Lambda}$ 为对角矩阵，则存在正交矩阵 $\boldsymbol{P}$，使得

$$\boldsymbol{P}^{\mathrm{T}}\boldsymbol{A}\boldsymbol{P}=\boldsymbol{\Lambda}.$$

(13) 设 $\boldsymbol{A}\simeq\boldsymbol{B}$ (合同)，则二次型 $\boldsymbol{x}^{\mathrm{T}}\boldsymbol{A}\boldsymbol{x}$ 与 $\boldsymbol{x}^{\mathrm{T}}\boldsymbol{B}\boldsymbol{x}$ 的正(负)惯性指数相同.

(14) 设 $\lambda_1,\lambda_2,\cdots,\lambda_n$ 是实对称矩阵 $\boldsymbol{A}$ 的特征值, 那么存在正交变换 $\boldsymbol{x}=\boldsymbol{Py}$, 将二次型 $f=\boldsymbol{x}^{\mathrm{T}}\boldsymbol{Ax}$ 化为标准形 $f=\lambda_1y_1^2+\lambda_2y_2^2+\cdots+\lambda_ny_n^2$.

3. 主要问题与方法

用正交变换把实对称矩阵 $\boldsymbol{A}$ 对角化的步骤:

(1) 求出 $\boldsymbol{A}$ 的全部不同的特征值和线性无关的特征向量.

(2) 把线性无关的特征向量正交规范化.

(3) 将正交规范化的特征向量作为列向量构成的矩阵 $\boldsymbol{P}$ 就是所要求的正交变换的矩阵.

二、典型例题解析

例 4.1　设 $\boldsymbol{\alpha}_1,\boldsymbol{\alpha}_2,\cdots,\boldsymbol{\alpha}_n$ 是欧氏空间 V 的一组基, 证明:

(1) 如果 $\boldsymbol{\beta}\in V$, 使得 $(\boldsymbol{\alpha}_i,\boldsymbol{\beta})=0$, 那么 $\boldsymbol{\beta}=\boldsymbol{0}$;

(2) 如果 $\boldsymbol{\beta}_1,\boldsymbol{\beta}_2\in V$, 对每一个 $\boldsymbol{\alpha}\in V$, 都有 $(\boldsymbol{\beta}_1,\boldsymbol{\alpha})=(\boldsymbol{\beta}_2,\boldsymbol{\alpha})$, 那么 $\boldsymbol{\beta}_1=\boldsymbol{\beta}_2$.

分析　(1) 内积的正定性说明只有向量与自身内积等于 0 时, 向量才等于 $\boldsymbol{0}$. 考虑 $(\boldsymbol{\beta},\boldsymbol{\beta})=0$.

(2) 要证结论成立, 只需证 $\boldsymbol{\beta}_1-\boldsymbol{\beta}_2=\boldsymbol{0}$, 那么可结合(1)讨论问题.

证　(1) 由 $\boldsymbol{\beta}\in V$, $\boldsymbol{\alpha}_1,\boldsymbol{\alpha}_2,\cdots,\boldsymbol{\alpha}_n$ 是空间的基, 那么 $\boldsymbol{\beta}=k_1\boldsymbol{\alpha}_1+k_2\boldsymbol{\alpha}_2+\cdots+k_n\boldsymbol{\alpha}_n$,

$$(\boldsymbol{\beta},\boldsymbol{\beta})=(k_1\boldsymbol{\alpha}_1+k_2\boldsymbol{\alpha}_2+\cdots+k_n\boldsymbol{\alpha}_n,\boldsymbol{\beta})=\sum_{i=1}^{n}k_i(\boldsymbol{\alpha}_i,\boldsymbol{\beta})=0\text{, 所以 }\boldsymbol{\beta}=\boldsymbol{0}.$$

(2) 因为对每一个 $\boldsymbol{\alpha}\in V$, $(\boldsymbol{\beta}_1,\boldsymbol{\alpha})=(\boldsymbol{\beta}_2,\boldsymbol{\alpha})$. 特别地, 对每一个 $\boldsymbol{\alpha}_i$, $(\boldsymbol{\beta}_1,\boldsymbol{\alpha}_i)=(\boldsymbol{\beta}_2,\boldsymbol{\alpha}_i)$, 所以 $(\boldsymbol{\beta}_1,\boldsymbol{\alpha}_i)-(\boldsymbol{\beta}_2,\boldsymbol{\alpha}_i)=0$, $(\boldsymbol{\beta}_1-\boldsymbol{\beta}_2,\boldsymbol{\alpha}_i)=0$. 根据问题(1), $\boldsymbol{\beta}_1-\boldsymbol{\beta}_2=\boldsymbol{0}$, $\boldsymbol{\beta}_1=\boldsymbol{\beta}_2$.

例 4.2　设 $\boldsymbol{A}=(a_{ij})_{3\times3}$ 是正交矩阵, 且 $a_{11}=1,\boldsymbol{b}=(1,0,0)^{\mathrm{T}}$, 则线性方程组 $\boldsymbol{Ax}=\boldsymbol{b}$ 的解是____________.

分析　正交矩阵是可逆矩阵, 所以 $\boldsymbol{A}$ 可逆, 方程组的解 $\boldsymbol{x}=\boldsymbol{A}^{-1}\boldsymbol{b}$. 又正交矩阵的逆矩阵是矩阵的转置, 且正交矩阵的行、列向量组都是标准正交基, 于是由 $a_{11}=1$, 可得

$$\boldsymbol{A}=\begin{pmatrix}1&0&0\\0&a_{22}&a_{23}\\0&a_{32}&a_{33}\end{pmatrix}.$$

故 $\boldsymbol{x}=\boldsymbol{A}^{-1}\boldsymbol{b}=\boldsymbol{A}^{\mathrm{T}}\boldsymbol{b}=\begin{pmatrix}1&0&0\\0&a_{22}&a_{32}\\0&a_{23}&a_{33}\end{pmatrix}\begin{pmatrix}1\\0\\0\end{pmatrix}=\begin{pmatrix}1\\0\\0\end{pmatrix}$.

例 4.3 欧氏空间中两个正交变换的乘积也是正交变换, 正交变换的逆也是正交变换.

证 设$\mathscr{T},\mathscr{U}$是线性空间V的任意的两个正交变换, 易得$\mathscr{T}\mathscr{U}$ 是V上的线性变换.

由正交变换保持向量的长度不变, 设任意的$\boldsymbol{\alpha}\in V$, 有$|\mathscr{T}\mathscr{U}(\boldsymbol{\alpha})|=|\mathscr{T}(\mathscr{U}\boldsymbol{\alpha})|=|\mathscr{U}\boldsymbol{\alpha}|=|\boldsymbol{\alpha}|$, 即$\mathscr{T}\mathscr{U}$ 保持向量长度不变, 因此$\mathscr{T}\mathscr{U}$ 是正交变换.

设$\mathscr{T}$ 是正交变换, 容易证明逆变换$\mathscr{T}^{-1}$是V的线性变换, $\forall\boldsymbol{\alpha}\in V$, 设$\mathscr{T}\boldsymbol{\beta}=\boldsymbol{\alpha}$, $|\boldsymbol{\beta}|=|\boldsymbol{\alpha}|$, 那么$|\mathscr{T}^{-1}(\boldsymbol{\alpha})|=|\mathscr{T}^{-1}(\mathscr{T}\boldsymbol{\beta})|=|\boldsymbol{\beta}|=|\boldsymbol{\alpha}|$, 得$\mathscr{T}^{-1}$也是正交变换.

例 4.4 (1) 证明: 若$\boldsymbol{A},\boldsymbol{B}$均为$n$阶实对称矩阵且有相同的特征值, 则$\boldsymbol{A}$与$\boldsymbol{B}$相似.

(2) 举例说明具有相同特征值的n阶方阵不一定相似.

证 (1) 实对称阵$\boldsymbol{A},\boldsymbol{B}$有相同特征值$\lambda_1,\lambda_2,\cdots,\lambda_n$, 记$\boldsymbol{\Lambda}=\mathrm{diag}(\lambda_1,\lambda_2,\cdots,\lambda_n)$, 则存在可逆矩阵$\boldsymbol{P},\boldsymbol{Q}$, 使得

$$\boldsymbol{P}^{-1}\boldsymbol{A}\boldsymbol{P}=\boldsymbol{\Lambda}=\boldsymbol{Q}^{-1}\boldsymbol{B}\boldsymbol{Q},\qquad \boldsymbol{Q}\boldsymbol{P}^{-1}\boldsymbol{A}\boldsymbol{P}\boldsymbol{Q}^{-1}=\boldsymbol{B},$$

即

$$\boldsymbol{B}=\boldsymbol{Q}\boldsymbol{P}^{-1}\boldsymbol{A}\boldsymbol{P}\boldsymbol{Q}^{-1}=(\boldsymbol{P}\boldsymbol{Q}^{-1})^{-1}\boldsymbol{A}(\boldsymbol{P}\boldsymbol{Q}^{-1}).$$

这表明$\boldsymbol{A}$相似于$\boldsymbol{B}$.

(2) 取$\boldsymbol{A}=\begin{pmatrix}1&0\\0&1\end{pmatrix},\boldsymbol{B}=\begin{pmatrix}1&1\\0&1\end{pmatrix}$, 那么矩阵$\boldsymbol{A},\boldsymbol{B}$有相同的特征值, 但是它们不相似.

例 4.5 证明n阶矩阵$\boldsymbol{A}=\begin{pmatrix}1&1&\cdots&1\\1&1&\cdots&1\\\vdots&\vdots&&\vdots\\1&1&\cdots&1\end{pmatrix}$与矩阵$\boldsymbol{B}=\begin{pmatrix}0&0&\cdots&1\\0&0&\cdots&2\\\vdots&\vdots&&\vdots\\0&0&\cdots&n\end{pmatrix}$相似.

分析 因为矩阵$\boldsymbol{A}$是实对称矩阵, $\boldsymbol{A}$与由$\boldsymbol{A}$的特征值作成的对角矩阵$\boldsymbol{\Lambda}$相似. 因此证明矩阵$\boldsymbol{B}$也与$\boldsymbol{\Lambda}$相似即可.

证 由特征多项式可求得矩阵$\boldsymbol{A},\boldsymbol{B}$的特征值为$n$及$n-1$重特征根 0.

当$\lambda=0$时, 齐次线性方程组$(\boldsymbol{B}-0\boldsymbol{E})\boldsymbol{x}=\boldsymbol{0}$的解空间维数是$n-1$, 所以对应于 0, $\boldsymbol{B}$有$n-1$个线性无关的特征向量, 再加上对应于特征值n的特征向量, $\boldsymbol{B}$有n个线性无关的特征向量, 所以$\boldsymbol{B}$与$\begin{pmatrix}n&&&\\&0&&\\&&\ddots&\\&&&0\end{pmatrix}$相似, 同理$\boldsymbol{A}$与$\begin{pmatrix}n&&&\\&0&&\\&&\ddots&\\&&&0\end{pmatrix}$相

似, 故 $\boldsymbol{A}$ 与 $\boldsymbol{B}$ 相似.

例 4.6　设 $\boldsymbol{\alpha}=(a_1,a_2,\cdots,a_n)^{\mathrm{T}}, a_1\neq 0, \boldsymbol{A}=\boldsymbol{\alpha}\boldsymbol{\alpha}^{\mathrm{T}}$.

(1) 证明: $\lambda=0$ 是矩阵 $\boldsymbol{A}$ 的 $n-1$ 重特征值;

(2) 求 $\boldsymbol{A}$ 的非零特征值和对应的特征向量;

(3) 求 $\boldsymbol{A}$ 的 n 个线性无关的特征向量.

解　(1) $\boldsymbol{A}=\boldsymbol{\alpha}\boldsymbol{\alpha}^{\mathrm{T}}=(a_{ij})$ 是实对称矩阵. 由于 $a_{11}=a_1^2\neq 0$, 所以 $R(\boldsymbol{A})\geqslant 1$. 根据 $R(\boldsymbol{AB})\leqslant\min\{R(\boldsymbol{A}),R(\boldsymbol{B})\}$, 有 $R(\boldsymbol{A})=R(\boldsymbol{\alpha}\boldsymbol{\alpha}^{\mathrm{T}})\leqslant R(\boldsymbol{\alpha})=1$, 故 $R(\boldsymbol{A})=1$. 于是, 齐次方程组 $(\boldsymbol{A}-0\boldsymbol{E})\boldsymbol{x}=\boldsymbol{A}\boldsymbol{x}=\boldsymbol{0}$ 的基础解系含有 $n-1$ 个向量, 这表明 $\lambda=0$ 是矩阵 $\boldsymbol{A}$ 的 $n-1$ 重特征根.

(2) 由于 $\boldsymbol{A}\boldsymbol{\alpha}=\boldsymbol{\alpha}\boldsymbol{\alpha}^{\mathrm{T}}\boldsymbol{\alpha}=\boldsymbol{\alpha}(\boldsymbol{\alpha}^{\mathrm{T}}\boldsymbol{\alpha})=\boldsymbol{\alpha}(\boldsymbol{\alpha},\boldsymbol{\alpha})=|\boldsymbol{\alpha}|^2\boldsymbol{\alpha}$, 所以 $|\boldsymbol{\alpha}|^2$ 是 $\boldsymbol{A}$ 的非零特征值, 对应的特征向量就是 $\boldsymbol{\alpha}$.

(3) 因为 $\boldsymbol{A}$ 是对称矩阵, 所以 $\boldsymbol{A}$ 对应于 $\lambda=0$ 的特征向量 $\boldsymbol{x}=(x_1,x_2,\cdots,x_n)$ 与向量 $\boldsymbol{\alpha}$ 正交, 即特征向量 $\boldsymbol{x}=(x_1,x_2,\cdots,x_n)$ 满足齐次方程 $a_1\boldsymbol{x}_1+a_2\boldsymbol{x}_2+\cdots+a_n\boldsymbol{x}_n=\boldsymbol{0}$, 同解方程为

$$x_1=-\frac{a_2}{a_1}x_2-\frac{a_3}{a_1}x_3-\cdots-\frac{a_n}{a_1}x_n .$$

一个基础解系为

$$\boldsymbol{\xi}_1=\begin{pmatrix}-\dfrac{a_2}{a_1}\\1\\0\\\vdots\\0\end{pmatrix},\quad \boldsymbol{\xi}_2=\begin{pmatrix}-\dfrac{a_3}{a_1}\\0\\1\\\vdots\\0\end{pmatrix},\quad \cdots,\quad \boldsymbol{\xi}_{n-1}=\begin{pmatrix}-\dfrac{a_n}{a_1}\\0\\0\\\vdots\\1\end{pmatrix}.$$

于是, $\boldsymbol{\alpha},\boldsymbol{\xi}_1,\boldsymbol{\xi}_2,\cdots,\boldsymbol{\xi}_{n-1}$ 是 $\boldsymbol{A}$ 的 n 个线性无关的特征向量.

注　由于 $\boldsymbol{A}$ 有 n 个线性无关的特征向量, 所以矩阵 $\boldsymbol{A}$ 可以相似对角化.

例 4.7　设三阶实对称阵 $\boldsymbol{A}$ 的特征值为 $\lambda_1=1,\lambda_2=-1,\lambda_3=0$, λ_1,λ_2 对应的特征向量分别为 $\boldsymbol{p}_1=(1,1,2)^{\mathrm{T}}, \boldsymbol{p}_2=(1,1,-1)^{\mathrm{T}}$, 求矩阵 $\boldsymbol{A}$.

分析　此题已知特征值和特征向量求矩阵. $\boldsymbol{A}$ 是实对称矩阵, 则存在正交矩阵 $\boldsymbol{P}$ 满足 $\boldsymbol{P}^{\mathrm{T}}\boldsymbol{A}\boldsymbol{P}=\boldsymbol{\Lambda}=\mathrm{diag}(\lambda_1,\lambda_2,\cdots,\lambda_n)$, 因而 $\boldsymbol{A}=\boldsymbol{P}\boldsymbol{\Lambda}\boldsymbol{P}^{\mathrm{T}}$. 本题中, 只需求对应于特征值 $\lambda_3=0$ 的特征向量 $\boldsymbol{p}_3$, 就可构造出正交矩阵 $\boldsymbol{P}$, 从而求得 $\boldsymbol{A}$.

解　向量 $\boldsymbol{p}_3=(x_1,x_2,x_3)^{\mathrm{T}}$ 与 $\boldsymbol{p}_1,\boldsymbol{p}_2$ 相正交, 即 $\boldsymbol{p}_3$ 为齐次方程组

$$\begin{cases}x_1+x_2+2x_3=0,\\x_1+x_2-x_3=0\end{cases}$$

的非零解. 经计算可得 $\boldsymbol{p}_3=(-1,1,0)^{\mathrm T}$.

将 $\boldsymbol{p}_1,\boldsymbol{p}_2,\boldsymbol{p}_3$ 单位化之后的向量作为列构成正交矩阵 $\boldsymbol{P}$,

$$\boldsymbol{P}=\frac{1}{\sqrt6}\begin{pmatrix}1&\sqrt2&-\sqrt3\\1&\sqrt2&\sqrt3\\2&-\sqrt2&0\end{pmatrix}.$$

所以

$$\boldsymbol{A}=\boldsymbol{P}\begin{pmatrix}1&0&0\\0&-1&0\\0&0&0\end{pmatrix}\boldsymbol{P}^{\mathrm T}=\frac16\begin{pmatrix}-1&-1&4\\-1&-1&4\\4&4&2\end{pmatrix}.$$

注　细心的读者会发现, 由于 $\lambda_3=0$, 不求出 $\boldsymbol{p}_3$ 也可得到 $\boldsymbol{A}$ (请自己思考).

例 4.8　设 $\boldsymbol{A}$ 为三阶实对称矩阵, $\boldsymbol{A}$ 的秩为 2, 且 $\boldsymbol{A}\begin{pmatrix}1&1\\0&0\\-1&1\end{pmatrix}=\begin{pmatrix}-1&1\\0&0\\1&1\end{pmatrix}$.

(1) 求 $\boldsymbol{A}$ 的所有特征值与特征向量; (2) 求矩阵 $\boldsymbol{A}$.

分析　不知道 $\boldsymbol{A}$ 的元素, 因此不能解特征多项式求特征值. 那么可按照特征值的定义与性质讨论问题.

解　(1) $\boldsymbol{A}$ 不是满秩矩阵, 所以 $|\boldsymbol{A}|=0=\lambda_1\lambda_2\lambda_3$, 0 是 $\boldsymbol{A}$ 的一个特征值. 又

$$\boldsymbol{A}\begin{pmatrix}1\\0\\-1\end{pmatrix}=\begin{pmatrix}-1\\0\\1\end{pmatrix}=-\begin{pmatrix}1\\0\\1\end{pmatrix},\quad \boldsymbol{A}\begin{pmatrix}1\\0\\1\end{pmatrix}=\begin{pmatrix}1\\0\\1\end{pmatrix},$$

可得 1, −1 也是 $\boldsymbol{A}$ 的特征值. $\boldsymbol{A}$ 的属于 −1 的特征向量为 $\boldsymbol{\alpha}_1=(1,0,-1)^{\mathrm T}$, $\boldsymbol{A}$ 的属于 1 的特征向量是 $\boldsymbol{\alpha}_2=(1,0,1)^{\mathrm T}$.

设 $\boldsymbol{x}=(x_1,x_2,x_3)^{\mathrm T}$ 是属于 $\boldsymbol{A}$ 的对应于 0 的特征向量, 由 $\boldsymbol{A}$ 为对称矩阵, 属于不同特征值的特征向量相互正交, 那么 $(\boldsymbol{\alpha}_i,\boldsymbol{x})=0$, 其中 $i=1,2$.

$$\begin{cases}1x_1+0x_2-1\cdot x_3=0,\\1x_1+0x_2+1x_3=0.\end{cases}$$

解向量 $\boldsymbol{\alpha}_3=\boldsymbol{x}=(0,1,0)^{\mathrm T}$.

因此, $\boldsymbol{A}$ 有三个互不相同的特征值−1, 1, 0, 对应的特征向量分别为

$$\{k\boldsymbol{\alpha}_1|k\neq0\},\quad\{k\boldsymbol{\alpha}_2|k\neq0\},\quad\{k\boldsymbol{\alpha}_3|k\neq0\}.$$

(2) 实对称矩阵 $\boldsymbol{A}$ 可对角化, 矩阵 $\boldsymbol{A}=\boldsymbol{P\Lambda P}^{-1}$, 其中

$$P=(\alpha_1,\alpha_2,\alpha_3)=\begin{pmatrix}1&1&0\\0&0&1\\-1&1&0\end{pmatrix},$$

所以 $A=\begin{pmatrix}1&1&0\\0&0&1\\-1&1&0\end{pmatrix}\begin{pmatrix}-1&0&0\\0&1&0\\0&0&0\end{pmatrix}\begin{pmatrix}1&1&0\\0&0&1\\-1&1&0\end{pmatrix}^{-1}=\begin{pmatrix}0&0&1\\0&0&0\\1&0&0\end{pmatrix}$.

例 4.9　证明: 相似矩阵有相同的特征值, 合同矩阵的特征值不一定相同.

证　相似的矩阵有相同的特征多项式, 从而有相同的特征值.

设矩阵 A 与 B 合同, 即存在可逆阵 C, 满足 $C^{\mathrm{T}}AC=B$.

$$|B-\lambda E|=|C^{\mathrm{T}}AC-\lambda E|=|C^{\mathrm{T}}[A-\lambda(CC^{\mathrm{T}})^{-1}]C|=|C^{\mathrm{T}}||A-\lambda(CC^{\mathrm{T}})^{-1}||C|.$$

当 $C^{\mathrm{T}}C=E$ 时, 有 $|B-\lambda E|=|A-\lambda E|$.

由于一般情况下等式 $C^{\mathrm{T}}C=E$ 不成立, 所以不能得到 $|B-\lambda E|=|A-\lambda E|$, 因而不能保证 A 与 B 有相同的特征值. 例如, 取

$$A=E=\begin{pmatrix}1&0\\0&1\end{pmatrix},\quad B=\begin{pmatrix}1&-1\\-1&2\end{pmatrix},\quad C=\begin{pmatrix}1&-1\\1&0\end{pmatrix}.$$

则 $C^{\mathrm{T}}BC=A$, A 与 B 是合同的. 计算得 A 的特征值为 $\lambda_{1,2}=1$, B 的特征值为 $\lambda_{1,2}=\dfrac{3\pm\sqrt{5}}{2}$.

注　可看出相似与合同是两个不同的概念. 这里 C 不为正交矩阵.

例 4.10　设 A 为 n 阶正交矩阵, 证明:

(1) 若实数 λ 是 A 的特征值, 则 $\lambda=\pm1$.

(2) 若 $|A|=-1$, 则 $\lambda=-1$ 是 A 的一个特征值.

(3) 若 $|A|=-1$ 且 n 是偶数, 或若 $|A|=1$ 且 n 是奇数, 则 $\lambda=1$ 是 A 的一个特征值.

(4) 正交矩阵的特征值不一定是实数.

分析　A 为 n 阶正交矩阵, 所以 $|Ax|^2=(Ax,Ax)=(x,x)=|x|^2$.

解　(1) 由 $A^{\mathrm{T}}A=E$ 得 $|A|^2=1$, 所以 $|A|=\pm1$.

设 x 是 A 对应于特征值 λ 的特征向量, 即 $Ax=\lambda x$, 则有

$$|x|^2=|Ax|^2=|\lambda x|^2=\lambda^2|x|^2.$$

由于 $x\neq 0$, 所以 $\lambda^2=1$, $\lambda=\pm1$.

(2) 只需证明 $|A+E|=0$. 当 $|A|=-1$ 时,

$$|A+E|=|A+AA^{\mathrm{T}}|=|A||E+A^{\mathrm{T}}|=-|A+E|,$$

所以, $|A+E|=0$, 故 $\lambda=-1$ 是 A 的一个特征值.

(3) $|A-E|=|A||E-A^{\mathrm{T}}|=|A||-(A-E)|=(-1)^n|A||A-E|$.

当 $|A|=-1$ 且 n 是偶数, 或若 $|A|=1$ 且 n 是奇数时, 由上式得

$$|A-E|=-|A-E|,$$

所以, $|A-E|=0$, 因而 $\lambda=1$ 是 A 的一个特征值.

(4) 设

$$A=\begin{pmatrix} \frac{\sqrt{2}}{2} & \frac{\sqrt{2}}{2} \\ -\frac{\sqrt{2}}{2} & \frac{\sqrt{2}}{2} \end{pmatrix}.$$

验证可知 $A^{\mathrm{T}}A=E$, 所以 A 是正交矩阵. 但是 $|A-\lambda E|=\lambda^2-\sqrt{2}\lambda+1=0$ 无实根, 故 A 的特征值不是实数.

例 4.11 求一个正交变换 $x=Py$, 把二次型

$$f(x_1,x_2,x_3)=x_1^2-2x_2^2-2x_3^2-4x_1x_2+4x_1x_3+8x_2x_3$$

化成标准形.

分析 用正交变换化二次型为标准形的步骤:

(1) 写出二次型的矩阵 A;

(2) 求矩阵 A 的特征值;

(3) 求矩阵 A 的特征向量;

(4) 将矩阵 A 的(线性无关)特征向量正交化、单位化;

(5) 写出正交变换的矩阵 P;

(6) 写出二次型的标准形.

解 (1) 二次型的矩阵

$$A=\begin{pmatrix} 1 & -2 & 2 \\ -2 & -2 & 4 \\ 2 & 4 & -2 \end{pmatrix}.$$

(2) 求 A 的特征值

$$|A-\lambda E|=\begin{vmatrix} 1-\lambda & -2 & 2 \\ -2 & -2-\lambda & 4 \\ 2 & 4 & -2-\lambda \end{vmatrix}=-(\lambda-2)^2(\lambda+7).$$

求得 A 的特征值为 $\lambda_1=\lambda_2=2$, $\lambda_3=-7$.

(3) 求特征向量.

由 $(\boldsymbol{A}-2\boldsymbol{E})\boldsymbol{x}=\boldsymbol{0}$, 求得对应于特征值为 $\lambda_1=\lambda_2=2$ 的两个线性无关的特征向量

$$\boldsymbol{\xi}_1=(-2,1,0)^{\mathrm{T}},\quad \boldsymbol{\xi}_2=(2,0,1)^{\mathrm{T}}.$$

由 $(\boldsymbol{A}+7\boldsymbol{E})\boldsymbol{x}=\boldsymbol{0}$, 求得对应于 $\lambda_3=-7$ 的一个特征向量为 $\boldsymbol{\xi}_3=(1,2,-2)^{\mathrm{T}}$;

(4) 将矩阵 $\boldsymbol{A}$ 的(线性无关)特征向量正交化、单位化.

将 $\boldsymbol{\xi}_1=(-2,1,0)^{\mathrm{T}}$, $\boldsymbol{\xi}_2=(2,0,1)^{\mathrm{T}}$ 正交化得

$$\boldsymbol{\eta}_1=(-2,1,0)^{\mathrm{T}},\quad \boldsymbol{\eta}_2=(2,4,5)^{\mathrm{T}}.$$

$\{\boldsymbol{\eta}_1,\boldsymbol{\eta}_2,\boldsymbol{\xi}_3\}$ 是正交向量组, 把它们单位化得

$$\boldsymbol{p}_1=\left(-\frac{2}{\sqrt{5}},\frac{1}{\sqrt{5}},0\right)^{\mathrm{T}},\quad \boldsymbol{p}_2=\left(\frac{2}{3\sqrt{5}},\frac{4}{3\sqrt{5}},\frac{5}{3\sqrt{5}}\right)^{\mathrm{T}},\quad \boldsymbol{p}_3=\left(\frac{1}{3},\frac{2}{3},-\frac{2}{3}\right)^{\mathrm{T}}.$$

(5) 正交变换的矩阵

$$\boldsymbol{P}=\begin{pmatrix} -\frac{2}{\sqrt{5}} & \frac{2}{3\sqrt{5}} & \frac{1}{3} \\ \frac{1}{\sqrt{5}} & \frac{4}{3\sqrt{5}} & \frac{2}{3} \\ 0 & \frac{5}{3\sqrt{5}} & -\frac{2}{3} \end{pmatrix}.$$

(6) 二次型的标准形.

正交变换 $\boldsymbol{x}=\boldsymbol{P}\boldsymbol{y}$ 将 f 化成标准形 $f=2y_1^2+2y_2^2-7y_3^2$.

注　n 阶矩阵若有 n 个不同的特征值, 那么求得的特征向量就不必正交化.

例 4.12　设 $a>0,b>0$, 二次型

$$f=x_1^2+x_2^2+x_3^2+2ax_1x_2+4x_1x_3+2bx_2x_3$$

经过正交变换 $\boldsymbol{x}=\boldsymbol{P}\boldsymbol{y}$ 化为 $f=-y_1^2-y_2^2+5y_3^2$, 求参数 a, b 及正交变换的矩阵 $\boldsymbol{P}$.

分析　二次型中含有参数, 可先确定出参数的值.

解　(1) 变换前后的两个二次型的矩阵分别为

$$\boldsymbol{A}=\begin{pmatrix} 1 & a & 2 \\ a & 1 & b \\ 2 & b & 1 \end{pmatrix} \quad 和 \quad \boldsymbol{\Lambda}=\begin{pmatrix} -1 & 0 & 0 \\ 0 & -1 & 0 \\ 0 & 0 & 5 \end{pmatrix}.$$

由于 $\boldsymbol{A}$ 与 $\boldsymbol{\Lambda}$ 相似, 所以它们的特征值相同, 即 $|\boldsymbol{A}-\lambda\boldsymbol{E}|=|\boldsymbol{\Lambda}-\lambda\boldsymbol{E}|$.

$$|\boldsymbol{A}-\lambda\boldsymbol{E}|=-\lambda^3+3\lambda^2+(a^2+b^2+1)\lambda+(4ab-a^2-b^2-3),$$

$$|\boldsymbol{\Lambda}-\lambda\boldsymbol{E}|=-\lambda^3+3\lambda^2+9\lambda+5.$$

比较 λ 同次幂的系数可解得 $a=b=2$. 此时二次型的矩阵

$$A=\begin{pmatrix}1&2&2\\2&1&2\\2&2&1\end{pmatrix}.$$

(2) 计算可得: A 的对应于特征值 $\lambda_1=\lambda_2=-1$ 的特征向量为

$$\xi_1=(1,0,-1)^{\mathrm T},\quad \xi_2=(0,1,-1)^{\mathrm T},$$

把 ξ_1,ξ_2 正交化、单位化得

$$p_1=\frac{1}{\sqrt2}(1,0,-1)^{\mathrm T},\quad p_2=\frac{1}{\sqrt6}(1,-2,1)^{\mathrm T}.$$

A 的对应于 $\lambda_3=5$ 的特征向量为 $\xi_3=(1,1,1)^{\mathrm T}$, 单位化得 $p_3=\frac{1}{\sqrt3}(1,1,1)^{\mathrm T}$. 所用的正交变换矩阵为

$$P=\frac{1}{\sqrt6}\begin{pmatrix}\sqrt3&1&\sqrt2\\0&-2&\sqrt2\\-\sqrt3&1&\sqrt2\end{pmatrix}.$$

例 4.13　设二次型 $f(x_1,x_2,x_3)=x^{\mathrm T}Ax=ax_1^2+2x_2^2-2x_3^2+2bx_1x_3(b>0)$, 其中二次型的矩阵 A 为特征值之和为 1, 特征值之积为–12.

(1) 求 a,b 的值;

(2) 利用正交变换 $x=Py$ 将二次型 f 化为标准形, 并写出所用的正交变换和对应的正交矩阵 P.

分析　设 $A=(a_{ij})$, 则 $|A|=\lambda_1\lambda_2\cdots\lambda_n$, $a_{11}+a_{22}+\cdots+a_{nn}=\lambda_1+\lambda_2+\cdots+\lambda_n$, 由此可确定 a,b 的值.

解　(1) 二次型的矩阵

$$A=\begin{pmatrix}a&0&b\\0&2&0\\b&0&-2\end{pmatrix},$$

则 $|A|=-4a-2b^2$. 由题设有

$$\begin{cases}-4a-2b^2=-12,\\a+2-2=1.\end{cases}$$

由于 $b>0$, 解得 $a=1,b=2$.

(2) $A=\begin{pmatrix}1&0&2\\0&2&0\\2&0&-2\end{pmatrix}$.

矩阵 A 的特征多项式

$$|\lambda E-A|=\begin{vmatrix}\lambda-1&0&-2\\0&\lambda-2&0\\-2&0&\lambda+2\end{vmatrix}=(\lambda-2)^2(\lambda+3).$$

得到 A 的特征值 $\lambda_1=\lambda_2=2,\quad \lambda_3=-3$.

对于特征值 $\lambda_1=\lambda_2=2$, 解齐次线性方程组 $(2E-A)x=0$, 得其基础解系

$$\xi_1=(2,0,1)^{\mathrm T},\quad \xi_2=(0,1,0)^{\mathrm T}.$$

对于特征值 $\lambda_3=-3$, 解齐次线性方程组 $(-3E-A)x=0$, 得基础解系

$$\xi_3=(1,0,-2)^{\mathrm T}.$$

由于 ξ_1,ξ_2,ξ_3 已是正交向量组, 为了得到规范正交向量组, 只需将 ξ_1,ξ_2,ξ_3 单位化, 由此得

$$p_1=\left(\frac{2}{\sqrt5},0,\frac{1}{\sqrt5}\right)^{\mathrm T},\quad p_2=(0,1,0)^{\mathrm T},\quad p_3=\left(\frac{1}{\sqrt5},0,-\frac{2}{\sqrt5}\right)^{\mathrm T}.$$

正交矩阵

$$P=(p_1,p_2,p_3)=\begin{pmatrix}\frac{2}{\sqrt5}&0&\frac{1}{\sqrt5}\\0&1&0\\\frac{1}{\sqrt5}&0&-\frac{2}{\sqrt5}\end{pmatrix},$$

在正交变换 $x=Py$ 下有

$$P^{\mathrm T}AP=\begin{pmatrix}2&0&0\\0&2&0\\0&0&-3\end{pmatrix}.$$

二次型的标准形为

$$f=2y_1^2+2y_2^2-3y_3^2.$$

例 4.14　设 $A=\begin{pmatrix}t&c\\c&s\end{pmatrix}$ 是正定矩阵, λ_1,λ_2 为 A 的两个不同的特征值.

(1) 问: t,s,c 应满足什么条件? 特征值 λ_1,λ_2 满足什么条件?

(2) 求二次曲线 $x^{\mathrm T}Ax=1$ 的标准形.

(3) 说明 A 的特征值 λ_1,λ_2 以及对应的特征向量 p_1,p_2 的几何意义.

分析　特征值与特征向量的几何背景就是二次曲线 $\boldsymbol{x}^{\mathrm{T}}\boldsymbol{A}\boldsymbol{x}=1$ 的两个对称轴的长度以及对称轴的方向.

解　(1) 由于 $\boldsymbol{A}$ 是正定矩阵, 所以, $t>0$ 且 $|\boldsymbol{A}|=ts-c^2>0$.

$\boldsymbol{A}$ 的特征值满足 $\lambda_1>0$ 且 $\lambda_2>0$.

(2) $\boldsymbol{A}$ 是对称矩阵, 可设 $\boldsymbol{p}_1,\boldsymbol{p}_2$ 是单位向量, 则 $\boldsymbol{P}=(\boldsymbol{p}_1,\boldsymbol{p}_2)$ 是正交阵, $\boldsymbol{x}=\boldsymbol{P}\boldsymbol{y}$ 是正交变换, $\boldsymbol{P}^{\mathrm{T}}\boldsymbol{A}\boldsymbol{P}=\mathrm{diag}(\lambda_1,\lambda_2)$, $\boldsymbol{x}^{\mathrm{T}}\boldsymbol{A}\boldsymbol{x}$ 的标准形是 $\lambda_1y_1^2+\lambda_2y_2^2$. 由于正交变换不改变几何图形的形状, 故二次曲线 $\boldsymbol{x}^{\mathrm{T}}\boldsymbol{A}\boldsymbol{x}=1$ 的标准形为 $\lambda_1y_1^2+\lambda_2y_2^2=1$.

(3) 由于 $\lambda_1y_1^2+\lambda_2y_2^2=1$ 为椭圆曲线, 并且正交变换不改变几何图形的形状, 所以二次曲线 $\boldsymbol{x}^{\mathrm{T}}\boldsymbol{A}\boldsymbol{x}=1$ 也是椭圆曲线. 记 $a=\dfrac{1}{\sqrt{\lambda_1}}$, $b=\dfrac{1}{\sqrt{\lambda_2}}$, 可看出 a,b 就是该二次曲线的长半轴和短半轴. 矩阵 $\boldsymbol{A}$ 的特征值 λ_1,λ_2 在几何上是二次函数 $\boldsymbol{x}^{\mathrm{T}}\boldsymbol{A}\boldsymbol{x}=1$ 对称轴半轴值倒数的平方.

二次曲线 $\lambda_1y_1^2+\lambda_2y_2^2=1$ 对称轴的方向可取为 $\boldsymbol{\alpha}=(1,0)^{\mathrm{T}}$ 和 $\boldsymbol{\beta}=(0,1)^{\mathrm{T}}$. 由于 $\boldsymbol{P}\boldsymbol{\alpha}=\boldsymbol{p}_1$ 和 $\boldsymbol{P}\boldsymbol{\beta}=\boldsymbol{p}_2$, 这表明矩阵 $\boldsymbol{A}$ 的与特征值 λ_1,λ_2 对应的特征向量 $\boldsymbol{p}_1,\boldsymbol{p}_2$ 在几何上表示二次函数 $\boldsymbol{x}^{\mathrm{T}}\boldsymbol{A}\boldsymbol{x}=1$ 对称轴的方向.

例 4.15　证明:

(1) 设 $\boldsymbol{A}$ 是正定矩阵, m 为正整数, 则 $\boldsymbol{A}^m,\boldsymbol{A}^{-1},\boldsymbol{A}^*$ 也是正定矩阵.

(2) 设 $\boldsymbol{A}=(a_{ij})_n$ 是正定矩阵, 则 $a_{ii}>0, i=1,2,\cdots,n$.

(3) 设 $\boldsymbol{A},\boldsymbol{B}$ 分别为 n 阶和 m 阶正定矩阵, 则 $\begin{pmatrix}\boldsymbol{A} & \boldsymbol{O}\\ \boldsymbol{O} & \boldsymbol{B}\end{pmatrix}$ 也是正定矩阵.

(4) 若 $\boldsymbol{A},\boldsymbol{B}$ 为同阶正定矩阵, 则 $\boldsymbol{AB}$ 的特征值都大于 0.

分析　与正定相关的几个等价命题:

二次型 $f=\boldsymbol{x}^{\mathrm{T}}\boldsymbol{A}\boldsymbol{x}$ 正定 $\Leftrightarrow$ f 的正惯性指数为 n $\Leftrightarrow$ 二次型的矩阵 $\boldsymbol{A}$ 是正定的 $\Leftrightarrow$ 矩阵 $\boldsymbol{A}$ 的特征值均为正 $\Leftrightarrow$ 矩阵 $\boldsymbol{A}$ 的各阶主子式均为正.

解　(1) 矩阵 $\boldsymbol{A}^m,\boldsymbol{A}^{-1},\boldsymbol{A}^*$ 的特征值分别为 $\lambda^m,\dfrac{1}{\lambda},\dfrac{|\boldsymbol{A}|}{\lambda}$, 均为正数, 所以它们都是正定矩阵.

(2) 设 $\boldsymbol{e}_i$ 为第 i 个分量是 1, 其他分量为 0 的单位向量, 则有 $\boldsymbol{e}_i^{\mathrm{T}}\boldsymbol{A}\boldsymbol{e}_i=a_{ii}$. 由于 $\boldsymbol{A}=(a_{ij})_n$ 是正定矩阵, 所以 $a_{ii}>0, i=1,2,\cdots,n$.

(3) 只需证明矩阵 $\boldsymbol{C}=\begin{pmatrix}\boldsymbol{A} & \boldsymbol{O}\\ \boldsymbol{O} & \boldsymbol{B}\end{pmatrix}$ 的各阶主子式均为正.

当 $1\leqslant k\leqslant n$ 时, $\boldsymbol{C}$ 的 k 阶主子式就是 $\boldsymbol{A}$ 的 k 阶主子式, 这时有 $C_k=A_k>0$;

当 $n<k\leqslant n+m$ 时, $\boldsymbol{C}$ 的 k 阶主子式等于 $|\boldsymbol{A}|$ 乘以 $\boldsymbol{B}$ 的 $k-n$ 阶主子式, 即 $C_k = |\boldsymbol{A}||\boldsymbol{B}_{k-n}|$, 所以 $C_k = |\boldsymbol{A}||\boldsymbol{B}_{k-n}|>0$.

(4) $\boldsymbol{A},\boldsymbol{B}$ 是正定的, 则存在可逆阵 $\boldsymbol{U},\boldsymbol{V}$ 使得 $\boldsymbol{A}=\boldsymbol{U}^{\mathrm{T}}\boldsymbol{U}$, $\boldsymbol{B}=\boldsymbol{V}^{\mathrm{T}}\boldsymbol{V}$ (见练习 4.7). 于是有 $\boldsymbol{VABV}^{-1}=\boldsymbol{VU}^{\mathrm{T}}\boldsymbol{UV}^{\mathrm{T}}=(\boldsymbol{UV}^{\mathrm{T}})^{\mathrm{T}}(\boldsymbol{UV}^{\mathrm{T}})$, 所以矩阵 $\boldsymbol{VABV}^{-1}$ 是正定的, 其特征值都大于 0.

由于 $\boldsymbol{AB}=\boldsymbol{V}^{-1}(\boldsymbol{VABV}^{-1})\boldsymbol{V}$, 所以 $\boldsymbol{AB}$ 与 $\boldsymbol{VABV}^{-1}$ 相似, $\boldsymbol{AB}$ 的特征值也都大于 0.

注　一般地, 若 $\boldsymbol{A},\boldsymbol{B}$ 是对称矩阵, $\boldsymbol{AB}$ 未必是对称矩阵. 此题表明: 若 $\boldsymbol{A},\boldsymbol{B}$ 正定且 $\boldsymbol{AB}=\boldsymbol{BA}$, 则 $\boldsymbol{AB}$ 也正定.

例 4.16　设二次型

$$f(x)=a\sum_{i=1}^{n}x_i^2+b\sum_{i=1}^{n}x_ix_{n-i+1}\quad (a,b\in\mathbb{R}).$$

问: a,b 满足什么条件时, $f(x)$ 是正定二次型?

分析　二次型 $f=\boldsymbol{x}^{\mathrm{T}}\boldsymbol{Ax}$ 正定 $\Leftrightarrow$ 矩阵 $\boldsymbol{A}$ 的各阶主子式均为正.

此题要点是写出二次型 $f(x)$ 的矩阵 $\boldsymbol{A}$, 并计算 $\boldsymbol{A}$ 的各阶主子式.

解　当 $n=2m+1$ 时, 二次型 $f(x)$ 的矩阵

$$\boldsymbol{A}=\begin{pmatrix} a & & & & & & b\\ & \ddots & & & & \iddots & \\ & & a & & b & & \\ & & & a & & & \\ & & b & & a & & \\ & \iddots & & & & \ddots & \\ b & & & & & & a \end{pmatrix}.$$

计算可得 $\boldsymbol{A}$ 的 k 阶主子式为

$$A_k=\begin{cases} a^k, & 1\leqslant k\leqslant m+1,\\ a^m(a^2-b^2)^{k-m-1}, & m+2\leqslant k\leqslant 2m+1. \end{cases}$$

当 $n=2m$ 时, 二次型 $f(x)$ 的矩阵

$$\boldsymbol{A}=\begin{pmatrix} a & & & & & b\\ & \ddots & & & \iddots & \\ & & a & b & & \\ & & b & a & & \\ & \iddots & & & \ddots & \\ b & & & & & a \end{pmatrix}.$$

$\boldsymbol{A}$ 的 k 阶主子式为

$$A_k=\begin{cases}a^k, & 1\leqslant k\leqslant m,\\ a^{2m-k}(a^2-b^2)^{k-m}, & m+1\leqslant k\leqslant 2m.\end{cases}$$

所以当 $a>0$ 且 $a^2>b^2$ 时，$f(x)$ 是正定的.

三、练习题分析

练习 4.1 设 $\boldsymbol{\alpha},\boldsymbol{\beta}$ 均是 n 维向量，且 $\boldsymbol{\alpha}\perp\boldsymbol{\beta}$，证明：$|\boldsymbol{\alpha}+\boldsymbol{\beta}|^2=|\boldsymbol{\alpha}|^2+|\boldsymbol{\beta}|^2$.

提示 向量的模长的平方等于向量与自身的内积，于是 $|\boldsymbol{\alpha}+\boldsymbol{\beta}|^2=(\boldsymbol{\alpha}+\boldsymbol{\beta},\boldsymbol{\alpha}+\boldsymbol{\beta})$，然后利用内积性质展开，利用 $\boldsymbol{\alpha}\perp\boldsymbol{\beta}$ 时，$(\boldsymbol{\alpha},\boldsymbol{\beta})=0$ 化简即可.

练习 4.2 在 $\mathbb{R}^3$ 中，设 $\boldsymbol{e}_1=(1,1,1),\boldsymbol{e}_2=(1,1,0),\boldsymbol{e}_3=(1,0,0)$，向量 $\boldsymbol{\alpha}=3\boldsymbol{e}_1-5\boldsymbol{e}_2-2\boldsymbol{e}_3,\boldsymbol{\beta}=6\boldsymbol{e}_1+4\boldsymbol{e}_2$，求 $(\boldsymbol{\alpha},\boldsymbol{\beta})$.

提示 显然，$\boldsymbol{e}_1,\boldsymbol{e}_2,\boldsymbol{e}_3$ 线性无关，是 $\mathbb{R}^3$ 的一组基，所以计算内积可以利用度量矩阵.

答案 -42.

练习 4.3 证明：合同关系为等价关系.

提示 等价关系应满足反身性、对称性、传递性. 所以需要证明：① $\boldsymbol{A}$ 与 $\boldsymbol{A}$ 合同；② $\boldsymbol{A}$ 与 $\boldsymbol{B}$ 合同时，有 $\boldsymbol{B}$ 与 $\boldsymbol{A}$ 合同；③ $\boldsymbol{A}$ 与 $\boldsymbol{B}$ 合同，$\boldsymbol{B}$ 与 $\boldsymbol{C}$ 合同时，有 $\boldsymbol{A}$ 与 $\boldsymbol{C}$ 合同.

练习 4.4 设 $\boldsymbol{x}$ 是 n 维列向量，$|\boldsymbol{x}|=1$，证明：$\boldsymbol{H}=\boldsymbol{E}-2\boldsymbol{x}\boldsymbol{x}^{\mathrm{T}}$ 为对称的正交矩阵.

提示 $\boldsymbol{H}$ 是对称矩阵需满足 $\boldsymbol{H}=\boldsymbol{H}^{\mathrm{T}}$，$\boldsymbol{H}$ 是正交矩阵需满足 $\boldsymbol{H}\boldsymbol{H}^{\mathrm{T}}=\boldsymbol{E}$.

练习 4.5 三阶实对称矩阵 $\boldsymbol{A}$ 的特征值为 6, 3, 3, 若对应于 6 的特征向量为 $\boldsymbol{p}_1=(1,1,1)^{\mathrm{T}}$，求矩阵 $\boldsymbol{A}$.

提示 (1) 若得到三个线性无关的特征向量，则可求出矩阵 $\boldsymbol{A}$.

(2) 由于 $\boldsymbol{A}$ 为实对称矩阵，所以 $\boldsymbol{A}$ 的对应于特征值 3 的特征向量 $(x_1,x_2,x_3)^{\mathrm{T}}$ 与 $\boldsymbol{p}_1$ 正交，即满足 $x_1+x_2+x_3=0$.

答案 $\boldsymbol{A}=\begin{pmatrix}4&1&1\\1&4&1\\1&1&4\end{pmatrix}$.

练习 4.6 设 $\boldsymbol{A}$ 为 n 阶实对称矩阵，如对任意 n 维向量 $\boldsymbol{x}$，有 $\boldsymbol{x}^{\mathrm{T}}\boldsymbol{A}\boldsymbol{x}=0$，则 $\boldsymbol{A}=\boldsymbol{O}$.

提示 (1) 取 $\boldsymbol{x}$ 是第 i 个分量为 1，其余分量为 0 的向量，可得 $\boldsymbol{x}^{\mathrm{T}}\boldsymbol{A}\boldsymbol{x}=a_{ii}=0$.

(2) 取 $\boldsymbol{x}$ 是第 i 和 j 两个分量为 1，其余分量为 0 的向量，可得 $\boldsymbol{x}^{\mathrm{T}}\boldsymbol{A}\boldsymbol{x}=2a_{ij}=0$.

练习 4.7　设 $\boldsymbol{U}$ 为可逆方阵, $\boldsymbol{A}=\boldsymbol{U}^{\mathrm{T}}\boldsymbol{U}$, 证明 $f=\boldsymbol{x}^{\mathrm{T}}\boldsymbol{A}\boldsymbol{x}$ 为正定二次型.

提示　证明 $\forall \boldsymbol{x}\in\mathbb{R}^n, \boldsymbol{x}\neq\boldsymbol{0}$, $\boldsymbol{x}^{\mathrm{T}}\boldsymbol{A}\boldsymbol{x}>0$.

练习 4.8　$\boldsymbol{A}$ 为 n 阶正定矩阵, 证明存在可逆矩阵 $\boldsymbol{U}$, 使得 $\boldsymbol{A}=\boldsymbol{U}^{T}\boldsymbol{U}$.

提示　(1) 存在正交变换矩阵 $\boldsymbol{P}$, 把 $\boldsymbol{A}$ 化成对角矩阵 $\boldsymbol{\Lambda}=\mathrm{diag}(\lambda_1,\lambda_2,\cdots,\lambda_n)$, $\boldsymbol{P}^{\mathrm{T}}\boldsymbol{A}\boldsymbol{P}=\boldsymbol{\Lambda}$.

(2) 记 $\boldsymbol{\Lambda}_0=\mathrm{diag}(\sqrt{\lambda_1},\sqrt{\lambda_2},\cdots,\sqrt{\lambda_n})$, 则 $\boldsymbol{\Lambda}=\boldsymbol{\Lambda}_0\boldsymbol{\Lambda}_0$.

(3) $\boldsymbol{A}=\boldsymbol{P}\boldsymbol{\Lambda}\boldsymbol{P}^{\mathrm{T}}=\boldsymbol{P}\boldsymbol{\Lambda}_0\boldsymbol{\Lambda}_0\boldsymbol{P}^{\mathrm{T}}=(\boldsymbol{\Lambda}_0\boldsymbol{P}^{\mathrm{T}})^{\mathrm{T}}$.

练习 4.9　二次型 $f=2x_1^2+3x_2^2+3x_3^2+2tx_2x_3(t>0)$ 通过正交变换化为 $f=2y_1^2+y_2^2+5y_3^2$. (1) 求 t 的值; (2) 求证: 当 $x_1^2+x_2^2+x_3^2=1$ 时, f 的最大值为 5.

提示　(1) 写出二次型 $f=2x_1^2+3x_2^2+3x_3^2+2tx_2x_3$ 的矩阵 $\boldsymbol{A}$.

(2) $\boldsymbol{A}$ 的特征值为 $\{2,1,5\}$. 矩阵 $\boldsymbol{A}$ 的行列式等于其特征值之积, 由此求出 t.

(3) 正交变换将向量 $\boldsymbol{x}\,(|\boldsymbol{x}|=x_1^2+x_2^2+x_3^2=1)$ 变换为向量 $\boldsymbol{y}\,(|\boldsymbol{y}|=y_1^2+y_2^2+y_3^2=1)$.

(4) $\max\limits_{|\boldsymbol{x}|=1} f=\max\limits_{|\boldsymbol{y}|=1} f$.

答案　$t=2$.

练习 4.10　设二次型 $f=x_1^2+x_2^2+x_3^2+2x_1x_2+2ax_1x_3+2bx_2x_3$ 通过正交变换 $\boldsymbol{x}=\boldsymbol{P}\boldsymbol{y}$ 化成标准形 $f=y_2^2+2y_3^2$, 求 a,b 的值并求出该正交变换.

提示　参见例 4.12 和例 4.13.

答案　$a=b=0$, 正交变换为 $\begin{pmatrix}x_1\\x_2\\x_3\end{pmatrix}=\begin{pmatrix}\dfrac{1}{\sqrt{2}} & 0 & \dfrac{1}{\sqrt{2}}\\ -\dfrac{1}{\sqrt{2}} & 0 & \dfrac{1}{\sqrt{2}}\\ 0 & 1 & 0\end{pmatrix}\begin{pmatrix}y_1\\y_2\\y_3\end{pmatrix}$.

练习 4.11　设 $\boldsymbol{A}$ 是 n 阶正定矩阵, $\boldsymbol{B}$ 是 n 阶反对称矩阵(即 $\boldsymbol{B}^{\mathrm{T}}=-\boldsymbol{B}$), 问: $\boldsymbol{A}-\boldsymbol{B}^2$ 是不是正定矩阵？证明你的结论.

提示　由 $\boldsymbol{B}^{\mathrm{T}}=-\boldsymbol{B}$ 有 $-\boldsymbol{B}^2=\boldsymbol{B}^{\mathrm{T}}\boldsymbol{B}$. 然后利用定义证明 $\boldsymbol{A}-\boldsymbol{B}^2$ 是否正定. 注意, 对 $\forall\boldsymbol{x}\neq\boldsymbol{0}$, $(\boldsymbol{B}\boldsymbol{x})^{\mathrm{T}}(\boldsymbol{B}\boldsymbol{x})\geqslant 0$.

练习 4.12　判断正误: 实对称矩阵 $\boldsymbol{A}$ 的非零特征值的个数等于它的秩. (　　)

提示　利用实对称矩阵的特征值所对应的特征空间的维数等于这个特征值的重数, 可得特征值 0 的特征子空间的维数 $n-R(\boldsymbol{A})$ 等于特征值 0 的重数 k. 又结合所有特征值的个数为矩阵 $\boldsymbol{A}$ 的阶就可以判断正误.

答案　正确.

四、第 4 章单元测验题

1. 选择题.

(1) 矩阵 $\begin{pmatrix} 1 & a & 1 \\ a & b & a \\ 1 & a & 1 \end{pmatrix}$ 与 $\begin{pmatrix} 2 & 0 & 0 \\ 0 & b & 0 \\ 0 & 0 & 0 \end{pmatrix}$ 相似的充分必要条件为(　　).

(A) $a=0, b=2$;　　(B) $a=0, b$为任意的常数;

(C) $a=2, b=0$;　　(D) $a=2, b$为任意的常数.

(2) 设矩阵 $\boldsymbol{A}=\begin{pmatrix} 2 & -1 & -1 \\ -1 & 2 & -1 \\ -1 & -1 & 2 \end{pmatrix}$, $\boldsymbol{B}=\begin{pmatrix} 1 & 0 & 0 \\ 0 & 1 & 0 \\ 0 & 0 & 0 \end{pmatrix}$, 则 $\boldsymbol{A}$ 与 $\boldsymbol{B}$ (　　).

(A) 合同, 且相似;　　(B) 合同, 但不相似;

(C) 不合同, 但相似;　　(D) 既不合同, 也不相似.

(3) 设 $\boldsymbol{A}$ 为三阶实对称矩阵, $\boldsymbol{E}$ 是三阶单位矩阵, 若 $\boldsymbol{A}^2+\boldsymbol{A}=2\boldsymbol{E}$, 且 $|\boldsymbol{A}|=4$, 则二次型 $\boldsymbol{x}^{\mathrm{T}}=\boldsymbol{A}\boldsymbol{x}$ 的标准形为(　　).

(A) $y_1^2+y_2^2+y_3^2$;　　(B) $y_1^2+y_2^2-y_3^2$;

(C) $y_1^2-y_2^2-y_3^2$;　　(D) $-y_1^2-y_2^2-y_3^2$.

(4) 设二次型 $f(x_1,x_2,x_3)=a(x_1^2+x_2^2+x_3^2)+2x_1x_2+2x_2x_3+2x_1x_3$ 的正负惯性指数分别为1,2, 则

(A) $a>1$;　　(B) $a<-2$;　　(C) $-2<a<1$;　　(D) $a=1$或$a=-2$.

(5) 设 $\boldsymbol{A}$ 为四阶实对称矩阵, 满足 $\boldsymbol{A}^3-\boldsymbol{A}=\boldsymbol{O}$, 且其正负惯性指数均为 1, 则(　　).

(A) $|\boldsymbol{A}+\boldsymbol{E}|=1$;　　(B) $2\boldsymbol{E}+\boldsymbol{A}$ 正定;

(C) $R(\boldsymbol{E}-\boldsymbol{A})=2$;　　(D) $\boldsymbol{A}\boldsymbol{x}=\boldsymbol{0}$ 解空间的维数为 1.

2. 设向量 $\boldsymbol{x}_1=(1,2,1)^{\mathrm{T}}$, $\boldsymbol{x}_2=(1,3,2)^{\mathrm{T}}$, $\boldsymbol{x}_3=(1,a,3)^{\mathrm{T}}$ 为 $\mathbb{R}^3$ 的一个基, $\boldsymbol{\beta}=(1,1,1)^{\mathrm{T}}$ 在基下的坐标为 $(b,c,1)^{\mathrm{T}}$.

(1) 求 a,b,c;

(2) 证明 $\boldsymbol{\alpha}_2,\boldsymbol{\alpha}_3,\boldsymbol{\beta}$ 为 $\mathbb{R}^3$ 的一个基, 并求从 $\boldsymbol{\alpha}_2,\boldsymbol{\alpha}_3,\boldsymbol{\beta}$ 到 $\boldsymbol{\alpha}_1,\boldsymbol{\alpha}_2,\boldsymbol{\alpha}_3$ 的过渡矩阵.

3. 设矩阵

$$\boldsymbol{A}=\begin{pmatrix} 1 & 0 & 0 \\ 0 & y & 1 \\ 0 & 1 & 2 \end{pmatrix}.$$

(1) 已知 $\boldsymbol{A}$ 的一个特征值为 3, 求 y 的值;

(2) 求矩阵 $\boldsymbol{P}$, 使得 $\boldsymbol{P}^{\mathrm{T}}\boldsymbol{AP}$ 为对角矩阵.

4. 已知

$$\boldsymbol{A}=\begin{pmatrix}1&2&1\\2&a+4&-5\\-1&-2&a\end{pmatrix},\quad \boldsymbol{b}=\begin{pmatrix}3\\6\\-3\end{pmatrix}.$$

线性方程组 $\boldsymbol{Ax}=\boldsymbol{b}$ 有无穷多解. $\lambda_1=1,\lambda_2=-1,\lambda_3=0$ 是 $\boldsymbol{B}$ 的特征值, 对应的特征向量分别为 $\boldsymbol{\alpha}_1=(1,2a,-1)^{\mathrm{T}},\boldsymbol{\alpha}_2=(a,a+3,a+2)^{\mathrm{T}},\boldsymbol{\alpha}_3=(a-2,-1,a+1)^{\mathrm{T}}$. 求:

(1) a 的值;　(2) 矩阵 $\boldsymbol{B}$;　(3) 行列式 $\left|2\boldsymbol{B}^3+3\boldsymbol{E}\right|$.

5. 设 $f=\boldsymbol{x}^{\mathrm{T}}\boldsymbol{Ax}$ 是一个实二次型, 有实 n 维向量 $\boldsymbol{x}_1,\boldsymbol{x}_2$ 使得 $\boldsymbol{x}_1^{\mathrm{T}}\boldsymbol{Ax}_1>0$, $\boldsymbol{x}_2^{\mathrm{T}}\boldsymbol{Ax}_2<0$. 试证: 必存在实 n 维向量 $\boldsymbol{x}_0\neq\boldsymbol{0}$, 使 $\boldsymbol{x}_0^{\mathrm{T}}\boldsymbol{Ax}_0=0$.

6. 二次型 $f(x_1,x_2,x_3)=2(a_1x_1+a_2x_2+a_3x_3)^2+(b_1x_1+b_2x_2+b_3x_3)^2$, 记 $\boldsymbol{\alpha}=(a_1,a_2,a_3)^{\mathrm{T}}$, $\boldsymbol{\beta}=(b_1,b_2,b_3)^{\mathrm{T}}$.

(1) 证明二次型 f 对应的矩阵为 $2\boldsymbol{\alpha\alpha}^{\mathrm{T}}+\boldsymbol{\beta\beta}^{\mathrm{T}}$;

(2) 若 $\boldsymbol{\alpha},\boldsymbol{\beta}$ 正交且均为单位向量, 证明 f 在正交变换下的标准形为 $2y_1^2+y_2^2$.

7. 考虑二次型 $f=x_1^2+4x_2^2+4x_3^3+2ax_1x_2-2x_1x_3+4x_2x_3$, 问 a 取何值时, f 为正定二次型?

8. 设 $\boldsymbol{A}$ 为 $m\times n$ 实矩阵, 且 $\boldsymbol{A}$ 的秩 $R(\boldsymbol{A})<\min\{m,n\}$, 矩阵 $\boldsymbol{B}=a\boldsymbol{E}+\boldsymbol{A}^{\mathrm{T}}\boldsymbol{A}$. 求 a, 使得矩阵 $\boldsymbol{B}$ 正定.

9. 设 $\boldsymbol{A}$ 为三阶实对称矩阵, $\boldsymbol{\alpha}=(-1,-1,1)^{\mathrm{T}}$. 若 $\boldsymbol{A}^*\boldsymbol{\alpha}=\boldsymbol{\alpha}$, 且存在正交阵 $\boldsymbol{P}$ 满足

$$\boldsymbol{P}^{\mathrm{T}}\boldsymbol{AP}=\begin{pmatrix}-1&0&0\\0&-1&0\\0&0&2\end{pmatrix}.$$

(1) 求 $\boldsymbol{P}$; (2) 求二次型 $\boldsymbol{x}^{\mathrm{T}}(\boldsymbol{A}^*)^{-1}\boldsymbol{x}$ 的表达式, 并确定其正负惯性指数.

单元测验题参考答案

第 1 章单元测验题参考答案

1. (1) 0; (2) −2; (3) 9; (4) 4; (5) 2; (6) $\begin{pmatrix} 7 & 5 \\ 4 & 3 \end{pmatrix}$; (7) $\begin{pmatrix} 2 & -1 & 0 \\ -3 & 2 & 0 \\ 0 & 0 & 1 \end{pmatrix}$.

2. (1) B; (2) C; (3) D; (4) D; (5) B.

3. (1) $(-1)^{\frac{n(n-1)}{2}}\left[x+a(n-1)\right](x-a)^{n-1}$, $(-1)^{\frac{n(n-1)}{2}}n(x-a)^{n-1}$.

(2) $\begin{cases} (n+1)a^{n^n}, & a=b, \\ \dfrac{1}{a-b}(a^{n+1}-b^{n+1}), & a\neq b. \end{cases}$ (3) $\boldsymbol{A}=\boldsymbol{B}, \boldsymbol{A}^5=\boldsymbol{A}$.

(4) $\boldsymbol{A}^{-1}=\dfrac{1}{9}\boldsymbol{A}$, $(\boldsymbol{A}^*)^{-1}=-\dfrac{1}{27}\boldsymbol{A}$.

(5) $\boldsymbol{A}(\boldsymbol{C}-\boldsymbol{B})^{\mathrm{T}}=\boldsymbol{E}$, $\boldsymbol{A}=\begin{pmatrix} 1 & 0 & 0 & 0 \\ -2 & 1 & 0 & 0 \\ 1 & -2 & 1 & 0 \\ 0 & 1 & -2 & 1 \end{pmatrix}$.

(6) $\boldsymbol{A}^{-1}=\dfrac{1}{2}(\boldsymbol{A}-\boldsymbol{E}), (\boldsymbol{A}+2\boldsymbol{E})^{-1}=\dfrac{1}{4}(3\boldsymbol{E}-\boldsymbol{A})$.

(7) (I) $\boldsymbol{X}=\begin{pmatrix} 1 & -1 & -1 & & & & \\ 1 & -1 & -1 & -1 & & & \\ & \ddots & \ddots & \ddots & \ddots & & \\ & & 1 & -1 & -1 & -1 & \\ & & & 1 & -1 & -1 & \\ & & & & 1 & 2 & \end{pmatrix}_n$; (II) $\boldsymbol{X}=\begin{pmatrix} 1 & 1 \\ \dfrac{1}{4} & 0 \end{pmatrix}$.

(8) 当 $k\neq 1$且$k\neq 4$ 时，方程组有唯一解；当 $k=-1$ 时，无解；当 $k=4$ 时，有无穷多解，其解为$\begin{pmatrix} 0 \\ 4 \\ 0 \end{pmatrix}+k\begin{pmatrix} -3 \\ -1 \\ 1 \end{pmatrix}$.

4. 略.

第 2 章单元测验题参考答案

1. (1) 正确; (2) 错误; (3) 错误; (4) 正确.

2. **提示** 先证明可表示: 由条件可得存在不全为零的数 $k_1,k_2,\cdots,k_n,l$ 使得 $k_1\boldsymbol{\alpha}_1+k_2\boldsymbol{\alpha}_2+\cdots+k_n\boldsymbol{\alpha}_n-l\boldsymbol{\beta}=\mathbf{0}$, 若 $l=0$, 则存在不全为零的数 $k_1,k_2,\cdots,k_n$ 使得 $k_1\boldsymbol{\alpha}_1+k_2\boldsymbol{\alpha}_2+\cdots+k_n\boldsymbol{\alpha}_n=\mathbf{0}$, 这与 $\boldsymbol{\alpha}_1,\boldsymbol{\alpha}_2,\cdots,\boldsymbol{\alpha}_n$ 线性无关矛盾. 故 $l\neq 0$, 于是有 $\boldsymbol{\beta}=\frac{k_1}{l}\boldsymbol{\alpha}_1+\frac{k_2}{l}\boldsymbol{\alpha}_2+\cdots+\frac{k_n}{l}\boldsymbol{\alpha}_n$.

再证明表示唯一: 若表示不唯一, 不妨设 $\boldsymbol{\beta}=h_1\boldsymbol{\alpha}_1+h_2\boldsymbol{\alpha}_2+\cdots+h_n\boldsymbol{\alpha}_n$, 且 $\frac{k_1}{l}\neq h_1$. 则 $\left(\frac{k_1}{l}-h_1\right)\boldsymbol{\alpha}_1+\left(\frac{k_2}{l}-h_2\right)\boldsymbol{\alpha}_2+\cdots+\left(\frac{k_n}{l}-h_n\right)\boldsymbol{\alpha}_n=\mathbf{0}$, 其中 $\frac{k_1}{l}-h_1\neq 0$, 这与 $\boldsymbol{\alpha}_1,\boldsymbol{\alpha}_2,\cdots,\boldsymbol{\alpha}_n$ 线性无关矛盾, 故表示唯一.

3. $x=2$.

4. (1) $\operatorname{rank}\{\boldsymbol{\alpha}_1,\boldsymbol{\alpha}_2,\boldsymbol{\alpha}_3,\boldsymbol{\alpha}_4\}=2$, $\boldsymbol{\alpha}_1,\boldsymbol{\alpha}_2,\boldsymbol{\alpha}_3,\boldsymbol{\alpha}_4$ 线性相关;

(2) $\{\boldsymbol{\alpha}_1,\boldsymbol{\alpha}_2\}$ 是极大无关组, 且 $\boldsymbol{\alpha}_3=2\boldsymbol{\alpha}_1+\boldsymbol{\alpha}_2,\boldsymbol{\alpha}_4=3\boldsymbol{\alpha}_1-\boldsymbol{\alpha}_2$.

5. 当 $\mu=0$ 时, 线性相关; 当 $\mu\neq 0$ 时, 线性无关.

6. $t\neq\frac{2}{3}$.

7. **提示** 作矩阵 $\boldsymbol{P}=(\boldsymbol{\alpha}_1,\boldsymbol{\alpha}_2,\cdots,\boldsymbol{\alpha}_s)$, $\boldsymbol{B}=(\boldsymbol{\beta}_1,\boldsymbol{\beta}_2,\cdots,\boldsymbol{\beta}_t)$, 由条件可得

$$\boldsymbol{B}=\boldsymbol{P}\boldsymbol{A}.$$

对 $x\in\mathbb{R}^t$ 有 $\boldsymbol{Bx}=\mathbf{0}$ 当且仅当 $\boldsymbol{PAx}=\mathbf{0}$, 由于 $\{\boldsymbol{\alpha}_1,\boldsymbol{\alpha}_2,\cdots,\boldsymbol{\alpha}_s\}$ 线性无关, 这又当且仅当 $\boldsymbol{Ax}=\mathbf{0}$, 说明方程组 $\boldsymbol{Bx}=\mathbf{0}$ 与 $\boldsymbol{Ax}=\mathbf{0}$ 同解, 故

$$\operatorname{rank}\{\boldsymbol{\beta}_1,\boldsymbol{\beta}_2,\cdots,\boldsymbol{\beta}_t\}=\operatorname{rank}(\boldsymbol{B})=\operatorname{rank}(\boldsymbol{A}).$$

8. **提示** 作矩阵 $\boldsymbol{A}=\begin{pmatrix}\boldsymbol{\alpha}_1^{\mathrm{T}}\\ \vdots\\ \boldsymbol{\alpha}_r^{\mathrm{T}}\end{pmatrix}$, 并记 $S=\left\{\boldsymbol{x}\in\mathbb{R}^n\,\middle|\,\boldsymbol{Ax}=\mathbf{0}\right\}$, 由条件可得 $S=M$, 故 $\operatorname{rank}(M)=\operatorname{rank}(S)=n-\operatorname{rank}(\boldsymbol{A})=n-\operatorname{rank}\{\boldsymbol{\alpha}_1,\boldsymbol{\alpha}_2,\cdots,\boldsymbol{\alpha}_r\}$. 则得(1)与(2).

9. **提示** 设有数 $l_0,l_1,\cdots,l_{k-1}$ 使得

$$l_0\boldsymbol{\alpha}+l_1\boldsymbol{A}\boldsymbol{\alpha}+\cdots+l_{k-1}\boldsymbol{A}^{k-1}\boldsymbol{\alpha}=\mathbf{0}. \qquad (*)$$

(*) 两边乘以 $\boldsymbol{A}^{k-1}$ 得 $l_0\boldsymbol{A}^{k-1}\boldsymbol{\alpha}+l_1\boldsymbol{A}^k\boldsymbol{\alpha}+\cdots+l_{k-1}\boldsymbol{A}^{2k-2}\boldsymbol{\alpha}=\mathbf{0}$, 即 $l_0\boldsymbol{A}^{k-1}\boldsymbol{\alpha}=\mathbf{0}$, 这意味着 $l_0=0$, 进而有

$$l_1 \boldsymbol{A\alpha} + \cdots + l_{k-1}\boldsymbol{A}^{k-1}\boldsymbol{\alpha} = \boldsymbol{0}. \tag{**}$$

(**) 两边乘以 $\boldsymbol{A}^{k-2}$ 得 $l_1\boldsymbol{A}^{k-1}\boldsymbol{\alpha} + \cdots + l_{k-1}\boldsymbol{A}^{2k-3}\boldsymbol{\alpha} = \boldsymbol{0}$，即 $l_1\boldsymbol{A}^{k-1}\boldsymbol{\alpha} = \boldsymbol{0}$，这意味着 $l_1 = 0$，同理可证明 $l_2 = \cdots = l_{k-1} = 0$，由此可得 $\boldsymbol{\alpha}, \boldsymbol{A\alpha}, \cdots, \boldsymbol{A}^{k-1}\boldsymbol{\alpha}$ 线性无关.

10. **提示**　若 $\operatorname{rank}\{\boldsymbol{\alpha}_1, \boldsymbol{\alpha}_2, \cdots, \boldsymbol{\alpha}_r\} = \operatorname{rank}\{\boldsymbol{\alpha}_1, \boldsymbol{\alpha}_2, \cdots, \boldsymbol{\alpha}_r, \boldsymbol{\alpha}\}$，这意味着 $\boldsymbol{\alpha}_1, \boldsymbol{\alpha}_2, \cdots, \boldsymbol{\alpha}_r$ 能线性表示 $\boldsymbol{\alpha}$，不妨设 $\boldsymbol{\alpha} = k_1\boldsymbol{\alpha}_1 + k_2\boldsymbol{\alpha}_2 + \cdots + k_r\boldsymbol{\alpha}_r$，于是有

$$\boldsymbol{0} \neq \boldsymbol{A\alpha} = \boldsymbol{A}(k_1\boldsymbol{\alpha}_1 + k_2\boldsymbol{\alpha}_2 + \cdots + k_r\boldsymbol{\alpha}_r) = k_1(\boldsymbol{A\alpha}_1) + k_2(\boldsymbol{A\alpha}_2) + \cdots + k_r(\boldsymbol{A\alpha}_r) = \boldsymbol{0},$$

矛盾.

11. **提示**　设 $S = \left\{\boldsymbol{x} \in \mathbb{R}^n \middle| \boldsymbol{Ax} = \boldsymbol{0}\right\}$，则 $\{\boldsymbol{\alpha}_1, \boldsymbol{\alpha}_2, \cdots, \boldsymbol{\alpha}_r\}$ 是 S 的基, 设 $\boldsymbol{B} = (\boldsymbol{\beta}_1, \boldsymbol{\beta}_2, \cdots, \boldsymbol{\beta}_t)$. 由 $\boldsymbol{AB} = \boldsymbol{O}$ 可知 $\{\boldsymbol{\beta}_1, \boldsymbol{\beta}_2, \cdots, \boldsymbol{\beta}_t\} \subset S$, 对任意 n 维向量 $\boldsymbol{\alpha}$, $\boldsymbol{B\alpha}$ 是 $\boldsymbol{\beta}_1$, $\boldsymbol{\beta}_2, \cdots, \boldsymbol{\beta}_t$ 的线性组合, 故 $\boldsymbol{B\alpha} \in S$, 这表明 $\boldsymbol{B\alpha}$ 可由 $\boldsymbol{\alpha}_1, \boldsymbol{\alpha}_2, \cdots, \boldsymbol{\alpha}_r$ 线性表示.

12. **提示**　证明 $U + W$，$U \cap W$ 对线性运算封闭即可.

13. **提示**　设有数 $k_1, k_2, \cdots, k_m$ 使得

$$k_1 \mathrm{e}^{\lambda_1 x} + k_2 \mathrm{e}^{\lambda_2 x} + \cdots + k_m \mathrm{e}^{\lambda_m x} = 0. \tag{*}$$

对(*)两边求一阶至 $m-1$ 阶导得

$$\begin{gathered}
k_1\lambda_1 \mathrm{e}^{\lambda_1 x} + k_2\lambda_2 \mathrm{e}^{\lambda_2 x} + \cdots + k_m\lambda_m \mathrm{e}^{\lambda_m x} = 0, \\
k_1\lambda_1^2 \mathrm{e}^{\lambda_1 x} + k_2\lambda_2^2 \mathrm{e}^{\lambda_2 x} + \cdots + k_m\lambda_m^2 \mathrm{e}^{\lambda_m x} = 0, \\
\cdots\cdots \\
k_1\lambda_1^{m-1} \mathrm{e}^{\lambda_1 x} + k_2\lambda_2^{m-1} \mathrm{e}^{\lambda_2 x} + \cdots + k_m\lambda_m^{m-1} \mathrm{e}^{\lambda_m x} = 0.
\end{gathered}$$

令 $x = 0$ 可得

$$\begin{cases}
k_1 + k_2 + \cdots + k_m = 0, \\
k_1\lambda_1 + k_2\lambda_2 + \cdots + k_m\lambda_m = 0, \\
k_1\lambda_1^2 + k_2\lambda_2^2 + \cdots + k_m\lambda_m^2 = 0, \\
\qquad\cdots\cdots \\
k_1\lambda_1^{m-1} + k_2\lambda_2^{m-1} + \cdots + k_m\lambda_m^{m-1} = 0.
\end{cases}$$

方程组只有零解 $k_1 = k_2 = \cdots = k_m = 0$.

14. **提示**　(1) 容易证明 $\left\{1, x, x^2, x^3\right\}$ 是 $\mathbb{R}_3[x]$ 的基, 故 $\dim \mathbb{R}_3[x] = 4$. 对 $p(x) \in \mathbb{R}_3[x]$, 由泰勒公式可得

$$p(x) = p(1) + p'(1)(1-x) + \frac{p''(1)}{2}(1-x)^2 + \frac{p'''(1)}{3!}(1-x)^3, \tag{*}$$

即 $\mathbb{R}_3[x]$ 中任意向量能被 $\left\{1, 1-x, (1-x)^2, (1-x)^3\right\}$ 表示，且由 $\dim \mathbb{R}_3[x] = 4$ 可知

$\left\{1,1-x,(1-x)^2,(1-x)^3\right\}$ 是 $\mathbb{R}_3[x]$ 的基;

(2) 过渡矩阵为 $\begin{pmatrix}1&1&1&1\\0&-1&-2&-3\\0&0&1&3\\0&0&0&-1\end{pmatrix}$.

(3) 方法一　由(*)可知坐标为 $(3,4,3,1)^{\mathrm{T}}$.

方法二　$1+x+x^3$ 在基 $\left\{1,x,x^2,x^3\right\}$ 下的坐标为 $(1,1,0,1)^{\mathrm{T}}$，再利用(2)的过渡矩阵可得坐标.

第 3 章单元测验题参考答案

1. (1) C. (2) A.

(3) A. 解析: $(\boldsymbol{P}^{-1}\boldsymbol{AP})\cdot(\boldsymbol{P}^{-1}\boldsymbol{\alpha})=\boldsymbol{P}^{-1}\boldsymbol{A\alpha}=\boldsymbol{P}^{-1}\cdot(\lambda\boldsymbol{\alpha})=\lambda(\boldsymbol{P}^{-1}\boldsymbol{A\alpha})$.

(4) C.

(5) D. 解析: $R(\boldsymbol{A})\leqslant m<n$.

(6) A.

(7) B. 解析: $|\boldsymbol{A}|=0$ 且 $R(\boldsymbol{A})<n$，故 $R(\boldsymbol{A})=n-1$.

(8) C.

2. (1) -1 或-2. 解析: $|\boldsymbol{A}|=2x$，$|\boldsymbol{A}-\lambda\boldsymbol{E}|=0$，所以 $\lambda=2,1,x$. 又由于 $\boldsymbol{A}^*=|\boldsymbol{A}|\cdot\boldsymbol{A}^{-1}=2x\cdot\boldsymbol{A}^{-1}$，所以 $\boldsymbol{A}^*$ 的特征值为 $\dfrac{|\boldsymbol{A}|}{\lambda}$，即 $x,2x,2$.

(2) $\begin{pmatrix}1&0\\0&1\end{pmatrix}$. 解析: $\boldsymbol{P}^{-1}\boldsymbol{AP}=\begin{pmatrix}-1&\\&1\end{pmatrix}$，所以 $\boldsymbol{A}=\boldsymbol{P}\begin{pmatrix}-1&\\&1\end{pmatrix}\boldsymbol{P}^{-1}$，从而

$$\boldsymbol{A}^{2004}=\boldsymbol{P}\begin{pmatrix}-1&\\&1\end{pmatrix}^{2004}\boldsymbol{P}^{-1}=\boldsymbol{E}.$$

(3) 1. 解析: $\boldsymbol{A}^2=\boldsymbol{E}\Rightarrow\lambda^2=1\Rightarrow\lambda^2\pm1$.

(4) $(1,-1,1,-1)^{\mathrm{T}}$.

(5) -1. 解析: 由于

$$\left(\begin{array}{ccc:c}1&2&1&1\\2&3&a+2&3\\1&a&-2&0\end{array}\right)\to\left(\begin{array}{ccc:c}1&2&1&1\\0&-1&a&1\\0&a-2&-3&-1\end{array}\right)\to\left(\begin{array}{ccc:c}1&2&1&1\\0&-1&a&1\\0&0&(a-3)(a+1)&a-3\end{array}\right),$$

故无解 $\Leftrightarrow a=-1$.

3. (1) ×. 解析: $\boldsymbol{x}\neq\boldsymbol{0}$.

(2) √.

(3) ×.

(4) ×. 解析: $R(\boldsymbol{A})<n, R(\boldsymbol{A},\boldsymbol{b})$ 有可能不等于 $R(\boldsymbol{A})$.

(5) √.

(6) √.

4. (1) 设 λ 是 $\boldsymbol{A}$ 的特征值, $\boldsymbol{\alpha}$ 是对应于 λ 的特征向量 ($\boldsymbol{\alpha}\neq\boldsymbol{0}$), 则

$$(\boldsymbol{A}^2-3\boldsymbol{A}+2\boldsymbol{E})\boldsymbol{\alpha}=\boldsymbol{A}^2\boldsymbol{\alpha}-3\boldsymbol{A}\boldsymbol{\alpha}+2\boldsymbol{\alpha}=\boldsymbol{0}.$$

所以,

$$(\lambda^2-3\lambda+2)\boldsymbol{\alpha}=\boldsymbol{0}\Rightarrow\lambda^2-3\lambda+2=0\Rightarrow(\lambda-1)(\lambda-2)=0.$$

所以, $\lambda=1$ 或 $\lambda=2$.

(2) $|\boldsymbol{A}-\lambda_1\boldsymbol{E}|=0, |\boldsymbol{B}-\lambda_2\boldsymbol{E}|=0$, 解得 $\lambda_1=\lambda_2=-1,1,2$. 所以

$$\boldsymbol{A}\text{ 与 }\begin{pmatrix}-1&&\\&1&\\&&2\end{pmatrix}\text{ 相似, }\quad\boldsymbol{B}\text{ 与 }\begin{pmatrix}-1&&\\&1&\\&&2\end{pmatrix}\text{ 相似,}$$

所以 $\boldsymbol{A}$ 与 $\boldsymbol{B}$ 相似.

(3)
$$|\boldsymbol{A}-\lambda\boldsymbol{E}|=\begin{vmatrix}-\lambda&0&1\\x&1-\lambda&y\\1&0&-\lambda\end{vmatrix}=-\lambda\begin{vmatrix}1-\lambda&y\\0&-\lambda\end{vmatrix}+(-1)^{1+3}\begin{vmatrix}x&1-\lambda\\1&0\end{vmatrix}$$
$$=(-\lambda)(-\lambda)(1-\lambda)=(\lambda+1)(\lambda-1)(1-\lambda).$$

所以, $\lambda=1$ (二重), $\lambda=-1$ (一重).

$$\text{当 }\lambda=1\text{ 时, }\boldsymbol{A}-\lambda\boldsymbol{E}=\begin{pmatrix}-1&0&1\\x&0&y\\1&0&-1\end{pmatrix}\to\begin{pmatrix}-1&0&1\\x&0&y\\1&0&0\end{pmatrix}\to\begin{pmatrix}-1&0&1\\0&0&x+y\\0&0&0\end{pmatrix}.$$

因为 $n-R(\boldsymbol{A}-\lambda\boldsymbol{E})=2$, 所以 $3-R(\boldsymbol{A}-\lambda\boldsymbol{E})=2\Rightarrow R(\boldsymbol{A}-\lambda\boldsymbol{E})=1\Rightarrow x+y=0$.

(4) ①
$$|\lambda\boldsymbol{E}-\boldsymbol{A}|=\begin{vmatrix}\lambda-1&-2&3\\1&\lambda-4&3\\-1&-a&\lambda-5\end{vmatrix}=\begin{vmatrix}\lambda-1&-2&3\\1&\lambda-4&3\\0&\lambda-4-a&\lambda-2\end{vmatrix}$$
$$=-\begin{vmatrix}1&\lambda-4&3\\\lambda-1&-2&3\\0&\lambda-4-a&\lambda-2\end{vmatrix}=-\begin{vmatrix}1&\lambda-4&3\\0&-2-(\lambda-4)(\lambda-1)&6-3\lambda\\0&\lambda-4-a&\lambda-2\end{vmatrix}$$

$$=-\begin{vmatrix}-\lambda^2+5\lambda-6 & 6-3\lambda\\ \lambda-4-a & \lambda-2\end{vmatrix}$$

$$=(\lambda-2)(\lambda^2-8\lambda+18+3a).$$

若 $\lambda=2$ 是特征方程的二重根, 则有 $2^2-16+18+3a=0$. 即 $a=-2$.

若 $\lambda=2$ 不是特征方程的二重根, 则 $\lambda^2-8\lambda+18+3a$ 为完全平方, 从而 $18+3a=16$, 即 $a=-\dfrac{2}{3}$.

② 当 $a=-2$ 时, $\boldsymbol{A}$ 的特征值为 2, 2, 6, 又 $2\boldsymbol{E}-\boldsymbol{A}=\begin{pmatrix}1 & -2 & 3\\ 1 & -2 & 3\\ -1 & 2 & -3\end{pmatrix}$, $R(2\boldsymbol{E}-\boldsymbol{A})=1$.

所以 $\lambda=2$ 对应的线性无关特征向量有两个, 从而 $\boldsymbol{A}$ 可对角化.

当 $a=-\dfrac{2}{3}$ 时, $\boldsymbol{A}$ 的特征值为 2, 4, 4, $4\boldsymbol{E}-\boldsymbol{A}=\begin{pmatrix}3 & -2 & 3\\ 1 & 0 & 3\\ -1 & \dfrac{2}{3} & -1\end{pmatrix}$, $R(4\boldsymbol{E}-\boldsymbol{A})=2$, 故 $\lambda=4$ 对应的线性无关的特征向量只有一个, 从而 $\boldsymbol{A}$ 不可以相似对角化.

(5) $\det(t\boldsymbol{E}-\boldsymbol{A})=0$, 求得其特征值为 2(二重)和−3. 对应的特征子空间的基

$$V_2:\ \boldsymbol{\eta}_1=\begin{pmatrix}1\\2\\0\end{pmatrix},\ \boldsymbol{\eta}_2=\begin{pmatrix}0\\0\\1\end{pmatrix}.\quad V_{-3}:\ \boldsymbol{\eta}_3=\begin{pmatrix}-1\\1\\2\end{pmatrix}.$$

故 $\boldsymbol{P}=(\boldsymbol{\eta}_1,\boldsymbol{\eta}_2,\boldsymbol{\eta}_3)=\begin{pmatrix}1 & 0 & -1\\ 2 & 0 & -1\\ 0 & 1 & 2\end{pmatrix}$, 求得 $\boldsymbol{P}^{-1}=\begin{pmatrix}-1 & 1 & 0\\ 4 & -2 & 1\\ -2 & 1 & 0\end{pmatrix}$, 使得

$$\boldsymbol{P}^{-1}\boldsymbol{A}\boldsymbol{P}=\begin{pmatrix}2 & & \\ & 2 & \\ & & -3\end{pmatrix}.$$

于是, $\boldsymbol{A}=\boldsymbol{P}\begin{pmatrix}2 & & \\ & 2 & \\ & & -3\end{pmatrix}\boldsymbol{P}^{-1}$. 从而,

$$\boldsymbol{A}^{2020}=\boldsymbol{P}\begin{pmatrix}2^{2020} & & \\ & 2^{2020} & \\ & & (-3)^{2020}\end{pmatrix}\boldsymbol{P}^{-1}\begin{pmatrix}-2^{2020}+2.3^{2020} & 2^{2020}-3^{2020} & 0\\ -2^{2021}+2.3^{2020} & 2^{2021}-3^{2020} & 0\\ 2^{2022}-4.3^{2020} & -2^{2021}+2.3^{2020} & 2^{2020}\end{pmatrix}.$$

(6) ① 对 $\forall \boldsymbol{v}\in V$, $\boldsymbol{v}=\boldsymbol{B}\boldsymbol{x}$ 有

$$\mathscr{A}\mathscr{B}(\boldsymbol{v}) = \mathscr{A}(\mathscr{B}\boldsymbol{v}) = \mathscr{A}(\mathscr{B}(\boldsymbol{Bx})) = \mathscr{A}(\mathscr{B}(\boldsymbol{B})\boldsymbol{x}) = \mathscr{A}(\boldsymbol{BA}^*\boldsymbol{x})$$
$$= \mathscr{A}(\boldsymbol{B})\boldsymbol{A}^*\boldsymbol{x} = \boldsymbol{BA}\cdot\boldsymbol{A}^*\boldsymbol{x} = \boldsymbol{B}(\det\boldsymbol{A})\cdot\boldsymbol{x} = \det\boldsymbol{A}\cdot(\boldsymbol{Bx}).$$
$$\mathscr{B}\mathscr{A}(\boldsymbol{v}) = \mathscr{B}(\mathscr{A}\boldsymbol{v}) = \mathscr{B}(\mathscr{A}(\boldsymbol{Bx})) = \mathscr{B}(\mathscr{A}(\boldsymbol{B})\boldsymbol{x}) = \mathscr{B}(\boldsymbol{BAx})$$
$$= \mathscr{B}(\boldsymbol{B})\boldsymbol{Ax} = \boldsymbol{BA}^*\boldsymbol{Ax} = \det\boldsymbol{A}\cdot(\boldsymbol{Bx}).$$

所以，$\forall \boldsymbol{v}\in V$, $\mathscr{A}\mathscr{B}(\boldsymbol{v}) = \mathscr{B}\mathscr{A}(\boldsymbol{v}) \Rightarrow \mathscr{A}\mathscr{B} = \mathscr{B}\mathscr{A}$.

② 因为 $\mathscr{A}$ 有特征值 0, 所以存在 $\boldsymbol{v}\neq 0$, 使得 $\mathscr{A}(\boldsymbol{v})=\boldsymbol{0}$, 即 $\mathscr{A}(\boldsymbol{Bx})=\boldsymbol{0}$, $\boldsymbol{BAx}=\boldsymbol{0}$. 即 $\boldsymbol{Ax}=\boldsymbol{0}$ 有非零解. 所以 $R(\boldsymbol{A})<n \Rightarrow R(\boldsymbol{A}^*)=1$ 或者 $R(\boldsymbol{A}^*)=0$. $\mathscr{B}$ 的核的维数是 $\boldsymbol{A}^*\boldsymbol{x}=\boldsymbol{0}$ 的解空间的维数 $=n-R(\boldsymbol{A}^*)$.

(i) 当 $R(\boldsymbol{A})=n-1$ 时，$R(\boldsymbol{A}^*)=1$，$\dim(\ker\mathscr{B})=n-1$. 不妨设 $\boldsymbol{A}_1,\cdots,\boldsymbol{A}_{n-1}$ 是线性无关的, 则

$$\boldsymbol{A}^*\boldsymbol{A} = (\boldsymbol{A}^*\boldsymbol{A}_1,\cdots,\boldsymbol{A}^*\boldsymbol{A}_n) = \det\boldsymbol{A}\cdot\boldsymbol{E} = \boldsymbol{O}.$$

所以，$\boldsymbol{A}_1,\cdots,\boldsymbol{A}_{n-1}$ 是 $\boldsymbol{A}^*\boldsymbol{x}=\boldsymbol{0}$ 的一个基础解系. 所以，$\ker\mathscr{B}$ 的一组基为 $\boldsymbol{BA}_1,\cdots,\boldsymbol{BA}_{n-1}$.

(ii) 当 $R(\boldsymbol{A})\leqslant n-2$ 时，$R(\boldsymbol{A}^*)=0$, 即 $\boldsymbol{A}^*=\boldsymbol{O}$. 所以，$\mathscr{B}$ 是零态射. 所以，$\ker\mathscr{B}=V$，$\boldsymbol{B}=(\boldsymbol{\eta}_1,\cdots,\boldsymbol{\eta}_n)$ 为一组基.

第 4 章单元测验题参考答案

1. (1) B; (2) B; (3) C; (4) C; (5) B.

2. (1) $a=3, b=2, c=-2$; (2) 过渡矩阵 $\begin{pmatrix} 1 & 1 & 0 \\ -\dfrac{1}{2} & 0 & 1 \\ \dfrac{1}{2} & 0 & 0 \end{pmatrix}$.

3. (1) $y=2$; (2) $\boldsymbol{P}=\begin{pmatrix}1 & 0 & 0\\ 0 & \frac{1}{\sqrt{2}} & \frac{1}{\sqrt{2}}\\ 0 & -\frac{1}{\sqrt{2}} & \frac{1}{\sqrt{2}}\end{pmatrix}$.

4. (1) $a=0$; (2) $\boldsymbol{B}=\begin{pmatrix}-5 & 4 & -6\\ 3 & -3 & 3\\ 7 & -6 & 8\end{pmatrix}$; (3) 15.

5. 略. 6. 略.

7. $a\in(-2,1)$.

8. $a>0$.

9. (1) $\boldsymbol{P}=\begin{pmatrix}\frac{1}{\sqrt{2}} & \frac{1}{\sqrt{6}} & -\frac{1}{\sqrt{3}}\\ -\frac{1}{\sqrt{2}} & \frac{1}{\sqrt{6}} & -\frac{1}{\sqrt{3}}\\ 0 & \frac{2}{\sqrt{6}} & \frac{1}{\sqrt{3}}\end{pmatrix}$;

(2) $\boldsymbol{x}^{\mathrm{T}}(\boldsymbol{A}^*)^{-1}\boldsymbol{x}=x_1x_2-x_1x_3-x_2x_3$，正惯性指数为 1，负惯性指数为 2.

综合测试题及参考答案

综合测试题 1

一、选择题(5 小题, 每小题 4 分, 共 20 分).

1. 设 $f(x)=\begin{vmatrix} a+x & b & c \\ a & b+x & c \\ a & b & c+x \end{vmatrix}$, 其中 $a+b+c\neq 0$, 则 $f(x)=0$ 的根为(　　).

(A) $0, a+b+c$;　　(B) $0, -(a+b+c)$;

(C) $0, abc$;　　(D) $abc, -(a+b+c)$.

2. 设 $\boldsymbol{A}, \boldsymbol{B}$ 均为 n 阶可逆方阵, 则下列结论正确的是(　　).

(A) $\boldsymbol{AB}=\boldsymbol{BA}$;　　(B) $(\boldsymbol{A}+\boldsymbol{B})^{-1}=\boldsymbol{A}^{-1}+\boldsymbol{B}^{-1}$;

(C) $(\boldsymbol{AB})^{*}=\boldsymbol{B}^{*}\boldsymbol{A}^{*}$;　　(D) $|\boldsymbol{A}+\boldsymbol{B}|=|\boldsymbol{A}|+|\boldsymbol{B}|$.

3. 设 $\boldsymbol{\alpha}_1=\begin{pmatrix}1\\1\\2\\a\end{pmatrix}, \boldsymbol{\alpha}_2=\begin{pmatrix}0\\2\\3\\b\end{pmatrix}, \boldsymbol{\alpha}_3=\begin{pmatrix}0\\0\\2\\c\end{pmatrix}, \boldsymbol{\alpha}_4=\begin{pmatrix}0\\0\\0\\d\end{pmatrix}$, 其中 a,b,c,d 为任意实数, 则(　　).

(A) $\boldsymbol{\alpha}_1,\boldsymbol{\alpha}_2,\boldsymbol{\alpha}_3$ 线性无关;　　(B) $\boldsymbol{\alpha}_1,\boldsymbol{\alpha}_2,\boldsymbol{\alpha}_3$ 线性相关;

(C) $\boldsymbol{\alpha}_1,\boldsymbol{\alpha}_2,\boldsymbol{\alpha}_3,\boldsymbol{\alpha}_4$ 线性无关;　　(D) $\boldsymbol{\alpha}_1,\boldsymbol{\alpha}_2,\boldsymbol{\alpha}_3,\boldsymbol{\alpha}_4$ 线性相关.

4. 下列实向量的集合, (　　)构成 $\mathbb{R}^3$ 的子空间.

(A) $V=\left\{(x_1,x_2,x_3)^{\mathrm{T}} \mid x_1+x_2+x_3=1\right\}$;

(B) $V=\left\{(x_1,x_2,x_3)^{\mathrm{T}} \mid x_1x_2x_3=0\right\}$;

(C) $V=\left\{(x_1,x_2,x_3)^{\mathrm{T}} \mid x_1+x_2+x_3=0\right\}$;

(D) $V=\left\{(x_1,x_2,x_3)^{\mathrm{T}} \mid |x_1|=|x_2|=|x_3|\right\}$.

5. 下列各组方阵相似的是(　　).

(A) $\begin{pmatrix}1&1\\2&2\end{pmatrix}$ 与 $\begin{pmatrix}1&0\\0&2\end{pmatrix}$;　　(B) $\begin{pmatrix}2&1\\1&2\end{pmatrix}$ 与 $\begin{pmatrix}1&0\\0&2\end{pmatrix}$;

(C) $\begin{pmatrix} 2 & 1 \\ 1 & 2 \end{pmatrix}$与$\begin{pmatrix} 2 & 0 \\ 0 & 2 \end{pmatrix}$;　　(D) $\begin{pmatrix} 1 & 0 \\ 1 & 2 \end{pmatrix}$与$\begin{pmatrix} 1 & 1 \\ 0 & 2 \end{pmatrix}$.

二、填空题(5 小题, 每小题 4 分, 共 20 分).

6. 如果可逆矩阵 $\boldsymbol{A}$ 的每行元素之和均为 a, 则 $\boldsymbol{A}^{-1}$ 的每行元素之和为__________;

7. 设 $\boldsymbol{A}$ 为三阶方阵, 若存在三阶非零方阵 $\boldsymbol{B}$, 使得 $\boldsymbol{AB}=\boldsymbol{O}$, 则行列式 $|\boldsymbol{A}|=$__________;

8. 已知 $\boldsymbol{\alpha}_1,\boldsymbol{\alpha}_2$ 是线性无关的二维向量, $\boldsymbol{A}$ 为二阶方阵, 且 $\boldsymbol{A\alpha}_1=\boldsymbol{0},\boldsymbol{A\alpha}_2=2\boldsymbol{\alpha}_1+\boldsymbol{\alpha}_2$, 则 $\boldsymbol{A}$ 的非零特征根为__________;

9. 已知三阶方阵 $\boldsymbol{A}$ 的特征值为 $1,-1,2$, 则行列式 $|\boldsymbol{A}^2+\boldsymbol{A}+\boldsymbol{E}|=$__________;

10. 设 $D=\begin{vmatrix} 1 & 1 & 1 & 1 \\ 0 & 2 & 2 & 2 \\ 0 & 0 & 3 & 3 \\ 0 & 0 & 0 & 4 \end{vmatrix}$, 则 D 中所有元素的代数余子式之和为__________.

三、计算题(5 小题, 共计 52 分).

11. (8 分) 设有向量组 A: $\boldsymbol{\alpha}_1=\begin{pmatrix} 1 \\ -1 \\ 2 \\ 4 \end{pmatrix},\boldsymbol{\alpha}_2=\begin{pmatrix} 0 \\ 3 \\ 1 \\ 2 \end{pmatrix},\boldsymbol{\alpha}_3=\begin{pmatrix} 3 \\ 0 \\ 7 \\ 14 \end{pmatrix},\boldsymbol{\alpha}_4=\begin{pmatrix} 1 \\ 2 \\ 3 \\ k \end{pmatrix}$, k 为参数, 求向量组 A 的秩和一个极大线性无关组.

12. (8 分) 设 $\boldsymbol{A}=\begin{pmatrix} 3 & 0 & 0 \\ 0 & 1 & -1 \\ 0 & 1 & 4 \end{pmatrix}$, $\boldsymbol{B}=\begin{pmatrix} 1 & 2 \\ -1 & 1 \\ 0 & -3 \end{pmatrix}$, 矩阵 $\boldsymbol{X}$ 满足 $\boldsymbol{AX}=2\boldsymbol{X}+\boldsymbol{B}$, 求 $\boldsymbol{X}$.

13. (10 分) 已知线性方程组 $\begin{cases} x_1+x_2+2x_3+3x_4=1, \\ x_1+3x_2+6x_3+x_4=3, \\ x_1-5x_2-10x_3+12x_4=\mu, \\ 3x_1-x_2+\lambda x_3+15x_4=3 \end{cases}$ 有解且系数矩阵的秩为 3, 求: (1) 参数 λ,μ;　(2) 该方程组的通解.

14. (12 分) 设三阶实对称阵 $\boldsymbol{A}$ 的特征值为 6,3,3, 若对应于 6 的特征向量为

$\boldsymbol{p}_1=\begin{pmatrix}1\\1\\1\end{pmatrix}$, 对应于特征值 3 的一个特征向量 $\boldsymbol{p}_2=\begin{pmatrix}1\\1\\-2\end{pmatrix}$,

(1) 求对应于特征值 3 的一个特征向量 $\boldsymbol{p}_3$, 使得 $\boldsymbol{p}_2,\boldsymbol{p}_3$ 正交;

(2) 求方阵 $\boldsymbol{A}$;

(3) 若 $\boldsymbol{\beta}=\begin{pmatrix}4\\4\\-2\end{pmatrix}$, 求 $\boldsymbol{A}^{-1}\boldsymbol{\beta}$.

15. (14 分) 设二次型 $f=6x_1^2+9x_2^2+6x_3^2-4x_1x_2+8x_1x_3+4x_2x_3$,

(1) 写出该二次型的矩阵 $\boldsymbol{A}$;

(2) 求一个正交变换 $\boldsymbol{x}=\boldsymbol{Qy}$, 将其化成标准形;

(3) 写出二次型 f 在该正交变换下的标准形.

四、证明题(1 小题, 共计 8 分).

16. 已知 $\boldsymbol{A}$ 是 n 阶正定矩阵, n 维非零列向量 $\boldsymbol{\alpha}_1,\boldsymbol{\alpha}_2,\cdots,\boldsymbol{\alpha}_s$ 满足 $\boldsymbol{\alpha}_i^{\mathrm{T}}\boldsymbol{A}\boldsymbol{\alpha}_j=0$ ($i\neq j,i,j=1,2,\cdots,s,s\leqslant n$), 证明: 向量组 $\boldsymbol{\alpha}_1,\boldsymbol{\alpha}_2,\cdots,\boldsymbol{\alpha}_s$ 线性无关.

综合测试题 2

一、选择题(5 小题, 每小题 4 分, 共 20 分).

1. 若矩阵 $\boldsymbol{P}$ 满足 $\boldsymbol{P}\begin{pmatrix}1&2&3\\3&2&1\\2&4&6\end{pmatrix}=\begin{pmatrix}1&2&3\\3&2&1\\0&0&0\end{pmatrix}$, 则 $\begin{pmatrix}1&1&1\\1&1&1\\1&1&1\end{pmatrix}\boldsymbol{P}=$______.

(A) $\begin{pmatrix}1&1&1\\1&1&1\\0&0&0\end{pmatrix}$;　(B) $\begin{pmatrix}1&1&0\\1&1&0\\1&1&0\end{pmatrix}$;

(C) $\begin{pmatrix}1&1&1\\1&1&1\\-1&-1&-1\end{pmatrix}$;　(D) $\begin{pmatrix}-1&1&1\\-1&1&1\\-1&1&1\end{pmatrix}$.

2. 已知 n 阶方阵 $\boldsymbol{A}$ 与 $\boldsymbol{B}$ 相似, 则下列说法不正确的是(　　).

(A) $R(\boldsymbol{A})=R(\boldsymbol{B})$;　(B) $\boldsymbol{A}$ 与 $\boldsymbol{B}$ 有相同的特征值及特征向量;

(C) $\boldsymbol{A}$ 与 $\boldsymbol{B}$ 等价;　(D) $|\boldsymbol{A}|=|\boldsymbol{B}|$.

3. 设向量组 $\boldsymbol{\alpha}_1,\boldsymbol{\alpha}_2,\boldsymbol{\alpha}_3$ 线性无关, 则下列向量组线性相关的是(　　).

(A) $\boldsymbol{\alpha}_1+\boldsymbol{\alpha}_2,\boldsymbol{\alpha}_2+\boldsymbol{\alpha}_3,\boldsymbol{\alpha}_3+\boldsymbol{\alpha}_1$;　(B) $\boldsymbol{\alpha}_1,\boldsymbol{\alpha}_1+\boldsymbol{\alpha}_2,\boldsymbol{\alpha}_1+\boldsymbol{\alpha}_2+\boldsymbol{\alpha}_3$;

(C) $\boldsymbol{\alpha}_1-\boldsymbol{\alpha}_2,\boldsymbol{\alpha}_2-\boldsymbol{\alpha}_3,\boldsymbol{\alpha}_3-\boldsymbol{\alpha}_1$； (D) $\boldsymbol{\alpha}_1+\boldsymbol{\alpha}_2,2\boldsymbol{\alpha}_2+\boldsymbol{\alpha}_3,3\boldsymbol{\alpha}_3+\boldsymbol{\alpha}_1$.

4. 向量组 $\boldsymbol{\alpha}_1,\boldsymbol{\alpha}_2,\boldsymbol{\alpha}_3,\boldsymbol{\beta},\boldsymbol{\gamma}$ 满足 $R(\boldsymbol{\alpha}_1,\boldsymbol{\alpha}_2,\boldsymbol{\alpha}_3)=R(\boldsymbol{\alpha}_1,\boldsymbol{\alpha}_2,\boldsymbol{\alpha}_3,\boldsymbol{\beta})=3$，$R(\boldsymbol{\alpha}_1,\boldsymbol{\alpha}_2,\boldsymbol{\alpha}_3,\boldsymbol{\gamma})=4$，则 $R(\boldsymbol{\alpha}_1,\boldsymbol{\alpha}_2,\boldsymbol{\alpha}_3,2\boldsymbol{\beta}-\boldsymbol{\gamma})=($ $)$.

(A) 1; (B) 2; (C) 3; (D) 4.

5. 设二次型 $f=t(x_1^2+x_2^2+x_3^2)+2x_1x_2$ 为正定二次型，则 t 的值满足( ).

(A) $t>1$； (B) $t<1$； (C) $t>-1$； (D) $t<-1$.

二、填空题(5 小题，每小题 5 分，共 25 分).

6. 设 $\boldsymbol{AX}=\boldsymbol{A}+2\boldsymbol{X}$，且 $\boldsymbol{A}=\begin{pmatrix}3&0&1\\1&1&0\\0&1&4\end{pmatrix}$，则 $\boldsymbol{X}=$______.

7. 若 $\boldsymbol{A}=\begin{pmatrix}1&2\\0&1\end{pmatrix},\boldsymbol{B}=\begin{pmatrix}1&2\\2&4\end{pmatrix},\boldsymbol{C}=\begin{pmatrix}\boldsymbol{A}&\boldsymbol{0}\\\boldsymbol{0}&\boldsymbol{B}\end{pmatrix}$，则 $\boldsymbol{C}$ 的伴随矩 $\boldsymbol{C}^*=$__________.

8. 设四阶矩阵 $\boldsymbol{A}$ 满足 $\boldsymbol{PAP}^{-1}=\begin{pmatrix}0&&&\\&0&&\\&&1&\\&&&2\end{pmatrix}$，则 $R(\boldsymbol{A}-2\boldsymbol{E})+R(2\boldsymbol{A}+\boldsymbol{E})=$______.

9. 已知方阵 $\boldsymbol{A}$ 满足 $\boldsymbol{A}^3-\boldsymbol{A}-\boldsymbol{E}=\boldsymbol{O}$，则 $(\boldsymbol{A}-\boldsymbol{E})^{-1}=$______________.

10. 设 $\boldsymbol{A}$ 为四阶方阵且 $R(\boldsymbol{A})=2$，$\boldsymbol{\eta}_1,\boldsymbol{\eta}_2,\boldsymbol{\eta}_3$ 是非齐次线性方程组 $\boldsymbol{Ax}=\boldsymbol{b}$ 的三个线性无关的解，则它的任意一个解 $\boldsymbol{\xi}=a\boldsymbol{\eta}_1+2a\boldsymbol{\eta}_2+b\boldsymbol{\eta}_3$ 中 a,b 满足的关系是__________.

三、计算题(4 小题，每小题 10 分，共 40 分).

11. 计算行列式 $\begin{vmatrix}1+a_1&1&\cdots&1\\2&2+a_2&\cdots&2\\\vdots&\vdots&&\vdots\\n&n&\cdots&n+a_n\end{vmatrix}$，其中 $a_1a_2\cdots a_n\neq0$.

12. 求向量组 $\boldsymbol{\alpha}_1=\begin{pmatrix}-1\\1\\0\\-1\end{pmatrix},\boldsymbol{\alpha}_2=\begin{pmatrix}1\\-1\\-1\\2\end{pmatrix},\boldsymbol{\alpha}_3=\begin{pmatrix}0\\-2\\2\\-2\end{pmatrix},\boldsymbol{\alpha}_4=\begin{pmatrix}1\\0\\-1\\2\end{pmatrix}$ 的极大无关组，并把其余向量用极大无关组表示.

13. 设非齐次线性方程组 $\begin{cases} x_1+3x_2+2x_3+x_4=1, \\ x_2+ax_3-ax_4=-1, \\ x_1+2x_2+3x_4=3, \end{cases}$ 问 a 为何值时，该方程组有解？并在 $a=3$ 时，求出方程组的通解.

14. 求正交矩阵 $\boldsymbol{P}$, 并通过线性变换 $\boldsymbol{y}=\boldsymbol{P}\boldsymbol{x}$，将 $f(x_1,x_2,x_3)=x_1^2+2x_2^2-2x_3^2+4x_1x_3$ 化为标准形.

四、证明题(2 小题, 共 15 分).

15. 设 $\boldsymbol{A}$ 为 n 阶方阵，$\boldsymbol{\beta}_1,\boldsymbol{\beta}_2,\cdots,\boldsymbol{\beta}_n$ 为 n 个线性无关的 n 维列向量，证明 $R(\boldsymbol{A})=n$ 的充要条件是 $\boldsymbol{A}\boldsymbol{\beta}_1,\boldsymbol{A}\boldsymbol{\beta}_2,\cdots,\boldsymbol{A}\boldsymbol{\beta}_n$ 线性无关.

16. 若 $\boldsymbol{A}$ 是 n 阶方阵，且满足 $\boldsymbol{A}^2+\boldsymbol{A}=\boldsymbol{O}$. 证明：$R(\boldsymbol{A})+R(\boldsymbol{A}+\boldsymbol{E})=n$.

综合测试题 3

一、选择题(5 小题, 每小题 4 分, 共 20 分).

1. 下列计算正确的有(　　)个.

(1) $\begin{pmatrix} 1 & 0 \\ 1 & 0 \end{pmatrix}^5=\begin{pmatrix} 1 & 0 \\ 1 & 0 \end{pmatrix}$;　　(2) $\begin{pmatrix} 1 & a \\ 0 & 1 \end{pmatrix}^6=\begin{pmatrix} 1 & 6a \\ 0 & 1 \end{pmatrix}$;

(3) $\begin{pmatrix} a & 0 & 0 \\ 0 & b & 0 \\ 0 & 0 & c \end{pmatrix}^7=\begin{pmatrix} a^7 & 0 & 0 \\ 0 & b^7 & 0 \\ 0 & 0 & c^7 \end{pmatrix}$;　　(4) $\begin{pmatrix} a & 1 & 0 \\ 0 & a & 1 \\ 0 & 0 & a \end{pmatrix}^8=\begin{pmatrix} a^8 & 1 & 0 \\ 0 & a^8 & 1 \\ 0 & 0 & a^8 \end{pmatrix}$.

(A) 1;　　(B) 2;　　(C) 3;　　(D) 4.

2. 已知 5 维向量 $\boldsymbol{\alpha}_1,\boldsymbol{\alpha}_2,\boldsymbol{\alpha}_3,\boldsymbol{\alpha}_4$ 满足：$\boldsymbol{\alpha}_1,\boldsymbol{\alpha}_2,\boldsymbol{\alpha}_3$ 线性无关，$\boldsymbol{\alpha}_1,\boldsymbol{\alpha}_2,\boldsymbol{\alpha}_3,\boldsymbol{\alpha}_4$ 线性相关，则向量组 V：$\boldsymbol{\alpha}_1,\boldsymbol{\alpha}_1+\boldsymbol{\alpha}_2,\boldsymbol{\alpha}_1+\boldsymbol{\alpha}_2+\boldsymbol{\alpha}_3,\boldsymbol{\alpha}_1+\boldsymbol{\alpha}_2+\boldsymbol{\alpha}_3+\boldsymbol{\alpha}_4$ 的秩为(　　).

(A) 5;　　(B) 4;　　(C) 3;　　(D) 不能确定.

3. 设 $\boldsymbol{A}=(\boldsymbol{\alpha}_1,\boldsymbol{\alpha}_2,\boldsymbol{\alpha}_3,\boldsymbol{\alpha}_4)$ 是 $m\times4$ 矩阵，其中 $\boldsymbol{\alpha}_1,\boldsymbol{\alpha}_2,\boldsymbol{\alpha}_3$ 线性无关，且 $\boldsymbol{\alpha}_4=3\boldsymbol{\alpha}_1-\boldsymbol{\alpha}_2+5\boldsymbol{\alpha}_3$，向量 $\boldsymbol{\beta}=\boldsymbol{\alpha}_1-\boldsymbol{\alpha}_2-2\boldsymbol{\alpha}_3+3\boldsymbol{\alpha}_4$，则方程组 $\boldsymbol{A}\boldsymbol{x}=\boldsymbol{\beta}$ 的通解为(　　).

(A) $\boldsymbol{x}=\begin{pmatrix} 3 \\ -1 \\ 5 \\ -1 \end{pmatrix}+k\begin{pmatrix} 1 \\ -1 \\ 2 \\ 3 \end{pmatrix},k\in\mathbb{R}$;　　(B) $\boldsymbol{x}=\begin{pmatrix} 1 \\ -1 \\ 2 \\ 3 \end{pmatrix}+k\begin{pmatrix} 3 \\ -1 \\ 5 \\ -1 \end{pmatrix},k\in\mathbb{R}$;

(C) $\boldsymbol{x}=k_1\begin{pmatrix}1\\-1\\2\\3\end{pmatrix}+k\begin{pmatrix}3\\-1\\5\\-1\end{pmatrix},k_1,k_2\in\mathbb{R}$； (D) $\boldsymbol{x}=k_1\begin{pmatrix}1\\-1\\2\\3\end{pmatrix}+k\begin{pmatrix}3\\-1\\5\\-1\end{pmatrix},k_1,k_2\in\mathbb{R}$.

4. 设 $\boldsymbol{A}$ 是三阶矩阵，$\boldsymbol{A}$ 的每一行元素之和均为 4，$\boldsymbol{\alpha}_1=\begin{pmatrix}-1\\2\\-1\end{pmatrix},\boldsymbol{\alpha}_2=\begin{pmatrix}0\\-1\\1\end{pmatrix}$是齐次线性方程组 $\boldsymbol{Ax}=\boldsymbol{0}$ 的两个解，则下列结论不正确的是(　　).

(A) 4 是 $\boldsymbol{A}$ 的特征值，$\begin{pmatrix}1\\1\\1\end{pmatrix}$是对应特征值 4 的特征向量;

(B) 矩阵 $\boldsymbol{A}$ 的三个特征值为 0,0,4;

(C) 矩阵 $\boldsymbol{A}$ 不能相似对角化;

(D) 矩阵 $\boldsymbol{A}$ 可以相似对角化.

5. 若 $\boldsymbol{A}$ 是 n 阶正定矩阵，则下列论断不正确的是(　　).

(A) $\boldsymbol{A}+\boldsymbol{E}$ 的 n 个特征值全大于 1; (B) $\boldsymbol{A}^{\mathrm{T}}$ 也是正定矩阵;

(C) 存在 n 阶可逆矩阵 $\boldsymbol{U}$，使得 $\boldsymbol{A}=\boldsymbol{U}^{\mathrm{T}}\boldsymbol{U}$； (D) 以上结论都不正确.

二、填空题(5 小题，每小题 4 分，共 20 分).

6. 计算 n 阶行列式 $D_n=\begin{vmatrix}2&1&1&\cdots&1\\1&2&1&\cdots&1\\1&1&2&\cdots&1\\\vdots&\vdots&\vdots&&\vdots\\1&1&1&\cdots&2\end{vmatrix}=$_________.

7. 设$\{\boldsymbol{\alpha}_1,\boldsymbol{\alpha}_2,\boldsymbol{\alpha}_3\}$是单位正交向量组，则向量 $\boldsymbol{\alpha}_1-2\boldsymbol{\alpha}_2+3\boldsymbol{\alpha}_3$ 的长度

$$\|\boldsymbol{\alpha}_1-2\boldsymbol{\alpha}_2+3\boldsymbol{\alpha}_3\|=\_\_\_\_\_\_\_\_\_.$$

8. 已知方程组$\begin{pmatrix}1&2&1\\2&3&a+2\\1&a&-2\end{pmatrix}\begin{pmatrix}x_1\\x_2\\x_3\end{pmatrix}=\begin{pmatrix}1\\3\\0\end{pmatrix}$无解，则 $a=$_________.

9. 设三阶矩阵 $\boldsymbol{A}$ 的特征值为−1,1,2，则行列式$\left|\boldsymbol{A}^3+2\boldsymbol{A}^2-\boldsymbol{A}+\boldsymbol{E}\right|=$_________.

10. 若二次型 $f(x_1,x_2,x_3)=2x_1^2+x_2^2+x_3^2+2x_1x_2+ax_2x_3$ 是正定二次型，则 a 的取值范围为_________.

三、解答题(5 小题, 每小题 10 分, 共 50 分).

11. 设 $\boldsymbol{A}$ 是三阶矩阵, $|\boldsymbol{A}|=4$, $\boldsymbol{X}$ 是满足等式 $\boldsymbol{XA}^*=\boldsymbol{A}^{-1}+2\boldsymbol{X}$ 的三阶矩阵. 判定矩阵 $\boldsymbol{X}$ 是否可逆? 并在可逆时, 求其逆矩阵.

12. 设向量组 $\boldsymbol{\alpha}_1=\begin{pmatrix}2\\-1\\1\\1\end{pmatrix},\boldsymbol{\alpha}_2=\begin{pmatrix}1\\1\\1\\a\end{pmatrix},\boldsymbol{\alpha}_3=\begin{pmatrix}2\\3\\1\\1\end{pmatrix},\boldsymbol{\alpha}_4\begin{pmatrix}a\\-1\\-1\\-1\end{pmatrix}$.

(1) 求参数 a 的值, 使得向量组 $\boldsymbol{\alpha}_1,\boldsymbol{\alpha}_2,\boldsymbol{\alpha}_3,\boldsymbol{\alpha}_4$ 线性相关;

(2) 在(1)的条件下求向量组的一个极大线性无关组, 并将其余向量用该极大无关组线性表出.

13. 已知 $\boldsymbol{A}=\begin{pmatrix}1&1&1\\1&0&0\\0&-1&1\end{pmatrix}$, $\boldsymbol{B}=\begin{pmatrix}1&2&3\\2&3&4\\1&4&3\end{pmatrix}$, 求解矩阵方程 $\boldsymbol{AX}=\boldsymbol{B}$.

14. 求非齐次线性方程组 $\begin{cases}x_1-5x_2+2x_3-3x_4=11,\\5x_1+3x_2+6x_3-x_4=-1,\\2x_1+4x_2+2x_3+x_4=-6\end{cases}$ 的通解.

15. 设 $f(x_1,x_2,x_3)=\boldsymbol{x}^{\mathrm{T}}\boldsymbol{Ax}=2x_1^2-x_2^2+ax_3^2+2x_1x_2-8x_1x_3+2x_2x_3$ 是 3 元实二次型, 已知二次型 $f(x_1,x_2,x_3)$ 的秩为 2.

(1) 求 a 的值;

(2) 求正交变换 $\boldsymbol{x}=\boldsymbol{Qy}$, 把 $f(x_1,x_2,x_3)$ 化为标准形.

四、证明题(2 个小题, 每小题 5 分, 共 10 分).

16. 设 $\boldsymbol{\eta}^*$ 是非齐次方程组 $\boldsymbol{Ax}=\boldsymbol{\beta}$ 的一个解, $\boldsymbol{\xi}_1,\boldsymbol{\xi}_2,\cdots,\boldsymbol{\xi}_{n-r}$ 是其导出组 $\boldsymbol{Ax}=\boldsymbol{0}$ 的一个基础解系, 证明: $\boldsymbol{\eta}^*,\boldsymbol{\eta}^*+\boldsymbol{\xi}_1,\boldsymbol{\eta}^*+\boldsymbol{\xi}_2,\cdots,\boldsymbol{\eta}^*+\boldsymbol{\xi}_{n-r}$ 线性无关.

17. 设 n 阶矩阵 $\boldsymbol{A}$ 满足 $\boldsymbol{A}^{\mathrm{T}}=-\boldsymbol{A}$, 且 $\boldsymbol{E}-\boldsymbol{A}$ 可逆, $\boldsymbol{B}=(\boldsymbol{E}-\boldsymbol{A})^{-1}(\boldsymbol{E}+\boldsymbol{A})$, 证明: $\boldsymbol{B}$ 是正交矩阵.

综合测试题 1 参考答案

一、1. B; 2. C; 3. A; 4. C; 5. D.

二、6. $\dfrac{1}{a}$; 7. 0; 8. 1; 9. 21; 10. 24.

三、11. **解** 因为

$$(\boldsymbol{\alpha}_1,\boldsymbol{\alpha}_2,\boldsymbol{\alpha}_3,\boldsymbol{\alpha}_4)=\begin{pmatrix}1&0&3&1\\-1&3&0&2\\2&1&7&3\\4&2&14&k\end{pmatrix}\xrightarrow{r}\begin{pmatrix}1&0&3&1\\0&1&1&1\\0&0&0&k-6\\0&0&0&0\end{pmatrix},$$

所以, (1) 当 $k=6$ 时, 该向量组的秩为 2, 一个极大线性无关组为: $\boldsymbol{\alpha}_1,\boldsymbol{\alpha}_2$;

(2) 当 $k\neq 6$ 时, 该向量组的秩为 3, 一个极大线性无关组为: $\boldsymbol{\alpha}_1,\boldsymbol{\alpha}_2,\boldsymbol{\alpha}_4$.

12. **解** 由 $\boldsymbol{AX}=2\boldsymbol{X}+\boldsymbol{B}$, 得 $(\boldsymbol{A}-2\boldsymbol{E})\boldsymbol{X}=\boldsymbol{B}$;

由 $|\boldsymbol{A}-2\boldsymbol{E}|=\begin{vmatrix}1&0&0\\0&-1&-1\\0&1&2\end{vmatrix}=-1\neq 0$ 可知, $\boldsymbol{A}-2\boldsymbol{E}$ 可逆, 且

$$(\boldsymbol{A}-2\boldsymbol{E})^{-1}=\begin{pmatrix}1&0&0\\0&-2&-1\\0&1&1\end{pmatrix}.$$

故 $\boldsymbol{X}=(\boldsymbol{A}-2\boldsymbol{E})^{-1}\boldsymbol{B}=\begin{pmatrix}1&0&0\\0&-2&-1\\0&1&1\end{pmatrix}\begin{pmatrix}1&2\\-1&1\\0&-3\end{pmatrix}=\begin{pmatrix}1&2\\2&1\\-1&-2\end{pmatrix}$.

13. **解** 设 $\boldsymbol{A}=\begin{pmatrix}1&1&2&3\\1&3&6&1\\1&-5&-10&12\\3&-1&\lambda&15\end{pmatrix},\boldsymbol{b}=\begin{pmatrix}1\\3\\\mu\\3\end{pmatrix}$, $\boldsymbol{x}=\begin{pmatrix}x_1\\x_2\\x_3\\x_4\end{pmatrix}$, 则原方程组可用矩阵乘法表示为 $\boldsymbol{Ax}=\boldsymbol{b}$.

(1) $$(\boldsymbol{A},\boldsymbol{b})=\begin{pmatrix}1&1&2&3&1\\1&3&6&1&3\\1&-5&-10&12&\mu\\3&-1&\lambda&15&3\end{pmatrix}\xrightarrow{r}\begin{pmatrix}1&1&2&3&1\\0&2&4&-2&2\\0&0&\lambda+2&2&4\\0&0&0&3&\mu+5\end{pmatrix}. \qquad ①$$

由条件知, $R(\boldsymbol{A})=3$, 所以 $\lambda+2=0$, 即 $\lambda=-2$.

继续对①作初等行变换, 得

$$(\boldsymbol{A},\boldsymbol{b})\xrightarrow{\text{初等行变换}}\begin{pmatrix}1&1&2&3&1\\0&2&4&-2&2\\0&0&0&2&4\\0&0&0&0&\mu-1\end{pmatrix}. \qquad ②$$

又由题设条件知 $\boldsymbol{Ax}=\boldsymbol{b}$ 有解，于是 $R(\boldsymbol{A})=R(\boldsymbol{A},\boldsymbol{b})=3$，所以 $\mu=1$.

(2) 将②化为行最简形矩阵

$$(\boldsymbol{A},\boldsymbol{b})\xrightarrow{\text{初等行变换}}\begin{pmatrix}1&0&0&0&-8\\0&1&2&0&3\\0&0&0&1&2\\0&0&0&0&0\end{pmatrix}.$$

所以，原方程组的通解为 $\boldsymbol{x}=\begin{pmatrix}-8\\3\\0\\2\end{pmatrix}+c\begin{pmatrix}0\\-2\\1\\0\end{pmatrix}, c\in\mathbb{R}$.

14. **解**　(1) 设 $\boldsymbol{p}_3=\begin{pmatrix}x_1\\x_2\\x_3\end{pmatrix}$，根据题意有 $\begin{cases}(\boldsymbol{p}_1,\boldsymbol{p}_3)=\boldsymbol{p}_1^{\mathrm{T}}\boldsymbol{p}_3=0,\\(\boldsymbol{p}_2,\boldsymbol{p}_3)=\boldsymbol{p}_2^{\mathrm{T}}\boldsymbol{p}_3=0,\end{cases}$ 即

$$\begin{cases}x_1+x_2+x_3=0,\\x_1+x_2-2x_3=0,\end{cases}$$

得基础解系：$\boldsymbol{\xi}=\begin{pmatrix}1\\-1\\0\end{pmatrix}$，故 $\boldsymbol{p}_3$ 可取为 $\boldsymbol{\xi}$，即 $\boldsymbol{p}_3=\begin{pmatrix}1\\-1\\0\end{pmatrix}$；

(2) 取 $\boldsymbol{q}_1=\dfrac{1}{|\boldsymbol{p}_1|}\boldsymbol{p}_1=\dfrac{1}{\sqrt{3}}\begin{pmatrix}1\\1\\1\end{pmatrix}, \boldsymbol{q}_2=\dfrac{1}{|\boldsymbol{p}_2|}\boldsymbol{p}_2=\dfrac{1}{\sqrt{6}}\begin{pmatrix}1\\1\\-2\end{pmatrix}, \boldsymbol{q}_3=\dfrac{1}{\sqrt{2}}\begin{pmatrix}1\\-1\\0\end{pmatrix}$，并设 $\boldsymbol{Q}=(\boldsymbol{q}_1,\boldsymbol{q}_2,\boldsymbol{q}_3)$，则 $\boldsymbol{Q}$ 为正交阵，且有 $\boldsymbol{Q}^{\mathrm{T}}\boldsymbol{AQ}=\begin{pmatrix}6&&\\&3&\\&&3\end{pmatrix}$，故

$$\boldsymbol{A}=\boldsymbol{Q\Lambda Q}^{\mathrm{T}}=(\boldsymbol{q}_1,\boldsymbol{q}_2,\boldsymbol{q}_3)\begin{pmatrix}6&&\\&3&\\&&3\end{pmatrix}(\boldsymbol{q}_1,\boldsymbol{q}_2,\boldsymbol{q}_3)^{\mathrm{T}}=\begin{pmatrix}4&1&1\\1&4&1\\1&1&4\end{pmatrix}.$$

或者由 $(\boldsymbol{p}_1,\boldsymbol{p}_2,\boldsymbol{p}_3)^{-1}\boldsymbol{A}(\boldsymbol{p}_1,\boldsymbol{p}_2,\boldsymbol{p}_3)=\begin{pmatrix}6&&\\&3&\\&&3\end{pmatrix}$ 可得

$$A=(p_1,p_2,p_3)\begin{pmatrix}6&&\\&3&\\&&3\end{pmatrix}(p_1,p_2,p_3)^{-1}$$

$$=\begin{pmatrix}1&1&1\\1&1&-1\\1&-2&0\end{pmatrix}\begin{pmatrix}6&&\\&3&\\&&3\end{pmatrix}\left(\frac{1}{6}\begin{pmatrix}2&2&2\\1&1&-2\\3&-3&0\end{pmatrix}\right)=\begin{pmatrix}4&1&1\\1&4&1\\1&1&4\end{pmatrix}.$$

(3) 设 $\boldsymbol{\beta}=y_1\boldsymbol{p}_1+y_2\boldsymbol{p}_2+y_3\boldsymbol{p}_3$，解得 $y_1=y_2=2,y_3=0$，由特征值的性质有

$$A^{-1}\boldsymbol{\beta}=A^{-1}(2\boldsymbol{p}_1+2\boldsymbol{p}_2)=2A^{-1}\boldsymbol{p}_1+2A^{-1}\boldsymbol{p}_2$$

$$=2\times\frac{1}{6}\begin{pmatrix}1\\1\\1\end{pmatrix}+2\times\frac{1}{3}\times\begin{pmatrix}1\\1\\-2\end{pmatrix}=\begin{pmatrix}1\\1\\-1\end{pmatrix}.$$

15. **解** (1) 二次型的矩阵为 $A=\begin{pmatrix}6&-2&4\\-2&9&2\\4&2&6\end{pmatrix}$.

(2) $$|A-\lambda E|=\begin{vmatrix}6-\lambda&-2&4\\-2&9-\lambda&2\\4&2&6-\lambda\end{vmatrix}=\begin{vmatrix}10-\lambda&-20+2\lambda&0\\-2&9-\lambda&2\\0&20-2\lambda&10-\lambda\end{vmatrix}$$

$$=(10-\lambda)^2\begin{vmatrix}1&-2&0\\-2&9-\lambda&2\\0&2&1\end{vmatrix}=(10-\lambda)^2\begin{vmatrix}1&-2&0\\0&5-\lambda&2\\0&2&1\end{vmatrix}$$

$$=-(10-\lambda)^2(\lambda-1)=0.$$

解得方阵 A 的特征值分别为 $\lambda_1=1,\lambda_2=\lambda_3=10$.

对特征值 $\lambda_1=1$，

$$A-E=\begin{pmatrix}5&-2&4\\-2&8&2\\4&2&5\end{pmatrix}\xrightarrow{\text{初等行变换}}\begin{pmatrix}1&0&1\\0&1&\frac{1}{2}\\0&0&0\end{pmatrix}.$$

对应于 $\lambda_1=1$ 的一个线性无关的特征向量为 $\boldsymbol{p}_1=\begin{pmatrix}-1\\-\frac{1}{2}\\1\end{pmatrix}$，单位化得

$$q_1 = \frac{1}{3}\begin{pmatrix} -2 \\ -1 \\ 2 \end{pmatrix};$$

对特征值 $\lambda_2 = \lambda_3 = 10$，则

$$A - 10E = \begin{pmatrix} -4 & -2 & 4 \\ -2 & -1 & 2 \\ 4 & 2 & -4 \end{pmatrix} \xrightarrow{\text{初等行变换}} \begin{pmatrix} 1 & 1/2 & -1 \\ 0 & 0 & 0 \\ 0 & 0 & 0 \end{pmatrix}.$$

对应于 $\lambda_2 = \lambda_3 = 10$ 的两个线性无关的特征向量为: $p_2 = \begin{pmatrix} -1/2 \\ 1 \\ 0 \end{pmatrix}, p_3 = \begin{pmatrix} 1 \\ 0 \\ 1 \end{pmatrix}$.

对 p_2, p_3 使用施密特正交规范化方法, 可得正交的特征向量

$$q_2 = \frac{1}{5}\begin{pmatrix} -\sqrt{5} \\ 2\sqrt{5} \\ 0 \end{pmatrix}, \quad q_3 = \frac{1}{15}\begin{pmatrix} 4\sqrt{5} \\ 2\sqrt{5} \\ 5\sqrt{5} \end{pmatrix}.$$

取正交阵 $Q = (q_1, q_2, q_3)$，故所求正交变换为 $\begin{pmatrix} x_1 \\ x_2 \\ x_3 \end{pmatrix} = Q\begin{pmatrix} y_1 \\ y_2 \\ y_3 \end{pmatrix}$.

注 Q 不唯一, 例如 $Q = \frac{1}{3}\begin{pmatrix} 2 & 2 & 1 \\ 1 & -2 & 2 \\ -2 & 1 & 2 \end{pmatrix}$ 等也可以.

(3) 在此正交变换下, 二次型的标准形为 $f = y_1^2 + 10y_2^2 + 10y_3^2$.

四、16. 证 设存在数 $k_1, k_2, \cdots, k_s$，使得

$$k_1\alpha_1 + k_2\alpha_2 + \cdots + k_s\alpha_s = \mathbf{0}. \tag{1}$$

用 $\alpha_1^{\mathrm{T}} A$ 左乘(1), 有

$$k_1\alpha_1^{\mathrm{T}} A\alpha_1 + k_2\alpha_1^{\mathrm{T}} A\alpha_2 + \cdots + k_s\alpha_1^{\mathrm{T}} A\alpha_s = 0. \tag{2}$$

因为 $\alpha_i^{\mathrm{T}} A\alpha_j = 0 (i \neq j)$, (2)变为

$$k_1\alpha_1^{\mathrm{T}} A\alpha_1 = 0.$$

由 A 为正定阵, $\alpha_1 \neq \mathbf{0}$，可得 $\alpha_1^{\mathrm{T}} A\alpha_1 > 0$，故必有 $k_1 = 0$.

同理，可证 $k_2=0,\cdots,k_s=0$.

因此，向量组 $\boldsymbol{\alpha}_1,\boldsymbol{\alpha}_2,\cdots,\boldsymbol{\alpha}_s$ 线性无关.

综合测试题 2 参考答案

一、1. B; 2. B; 3. C; 4. D; 5. A.

二、6. $\begin{pmatrix} 5 & -2 & -2 \\ 4 & -3 & -2 \\ -2 & 2 & 3 \end{pmatrix}$;

7. $\begin{pmatrix} 0 & 0 & 0 & 0 \\ 0 & 0 & 0 & 0 \\ 0 & 0 & 4 & -2 \\ 0 & 0 & -2 & 1 \end{pmatrix}$;

8. 7;

9. $\boldsymbol{A}^2+\boldsymbol{A}$;

10. $3a+b=1$.

三、11. 方法不唯一，也可以利用加边法，答案仅供参考.

解 $$\begin{vmatrix} 1+a_1 & 1 & \cdots & 1 \\ 2 & 2+a_2 & \cdots & 2 \\ \vdots & \vdots & & \vdots \\ n & n & \cdots & n+a_n \end{vmatrix} \xlongequal[i=2,\cdots,n]{r_i-ir_1} \begin{vmatrix} 1+a_1 & 1 & \cdots & 1 \\ -2a_1 & a_2 & \cdots & 0 \\ \vdots & \vdots & & \vdots \\ -na_1 & 0 & \cdots & a_n \end{vmatrix}$$

$$\xlongequal{c_1+\sum_{i=2}^{n}\frac{ia_1}{a_i}c_i} \begin{vmatrix} 1+a_1+\dfrac{2a_1}{a_2}+\cdots+\dfrac{na_1}{a_n} & 1 & \cdots & 1 \\ 0 & a_2 & \cdots & 0 \\ \vdots & \vdots & & \vdots \\ 0 & 0 & \cdots & a_n \end{vmatrix}$$

$$=\left(1+a_1+\frac{2a_1}{a_2}+\cdots+\frac{na_1}{a_n}\right)a_2\cdots a_n=\left(1+\sum_{i=1}^{n}\frac{i}{a_i}\right)\prod_{i=1}^{n}a_i .$$

12. 极大无关组不唯一，故答案仅供参考.

解 $A=(\boldsymbol{\alpha}_1,\boldsymbol{\alpha}_2,\boldsymbol{\alpha}_3,\boldsymbol{\alpha}_4)=\begin{pmatrix}-1&1&0&1\\1&-1&-2&0\\0&-1&2&-1\\-1&2&-2&2\end{pmatrix}\xrightarrow{r}\begin{pmatrix}1&-1&0&-1\\0&0&-2&1\\0&-1&2&-1\\0&1&-2&1\end{pmatrix}$

$$\xrightarrow{r}\begin{pmatrix}1&-1&0&-1\\0&1&-2&1\\0&0&-2&1\\0&0&0&0\end{pmatrix}\xrightarrow{r}\begin{pmatrix}1&0&0&-1\\0&1&0&0\\0&0&1&-\frac{1}{2}\\0&0&0&0\end{pmatrix}.$$

所以$\boldsymbol{\alpha}_1,\boldsymbol{\alpha}_2,\boldsymbol{\alpha}_3$是向量组$\boldsymbol{\alpha}_1,\boldsymbol{\alpha}_2,\boldsymbol{\alpha}_3,\boldsymbol{\alpha}_4$的一个极大无关组，且$\boldsymbol{\alpha}_4=-\boldsymbol{\alpha}_1-\frac{1}{2}\boldsymbol{\alpha}_3$.

13. **解** $\boldsymbol{B}=(\boldsymbol{A},\boldsymbol{b})=\begin{pmatrix}1&3&2&1&1\\0&1&a&-a&-1\\1&2&0&3&3\end{pmatrix}$

$$\xrightarrow{r}\begin{pmatrix}1&3&2&1&1\\0&1&a&-a&-1\\0&-1&-2&2&2\end{pmatrix}\xrightarrow{r}\begin{pmatrix}1&3&2&1&1\\0&1&a&-a&-1\\0&0&a-2&2-a&1\end{pmatrix}.$$

所以当$a\neq 2$时，$R(\boldsymbol{A})=R(\boldsymbol{B})$，从而原方程组有解.

当$a=3$时，

$$\boldsymbol{B}\xrightarrow{r}\begin{pmatrix}1&3&2&1&1\\0&1&3&-3&-1\\0&0&1&-1&1\end{pmatrix}\xrightarrow{r}\begin{pmatrix}1&0&0&3&11\\0&1&0&0&-4\\0&0&1&1&1\end{pmatrix}.$$

解$\begin{cases}x_1=-3x_4,\\x_2=0,\\x_3=x_4,\end{cases}$ 可得基础解系$\boldsymbol{\xi}=\begin{pmatrix}-3\\0\\1\\1\end{pmatrix}$；

在$\begin{cases}x_1=-3x_4+11,\\x_2=-4,\\x_3=x_4+1\end{cases}$ 中令$x_4=0$可得特解$\boldsymbol{\eta}^*=\begin{pmatrix}11\\-4\\1\\0\end{pmatrix}$.

所以原方程组的通解为

$$x = C\xi + \eta^* = C\begin{pmatrix} -3 \\ 0 \\ 1 \\ 1 \end{pmatrix} + \begin{pmatrix} 11 \\ -4 \\ 1 \\ 0 \end{pmatrix},\quad 其中C是任意常数.$$

注 特解不唯一.

14. **解** 二次型对应矩阵为 $A = \begin{pmatrix} 1 & 0 & 2 \\ 0 & 2 & 0 \\ 2 & 0 & -2 \end{pmatrix}$, 则

$$|\lambda E - A| = \begin{vmatrix} \lambda-1 & 0 & -2 \\ 0 & \lambda-2 & 0 \\ -2 & 0 & \lambda+2 \end{vmatrix} = (\lambda+3)(\lambda-2)^2.$$

解 $|\lambda E - A| = 0$ 的 A 的特征值为 $\lambda_1 = -3$, $\lambda_2 = \lambda_3 = 2$.

讨论: 当 $\lambda_1 = -3$ 时,

$$(-3E - A) = \begin{pmatrix} -4 & 0 & -2 \\ 0 & -5 & 0 \\ -2 & 0 & -1 \end{pmatrix} \xrightarrow{r} \begin{pmatrix} 2 & 0 & 1 \\ 0 & 1 & 0 \\ 0 & 0 & 0 \end{pmatrix},$$

解 $(-3E - A)x = 0$ 的基础解系为 $\xi_1 = \begin{pmatrix} 1 \\ 0 \\ -2 \end{pmatrix}$, 单位化可得

$$q_1 = \frac{1}{\sqrt{5}}\begin{pmatrix} 1 \\ 0 \\ -2 \end{pmatrix}.$$

当 $\lambda_2 = \lambda_3 = 2$ 时,

$$(2E - A) = \begin{pmatrix} 1 & 0 & -2 \\ 0 & 0 & 0 \\ -2 & 0 & 4 \end{pmatrix} \xrightarrow{r} \begin{pmatrix} 1 & 0 & -2 \\ 0 & 0 & 0 \\ 0 & 0 & 0 \end{pmatrix},$$

解 $(2E - A)x = 0$ 的基础解系为 $\xi_2 = \begin{pmatrix} 0 \\ 1 \\ 0 \end{pmatrix}$, $\xi_3 = \begin{pmatrix} 2 \\ 0 \\ 1 \end{pmatrix}$. 单位化可得

$$q_2 = \begin{pmatrix} 0 \\ 1 \\ 0 \end{pmatrix},\quad q_1 = \frac{1}{\sqrt{5}}\begin{pmatrix} 2 \\ 0 \\ 1 \end{pmatrix}.$$

将$\boldsymbol{q}_1,\boldsymbol{q}_2,\boldsymbol{q}_3$作列可得正交矩阵$\boldsymbol{Q}=(\boldsymbol{q}_1,\boldsymbol{q}_2,\boldsymbol{q}_3)=\begin{pmatrix}\frac{1}{\sqrt{5}} & 0 & \frac{2}{\sqrt{5}}\\ 0 & 1 & 0\\ -\frac{2}{\sqrt{5}} & 0 & \frac{1}{\sqrt{5}}\end{pmatrix}$.

令$\boldsymbol{x}=\boldsymbol{Q}\boldsymbol{y}$,则二次型

$$f=\boldsymbol{x}^{\mathrm{T}}\boldsymbol{A}\boldsymbol{x}=\boldsymbol{y}^{\mathrm{T}}\boldsymbol{Q}^{\mathrm{T}}\boldsymbol{A}\boldsymbol{Q}\boldsymbol{y}=\boldsymbol{y}^{\mathrm{T}}\begin{pmatrix}-3 & & \\ & 2 & \\ & & 2\end{pmatrix}\boldsymbol{y}=-3y_1^2+2y_2^2+2y_3^2.$$

故所求正交矩阵$\boldsymbol{P}=\boldsymbol{Q}^{-1}=\boldsymbol{Q}^{\mathrm{T}}=\begin{pmatrix}\frac{1}{\sqrt{5}} & 0 & -\frac{2}{\sqrt{5}}\\ 0 & 1 & 0\\ \frac{2}{\sqrt{5}} & 0 & \frac{1}{\sqrt{5}}\end{pmatrix}$.

四、15. 证 "$\Rightarrow$"令$\boldsymbol{B}=(\boldsymbol{\beta}_1,\boldsymbol{\beta}_2,\cdots,\boldsymbol{\beta}_n)$,由$\boldsymbol{\beta}_1,\boldsymbol{\beta}_2,\cdots,\boldsymbol{\beta}_n$线性无关可得$|\boldsymbol{B}|\neq 0$,另一方面,由$R(\boldsymbol{A})=n$可得$|\boldsymbol{A}|\neq 0$,于是$|(\boldsymbol{A}\boldsymbol{\beta}_1,\boldsymbol{A}\boldsymbol{\beta}_2,\cdots,\boldsymbol{A}\boldsymbol{\beta}_n)|=|\boldsymbol{A}\boldsymbol{B}|=|\boldsymbol{A}||\boldsymbol{B}|\neq 0$,可得$\boldsymbol{A}\boldsymbol{\beta}_1,\boldsymbol{A}\boldsymbol{\beta}_2,\cdots,\boldsymbol{A}\boldsymbol{\beta}_n$线性无关.

"$\Leftarrow$"因为$\boldsymbol{A}\boldsymbol{\beta}_1,\boldsymbol{A}\boldsymbol{\beta}_2,\cdots,\boldsymbol{A}\boldsymbol{\beta}_n$线性无关,所以$|(\boldsymbol{A}\boldsymbol{\beta}_1,\boldsymbol{A}\boldsymbol{\beta}_2,\cdots,\boldsymbol{A}\boldsymbol{\beta}_n)|=|\boldsymbol{A}\boldsymbol{B}|=|\boldsymbol{A}||\boldsymbol{B}|\neq 0$,从而$|\boldsymbol{A}|\neq 0$,于是$R(\boldsymbol{A})=n$.

16. **证**

$$\begin{aligned}&\boldsymbol{A}^2+\boldsymbol{A}=\boldsymbol{O}\Rightarrow \boldsymbol{A}(\boldsymbol{A}+\boldsymbol{E})=\boldsymbol{O}\\ &\Rightarrow \boldsymbol{A}+\boldsymbol{E}\text{ 的每一列都是 }\boldsymbol{A}\boldsymbol{x}=\boldsymbol{0}\text{ 的解}\\ &\Rightarrow R(\boldsymbol{A}+\boldsymbol{E})\leqslant n-R(\boldsymbol{A}),\end{aligned}$$

即$R(\boldsymbol{A})+R(\boldsymbol{A}+\boldsymbol{E})\leqslant n$;

另一方面,$(\boldsymbol{A}+\boldsymbol{E})+(-\boldsymbol{A})=\boldsymbol{E}$,由$R(\boldsymbol{A})+R(\boldsymbol{B})\geqslant R(\boldsymbol{A}+\boldsymbol{B})$可得

$$R(\boldsymbol{A}+\boldsymbol{E})+R(-\boldsymbol{A})\geqslant R(\boldsymbol{E})=n\Rightarrow R(\boldsymbol{A}+\boldsymbol{E})+R(\boldsymbol{A})\geqslant n.$$

综上,$R(\boldsymbol{A})+R(\boldsymbol{A}+\boldsymbol{E})=n$.

综合测试题3参考答案

一、1. C; 2. C; 3. B; 4. C; 5. D.

二、6. $n+1$;

7. $\sqrt{14}$;

8. -1;

9. 135;

10. $-\sqrt{2}<a<\sqrt{2}$.

三、11. 解 由 $|\boldsymbol{A}|=4\neq 0\Rightarrow \boldsymbol{A}$ 可逆.

且 $\boldsymbol{A}\boldsymbol{A}^*=|\boldsymbol{A}|\boldsymbol{E}=4\boldsymbol{E}$，从而 $\boldsymbol{A}^*=4\boldsymbol{A}^{-1}$.

代入 $\boldsymbol{X}\boldsymbol{A}^*=\boldsymbol{A}^{-1}+2\boldsymbol{X}$，得 $\boldsymbol{X}(4\boldsymbol{E}-2\boldsymbol{A})=\boldsymbol{E}$.

因此矩阵 $\boldsymbol{X}$ 可逆，且 $\boldsymbol{X}^{-1}=4\boldsymbol{E}-2\boldsymbol{A}$.

12. 解 $$(\boldsymbol{\alpha}_1,\boldsymbol{\alpha}_2,\boldsymbol{\alpha}_3,\boldsymbol{\alpha}_4)=\begin{pmatrix}2&1&2&a\\-1&1&3&-1\\1&1&1&-1\\1&a&1&-1\end{pmatrix}$$

$$\sim\begin{pmatrix}1&1&1&-1\\0&1&2&-1\\0&0&1&\frac{1}{2}(a+1)\\0&0&0&(a-1)(a+2)\end{pmatrix}.$$

(1) 当 $a=1$ 或 $a=-2$ 时，$R(\boldsymbol{\alpha}_1,\boldsymbol{\alpha}_2,\boldsymbol{\alpha}_3,\boldsymbol{\alpha}_4)=3<4$，向量组 $\boldsymbol{\alpha}_1,\boldsymbol{\alpha}_2,\boldsymbol{\alpha}_3,\boldsymbol{\alpha}_4$ 线性相关;

(2) 当 $a=1$ 时，$(\boldsymbol{\alpha}_1,\boldsymbol{\alpha}_2,\boldsymbol{\alpha}_3,\boldsymbol{\alpha}_4)\sim\begin{pmatrix}1&0&0&1\\0&1&0&-3\\0&0&1&1\\0&0&0&0\end{pmatrix}$. $\boldsymbol{\alpha}_1,\boldsymbol{\alpha}_2,\boldsymbol{\alpha}_3$ 为极大无关组，且

$\boldsymbol{\alpha}_4=\boldsymbol{\alpha}_1-3\boldsymbol{\alpha}_2+\boldsymbol{\alpha}_3$.

当 $a=-2$ 时，$(\boldsymbol{\alpha}_1,\boldsymbol{\alpha}_2,\boldsymbol{\alpha}_3,\boldsymbol{\alpha}_4)\sim\begin{pmatrix}1&0&0&-\frac{1}{2}\\0&1&0&0\\0&0&1&-\frac{1}{2}\\0&0&0&0\end{pmatrix}$. $\boldsymbol{\alpha}_1,\boldsymbol{\alpha}_2,\boldsymbol{\alpha}_3$ 为极大无关组，且

$\boldsymbol{\alpha}_4=-\frac{1}{2}\boldsymbol{\alpha}_1-\frac{1}{2}\boldsymbol{\alpha}_3$.

13. 解 因为 $\boldsymbol{A}=\begin{vmatrix}1&1&1\\1&0&0\\0&-1&1\end{vmatrix}=-2\neq 0$，所以 $\boldsymbol{A}^{-1}$ 存在，

$$AX = B \Rightarrow X = A^{-1}B.$$

又

$$(A,B)=\begin{pmatrix}1&1&1&1&2&3\\1&0&0&2&3&4\\0&-1&1&1&4&3\end{pmatrix}\sim\begin{pmatrix}1&0&0&2&3&4\\0&1&0&1&-\frac{5}{2}&-2\\0&0&1&0&\frac{3}{2}&1\end{pmatrix}.$$

所以 $X = A^{-1}B = \begin{pmatrix}2&3&4\\-1&-\frac{5}{2}&-2\\0&\frac{3}{2}&1\end{pmatrix}$.

另解　由 $(A,E)=\begin{pmatrix}1&1&1&1&0&0\\1&0&0&0&1&0\\0&-1&1&0&0&1\end{pmatrix}\sim\begin{pmatrix}1&0&0&0&1&0\\0&1&0&\frac{1}{2}&-\frac{1}{2}&-\frac{1}{2}\\0&0&1&\frac{1}{2}&\frac{1}{2}&\frac{1}{2}\end{pmatrix}$，可得

$$A^{-1}=\begin{pmatrix}0&1&0\\\frac{1}{2}&-\frac{1}{2}&-\frac{1}{2}\\\frac{1}{2}&-\frac{1}{2}&-\frac{1}{2}\end{pmatrix},\quad X = A^{-1}B=\begin{pmatrix}2&3&4\\-1&-\frac{5}{2}&-2\\0&\frac{3}{2}&1\end{pmatrix}.$$

14. **解**　$(A,\beta)=\begin{pmatrix}1&-5&2&-3&11\\5&3&6&-1&-1\\2&4&2&1&-6\end{pmatrix}\sim\begin{pmatrix}1&0&\frac{9}{7}&-\frac{1}{2}&1\\0&1&-\frac{1}{7}&\frac{1}{2}&-2\\0&0&0&0&0\end{pmatrix}$.

由于 $R(A)=(A,B)=2<4$，所以方程组有无穷多解.

原方程组的通解方程组为

$$\begin{cases}x_1=-\frac{9}{7}x_3+\frac{1}{2}x_4+1,\\x_2=\frac{1}{7}x_3-\frac{1}{2}x_4-2.\end{cases}$$

令 $x_3=7k_1, x_4=2k_2$，得 $x_1=-9k_1+k_2+1, x_2=k_1-k_2-2$.

原方程组的通解为 $\begin{pmatrix} x_1 \\ x_2 \\ x_3 \\ x_4 \end{pmatrix} = \begin{pmatrix} 1 \\ -2 \\ 0 \\ 0 \end{pmatrix} + k_1 \begin{pmatrix} -9 \\ 1 \\ 7 \\ 0 \end{pmatrix} + k_2 \begin{pmatrix} 1 \\ -1 \\ 0 \\ 2 \end{pmatrix} \ (k_1, k_2 \in \mathbb{R})$.

另解 原方程组的同解方程组为

$$\begin{cases} x_1 - 5x_2 + 2x_3 - 3x_4 = 11, \\ 14x_2 - 2x_3 + 7x_4 = -28 \end{cases} \Rightarrow \begin{cases} x_1 = -9x_2 - 4x_4 - 17, \\ x_3 = 7x_2 + \dfrac{7}{2}x_4 + 14. \end{cases}$$

原方程组的通解为 $\begin{pmatrix} x_1 \\ x_2 \\ x_3 \\ x_4 \end{pmatrix} = \begin{pmatrix} -17 \\ 0 \\ 14 \\ 0 \end{pmatrix} + k_1 \begin{pmatrix} -9 \\ 1 \\ 7 \\ 0 \end{pmatrix} + k_2 \begin{pmatrix} -8 \\ 0 \\ 7 \\ 2 \end{pmatrix} \ (k_1, k_2 \in \mathbb{R})$.

15. **解** (1) 二次型的矩阵为 $\boldsymbol{A} = \begin{pmatrix} 2 & 1 & -4 \\ 1 & -1 & 1 \\ -4 & 1 & a \end{pmatrix}$.

因为二次型 $f(x_1, x_2, x_3)$ 的秩为 2, 所以 $\boldsymbol{A}$ 的秩为 2, 从而 $|\boldsymbol{A}| = -3a + 6 = 0 \Rightarrow a = 2$.

(2) $\boldsymbol{A} = \begin{pmatrix} 2 & 1 & -4 \\ 1 & -1 & 1 \\ -4 & 1 & a \end{pmatrix}$. $|\boldsymbol{A} - \lambda\boldsymbol{E}| = \begin{vmatrix} 2-\lambda & 1 & -4 \\ 1 & -1-\lambda & 1 \\ -4 & 1 & 2-\lambda \end{vmatrix} = -\lambda(\lambda+3)(\lambda-6)$.

令 $|\boldsymbol{A} - \lambda\boldsymbol{E}| = 0$, 得 $\boldsymbol{A}$ 的特征值: $\lambda_1 = -3, \lambda_2 = 0, \lambda_3 = 6$.

当 $\lambda_1 = -3$ 时, 解方程组 $(\boldsymbol{A} + 3\boldsymbol{E})\boldsymbol{x} = \boldsymbol{0}$ 得基础解系 $\boldsymbol{\xi}_1 = \begin{pmatrix} 1 \\ 2 \\ 1 \end{pmatrix}$;

当 $\lambda_2 = 0$ 时, 解方程组 $\boldsymbol{A}\boldsymbol{x} = \boldsymbol{0}$ 得基础解系 $\boldsymbol{\xi}_2 = \begin{pmatrix} 1 \\ 2 \\ 1 \end{pmatrix}$;

当 $\lambda_3 = 6$ 时, 解方程组 $(\boldsymbol{A} - 6\boldsymbol{E})\boldsymbol{x} = \boldsymbol{0}$ 得基础解系 $\boldsymbol{\xi}_3 = \begin{pmatrix} 1 \\ 0 \\ -1 \end{pmatrix}$.

令 $\boldsymbol{p}_1 = \dfrac{1}{\sqrt{3}} \begin{pmatrix} 1 \\ -1 \\ 1 \end{pmatrix}$, $\boldsymbol{p}_2 = \dfrac{1}{\sqrt{6}} \begin{pmatrix} 1 \\ 2 \\ 1 \end{pmatrix}$, $\boldsymbol{p}_3 = \dfrac{1}{\sqrt{2}} \begin{pmatrix} 1 \\ 0 \\ -1 \end{pmatrix}$.

$$Q=(p_1,p_2,p_3)=\begin{pmatrix}\frac{1}{\sqrt{3}} & \frac{1}{\sqrt{6}} & \frac{1}{\sqrt{2}}\\ -\frac{1}{\sqrt{3}} & \frac{2}{\sqrt{6}} & 0\\ \frac{1}{\sqrt{3}} & \frac{1}{6} & -\frac{1}{\sqrt{2}}\end{pmatrix}$$，正交变换 $x=Qy$ 即为所求.

四、16. 证　由题知：$A\eta^*=\beta$，$A\xi_1=0, A\xi_2=0,\cdots,A\xi_{n-r}=0$，且 $\xi_1,\xi_2,\cdots,\xi_{n-r}$ 线性无关.

设存在数 $k,k_1,k_2,\cdots,k_{n-r}$ 使得

$$k\eta^*+k_1(\eta^*+\xi_1)+k_2(\eta^*+\xi_2)+\cdots+k_{n-r}(\eta^*+\xi_{n-r})=0, \tag{1}$$

即

$$(k+k_1+k_2+\cdots+k_{n-r})\eta^*+k_1\xi_1+k_2\xi_2+\cdots+k_{n-r}\xi_{n-r}=0. \tag{2}$$

(2) 式两边左乘矩阵 A 得

$$(k+k_1+k_2+\cdots+k_{n-r})A\eta^*+k_1A\xi_1+k_2A\xi_2+\cdots+k_{n-r}A\xi_{n-r}=0.$$

从而有 $(k+k_1+k_2+\cdots+k_{n-r})\beta=0$，而 $\beta=0$，所以有

$$k+k_1+k_2+\cdots+k_{n-r}=0. \tag{3}$$

将(3)式代入式(2)得

$$k_1\xi_1+k_2\xi_2+\cdots+k_{n-r}\xi_{n-r}=0.$$

由于 $\xi_1,\xi_2,\cdots,\xi_{n-r}$ 线性无关，故 $k_1=k_2=\cdots=k_{n-r}=0$. 代入(3)得 $k=0$. 从而 $k=k_1=k_2=\cdots=k_{n-r}=0$，由定义知：结论成立.

另解　由题知：$A\eta^*=\beta$，$A\xi_1=0,A\xi_2=0,\cdots,A\xi_{n-r}=0$，且 $\xi_1,\xi_2,\cdots,\xi_{n-r}$ 线性无关. 又

$$(\eta^*,\eta^*+\xi_1,\eta^*+\xi_2,\cdots,\eta^*+\xi_{n-r})\overset{c}{\sim}(\eta^*,\xi_1,\xi_2,\cdots,\xi_{n-r}).$$

由等价等秩可得，要证 $\eta^*,\eta^*+\xi_1,\eta^*+\xi_2,\cdots,\eta^*+\xi_{n-r}$ 线性无关，只需证明 $\eta^*,\xi_1,\xi_2,\cdots,\xi_{n-r}$ 线性无关.

利用反证法，假设 $\eta^*,\xi_1,\xi_2,\cdots,\xi_{n-r}$ 线性相关，由 $\xi_1,\xi_2,\cdots,\xi_{n-r}$ 线性无关知，η^* 可由 $\xi_1,\xi_2,\cdots,\xi_{n-r}$ 线性表出，不妨设

$$\eta^*=k_1\xi_1+k_2\xi_2+\cdots+k_n\xi_{n-r}.$$

两边左乘矩阵 A 得 $A\eta^*=0$，这与 $A\eta^*=\beta\neq 0$ 矛盾. 从而 $\eta^*,\xi_1,\xi_2,\cdots,\xi_{n-r}$ 线性无关，于是 $\eta^*,\eta^*+\xi_1,\eta^*+\xi_2,\cdots,\eta^*+\xi_{n-r}$ 线性无关.

17. **证** 由 $\boldsymbol{A}^{\mathrm{T}}=-\boldsymbol{A}, \boldsymbol{B}=(\boldsymbol{E}-\boldsymbol{A})^{-1}(\boldsymbol{E}+\boldsymbol{A})$, 有

$$\begin{aligned}\boldsymbol{B}^{\mathrm{T}} &=\left[(\boldsymbol{E}-\boldsymbol{A})^{-1}(\boldsymbol{E}+\boldsymbol{A})\right]^{\mathrm{T}} \\ &=(\boldsymbol{E}+\boldsymbol{A})^{\mathrm{T}}\left[(\boldsymbol{E}-\boldsymbol{A})^{-1}\right]^{\mathrm{T}} \\ &=(\boldsymbol{E}-\boldsymbol{A})(\boldsymbol{E}+\boldsymbol{A})^{-1},\end{aligned}$$

$$\boldsymbol{B}\boldsymbol{B}^{\mathrm{T}}=\left[(\boldsymbol{E}-\boldsymbol{A})^{-1}(\boldsymbol{E}+\boldsymbol{A})\right]\left[(\boldsymbol{E}-\boldsymbol{A})(\boldsymbol{E}+\boldsymbol{A})^{-1}\right]=\boldsymbol{E}.$$

从而 $\boldsymbol{B}$ 是正交矩阵.